普通高等学校土木工程专业新编系列教材

土木工程结构试验

王军文　刘志勇　主编

中国铁道出版社

2018 年·北京

内 容 简 介

本书根据土木工程专业教学要求编写,以结构试验的基本原理和基本知识为重点,注重理论和实践相结合,使学生全面掌握结构试验的基本方法和技能,以适应土木工程结构设计、施工、检测鉴定和科学研究工作的需要。

本书主要讲述结构试验荷载及加载技术,量测技术,模型试验,混凝土无损检测技术,预应力混凝土结构试验检测,钢结构试验检测,桥梁支座试验检测、基桩检测、桥梁静载试验和动载试验。

本书为高等学校土木工程专业教学用书,也可供其他相关技术人员参考。

图书在版编目(CIP)数据

土木工程结构试验/王军文主编. —北京:中国铁道
出版社,2008.12(2018.7 重印)
(普通高等学校土木工程专业新编系列教材)
ISBN 978-7-113-09023-4

Ⅰ. 土… Ⅱ. 王… Ⅲ. 土木工程—工程结构—结
构试验—高等学校—教材 Ⅳ. TU317

中国版本图书馆 CIP 数据核字(2008)第 142468 号

书　　名:土木工程结构试验
作　　者:王军文　刘志勇　主编

策划编辑:李丽娟
责任编辑:李丽娟　　　　编辑部电话:(010)51873135
封面设计:薛小卉
责任校对:张玉华
责任印制:金洪泽　陆　宁

出版发行:中国铁道出版社(100054　北京市西城区右安门西街 8 号)
印　　刷:中国铁道出版社印刷厂
版　　次:2008 年 12 月第 1 版　　2018 年 7 月第 3 次印刷
开　　本:787mm×1092mm　1/16　印张:15.75　字数:400 千
书　　号:ISBN 978-7-113-09023-4
定　　价:42.00 元

前　言

　　本书是根据土木工程专业教学要求编写的，编写时以结构试验的基本原理和基本知识为重点，注重理论和实践相结合，使学生全面掌握结构试验的基本方法和技能，以适应土木工程结构设计、施工、检测鉴定和科学研究工作的需要。

　　结构试验是高校土木工程专业的一门专业技术基础课，是研究和发展土木工程新结构、新材料、新工艺以及检验结构分析和设计理论的重要手段，在结构工程科学研究和技术创新等方面起着重要的作用。目前，结构试验已经成为土木工程专业学生必修的一门专业课程。结构试验教材已出现很多版本，随着结构试验技术的不断发展，实际工程结构中出现了很多新材料、新结构、新的施工工艺以及新的试验设备，这就要求我们要采用新的结构试验测试技术，才能适应工程实际需要。但是能够适应新的工程检测需要的教材不是很多，基于此，编者根据多年教学体会和工程实践的经验，汲取较为先进成熟的试验测试技术成果，参阅国内外有关教材和参考书，组织编写了一本适合本科生、研究生教学需要的教材。

　　本书由石家庄铁道学院土木工程分院结构实验室长期从事结构试验教学的老师编写。全书共分11章，其中第1、2、3、5章由刘志勇编写，第4、6、11章由王军文编写，第7、9章由牛润明编写，第8、10章由林玉森编写，全书由王军文统稿，由王海良教授主审。

　　本书在编写过程中得到了石家庄铁道学院有关领导的关怀和帮助，在此表示深深感谢！

　　书末列出了主要参考文献，供读者参考。参考文献甚多，未能一一列出，敬请作者见谅，在此也一并表示感谢！

　　由于编者学术水平和实践经验有限，读者在使用过程中，若发现书中有错误或不妥之处，敬请批评指正。

编　者

2008 年 5 月

目　录

第一章　结构试验概论 ·· 1
　第一节　结构试验的概念 ·· 1
　第二节　结构试验的一般过程 ·· 7
　复习思考题 ··· 10
第二章　结构试验荷载及加载技术 ·· 11
　第一节　结构试验荷载 ·· 11
　第二节　结构试验的加载技术 ·· 15
　复习思考题 ··· 29
第三章　结构试验量测技术 ·· 30
　第一节　概　述 ··· 30
　第二节　量测仪表基本概念及其主要技术指标 ·································· 31
　第三节　应变(力)测量 ·· 34
　第四节　位移与变形测量 ·· 48
　第五节　力值测量仪器 ·· 51
　第六节　裂缝与温度测定 ·· 53
　第七节　索力测量 ·· 55
　第八节　振动测量仪器 ·· 57
　复习思考题 ··· 64
第四章　结构模型试验 ··· 65
　第一节　概　述 ··· 65
　第二节　模型试验的相似理论基础 ·· 66
　第三节　模型的分类 ··· 74
　第四节　模型设计 ·· 75
　第五节　动力模型设计 ·· 84
　第六节　模型材料与选用 ·· 86
　复习思考题 ··· 88
第五章　混凝土无损检测技术 ··· 89
　第一节　概　述 ··· 89
　第二节　回弹法检测混凝土强度 ··· 91
　第三节　超声法检测混凝土强度 ··· 96
　第四节　超声-回弹综合法检测混凝土强度 ·· 98
　第五节　超声法检测混凝土缺陷 ·· 100

第六节　局部破损检测方法 ……………………………………………………… 111
第七节　混凝土内钢筋位置和钢筋锈蚀的检测技术 …………………………… 114
复习思考题 ……………………………………………………………………… 115

第六章　预应力混凝土结构试验检测 ………………………………………… 116
第一节　预应力混凝土结构基本知识 …………………………………………… 116
第二节　预应力锚具、夹具及连接器检测 ……………………………………… 120
第三节　张拉设备校验 …………………………………………………………… 130
第四节　后张预应力混凝土梁孔道摩阻测试 …………………………………… 135
第五节　成品梁试验 ……………………………………………………………… 138
复习思考题 ……………………………………………………………………… 143

第七章　钢结构试验检测 ……………………………………………………… 144
第一节　构件焊接质量检验 ……………………………………………………… 144
第二节　焊后成品的检验 ………………………………………………………… 145
第三节　钢材焊缝无损探伤 ……………………………………………………… 146
第四节　高强螺栓及组合件力学性能试验 ……………………………………… 149
第五节　漆膜厚度现场检测 ……………………………………………………… 151
复习思考题 ……………………………………………………………………… 152

第八章　桥梁支座和伸缩缝装置试验检测 …………………………………… 153
第一节　桥梁支座检测 …………………………………………………………… 153
第二节　桥梁伸缩装置检测 ……………………………………………………… 167
复习思考题 ……………………………………………………………………… 172

第九章　基桩的完整性检测及承载力评定 …………………………………… 173
第一节　桩的基本知识 …………………………………………………………… 173
第二节　基桩低应变完整性检测 ………………………………………………… 175
第三节　基桩高应变承载力检测 ………………………………………………… 182
第四节　基桩的竖向静载抗压试验 ……………………………………………… 187
第五节　基桩的竖向抗拔静载试验 ……………………………………………… 192
第六节　基桩的水平静载试验 …………………………………………………… 195
复习思考题 ……………………………………………………………………… 198

第十章　桥梁结构静载试验 …………………………………………………… 199
第一节　桥梁荷载试验的目的及主要内容 ……………………………………… 199
第二节　试验方案与实施 ………………………………………………………… 202
第三节　测点设置与观测 ………………………………………………………… 206
第四节　加载试验的控制与安全措施 …………………………………………… 210
第五节　静载试验数据整理 ……………………………………………………… 211
第六节　加载试验成果分析与评定 ……………………………………………… 213
第七节　静载试验报告编写 ……………………………………………………… 215
复习思考题 ……………………………………………………………………… 216

第十一章　桥梁结构动载试验 ………………………………………………… 217

第一节　概　　述…………………………………………………………… 217

第二节　桥梁结构动力特性的测试………………………………………… 219

第三节　桥梁结构动力反应的测定………………………………………… 227

第四节　工程结构疲劳试验………………………………………………… 231

第五节　动测数据的整理、分析与评价…………………………………… 234

第六节　动载试验报告编写………………………………………………… 241

复习思考题…………………………………………………………………… 242

参考文献…………………………………………………………………… 243

第一章

结构试验概论

第一节　结构试验的概念

　　"结构试验"是土木工程专业的一门专业技术基础课,主要介绍结构试验的理论和方法。通过这门课的学习,可以掌握结构试验的基本原理,了解结构试验的仪器、仪表和试验设备,在结构试验中进一步认识结构性能并培养学生进行结构试验的能力。

　　它的任务是基于结构基本原理,使用各种仪器仪表和试验设备,通过有计划地对结构物受载后的性能进行观测,对测量参数(位移、应力、振幅、频率等)进行分析,达到对结构物的工作性能作出评价,对其承载能力作出正确估计,并为验证和发展结构的计算理论提供依据的目的。

　　例1　钢筋混凝土简支梁静载试验,如图1-1所示。钢筋混凝土简支梁在静力集中荷载作用下,可以通过测量梁在不同受力阶段的挠度、角变位、截面应变和裂缝宽度等参数,来分析梁的整个受力过程以及结构的强度、刚度和抗裂性能。

　　例2　刚架承受水平荷载的动力试验,如图1-2所示。当一个框架承受水平的动力荷载时,同样可以测得结构的自振频率、阻尼系数、振幅和动应变等参数,进而研究结构的动力特性和结构承受动力荷载的动力反应。

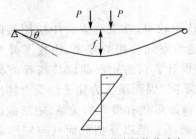

图 1-1　钢筋混凝土简支梁静载试验

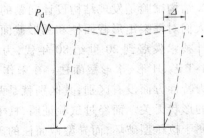

图 1-2　刚架承受水平荷载的动力试验

　　例3　结构抗震性能试验。在结构抗震研究中,经常让结构承受低周反复荷载作用,测量反映结构应力与应变关系的滞回曲线,为分析抗震结构的强度、刚度、延性、刚度退化、变形能力等提供数据资料。

一、结构试验的作用

　1. 结构试验是发展结构理论的重要途径

　　如受弯构件断面应力分布问题,由材料力学可知,截面中性轴以上受压、以下受拉。早在17世纪初期,著名科学家伽俐略首先研究材料的强度问题,提出过许多正确的理论,但他在

1638 年出版的著作中,也曾错误地认为受弯梁的断面应力是均匀受拉的。过了 46 年,法国物理学家马里奥托和德国数学家兼哲学家莱布尼兹对这个假说提出了修正,认为应力分布是不均匀的,而是按三角形分布的。后来虎克和伯努里又建立了平面假定。1713 年法国人巴朗进一步提出了中和层理论,认为受弯梁断面上的应力以中和层为界,一边受压,另一边受拉。由于当时无法验证,仍未被人们所接受。

直到 1767 年,法国科学家容格密里的路标试验才证明了中和层理论。当时容格密里在没有任何量测仪器的情况下,首次用简单的试验,令人信服地验证了断面上压应力的存在。他在一根简支木梁的跨中,沿上缘受压区开槽,槽的方向与梁轴垂直。槽内塞入木垫块,然后进行抗弯试验。

结果表明,这根梁的承载力丝毫不低于整体未开槽的木梁,而且塞入槽内的木块在荷载作用下无法取出,显然只有上部纤维承受压应力才可能有这样的结果。当时的科学家们给这次试验以很高的评价,将它誉为"路标试验"(图 1-3),因为它总结了人们 100 多年来的探索成果,像十字路口的路标一样,给人们指明了进一步发展结构强度计算理论的正确方向和方法。

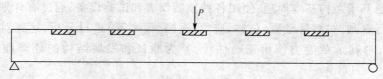

图 1-3 路标试验

1821 年法国科学院院士拿维叶从理论上推导了现在材料力学中受弯构件断面应力分布的计算公式,而用试验方法验证这个公式,则又经过了 20 多年,才由法国科学院另一位院士阿莫列恩完成。人类对这个问题经历了 200 多年的不断探索至此才告一段落。从这段漫长的历程中可以看出,不仅对于验证理论,而且在选择正确的研究方法上,试验技术起了重要的作用。结构理论的发展与结构试验是紧密地联系在一起的。

2. 结构试验是发现结构设计问题的主要手段

人们对框架矩形截面柱和圆形截面柱的受力特性认识较早,在工程设计中应用最广。建筑设计技术发展到 20 世纪 80 年代,为了满足人们对建筑空间使用的需要,出现了异型截面柱,如:T 形、H 形、十形截面柱。在未作试验研究之前,设计者认为矩形截面柱与异型截面柱在受力特性方面没有区别,其区别就是两者的截面形状不同,因而误认为柱子的受力特性与其截面的形状无关。而经过试验证明,柱子的受力特性与截面形状有很大的关系,矩形截面柱的破坏属于拉压型破坏,而异型截面柱的破坏属于剪切型破坏。所以异型截面柱与矩形截面柱在受力性能方面有着本质的区别。

3. 结构试验是验证结构理论的主要方法

从简单的受弯构件截面应力分布的平截面假定理论、弹性力学平面应力问题中应力集中现象的计算理论到比较复杂的结构平面分析理论和结构空间分析理论,都可以通过试验方法加以证实。

近年来,计算方法的发展、计算机的普及等为用数学模型方法对结构进行计算分析创造了条件,使结构试验不再是研究和发展结构理论的唯一途径,但由于实际结构的复杂性和现场的局限性,试验仍是研究结构理论及其计算方法的主要手段(特别是对钢筋混凝土结构的塑性阶段性能、徐变性能以及钢结构的疲劳、稳定性等方面的研究都离不开结构试验)。

4.结构试验是结构质量鉴定的直接方式

对于已建的结构工程,不论是某一具体结构构件还是结构整体,也不论是进行质量鉴定的目的如何,所采用的直接方式仍是结构试验。如:灾害后的结构工程、事故后的建筑工程。

5.结构试验是制定各类技术规范和技术标准的基础

为了土木建筑技术能够健康发展,需要制定一系列的技术规范和技术标准,这些规范和标准的制定都离不开结构试验的成果。

二、结构试验的分类

结构试验可以根据试验的目的、试验的对象、试件的破坏与否、试验时间的长短、加载的性质及试验的场地的不同分为很多种。

1.按试验目的分类

在实际工作中,根据不同的试验目的,结构试验可归纳为两大类。

(1)科学研究性试验

科学研究性试验具有研究、探索和开发的性质,其目的在于验证结构设计某一理论或各种科学的判断、推理、假说及概念的正确性,以及提供设计依据,或者是为了创造某种新型结构体系及其计算理论,系统地进行的试验研究。

研究性试验的试验对象即试件或试验结构,不一定是研究任务中的具体结构,更多的是经过力学分析后抽象出来的模型。该模型必须反映研究任务中的主要参数,因而,研究性试验的试件都是针对某一研究目的而设计和制作的。研究性试验一般都在室内进行,需要使用专门的加载设备和数据测试系统,以便对受载试件的变形性能作连续观察、测量和全面的分析,从而找出其变化规律,为验证设计理论和计算方法提供依据。由于科学研究性试验是对模型进行试验,故多为破坏性试验。这类试验通常研究以下几个方面内容:

1)验证结构设计计算理论的各种假定。在结构设计中,人们经常为了计算上的方便,对结构构件的计算图式和本构关系作出简化的假定。如在构件静力和动力分析中本构关系的模型化,完全是通过试验加以确定的。

2)为制定设计规范提供依据。我国现行的各种结构设计规范除了总结已有的大量科学试验的成果和经验外,为了理论和设计方法的发展,还进行了大量的结构试验以及实体建筑物的试验,为编制和修改结构设计规范提供试验数据。事实上,现行规范用的钢筋混凝土结构和砖石结构的计算理论和公式,几乎全部是以试验研究的直接结果为基础建立起来的。

3)发展新的设计理论,改进设计计算方法。对于实际工程中处于不同条件下的特种结构,应用理论分析的方法达不到理想的结果时,可以用结构试验的方法确定结构的计算模式和公式的系数,解决工程中的实际问题。这些都体现了结构试验在发展设计理论和改进设计方法上的优势。

4)为发展和推广新结构、新材料、新工艺提供理论和实践的依据。随着土木工程科学和基本建设的发展,新结构、新材料和新工艺不断涌现。如钢筋混凝土结构中各种新结构体系的应用,钢-混组合结构,轻型钢结构的设计推广,升板、滑模施工工艺的发展以及大跨度结构、高耸结构、超高层建筑与特种结构的设计及施工工艺的发展,都离不开科学试验。一种新材料的应用,一种新型结构的设计或新工艺的实施,往往需要多次的工程实践与科学试验,即从实践到认识、再从认识到实践的多次反复,从而积累经验,使设计计算理论不断改进和完善。

（2）生产鉴定性试验

生产鉴定性试验是非探索性的，一般是在比较成熟的设计理论基础上进行，其目的是通过试验来检验结构构件是否符合设计规范及施工验收规范的要求，并对检验结果做出技术结论。生产鉴定性试验大多是对某个具体结构实体进行试验，例如真型试验和足尺试验，属于非破坏性试验。此类试验经常解决以下问题：

1）鉴定结构设计和施工质量的可靠程度。对于一些比较重要的结构与工程，除了在设计阶段进行必要而大量的试验研究以外，在实际结构建成以后仍需进行鉴定性试验，如大跨桥梁结构要求进行荷载试验。这种试验可以综合地鉴定结构设计和施工质量的可靠程度。

2）为工程改建或加固判断结构的实际承载能力。旧的结构扩建或进行加固，单凭计算难以得到确切结论时，常需要通过试验确定结构的实际承载能力。旧结构缺少设计计算书和图纸资料时，在需要改变结构实际工作条件的情况下进行结构试验更为必要。

3）为处理工程事故提供技术依据。对于遭受地震、火灾、爆炸等原因而受损的结构，或是在建造和使用过程中发现有严重缺陷（施工质量事故、结构过度变形和严重开裂等）的危险结构，也往往有必要进行详细的检验。

4）检验结构可靠性，估算结构剩余寿命。已建服役结构随着建造年代和使用时间的延长，逐渐出现不同程度的老化现象，有的到了老龄期、退化期和更换期，有的则到了危险期。为了保证服役结构的安全使用，尽可能地延长它的使用寿命和防止结构破坏、倒塌等重大事故的发生，国内外对结构的使用寿命，特别是对使用寿命中的剩余期限，即剩余寿命特别关注。通过对已建结构进行观察、检测和分析普查后，按可靠性鉴定规程评定结构的安全等级，由此推断其可靠性和估计其剩余寿命。可靠性鉴定大多数是采用非破损检测的试验方法。

5）鉴定预制构件产品的质量。对于在构件厂或现场成批生产的钢筋混凝土预制构件，在构件出厂或现场安装之前，必须根据科学抽样试验的原则，按照预制构件质量检验评定标准和试验规程的要求，通过少量的试件试验，来推断成批产品的质量。在桥梁建设中，预制梁在架设之前，为了保证其质量安全，经常抽出一批梁进行静载试验。

2. 按试验对象分类

（1）真型试验

真型试验的试验对象是实际结构或是按实际结构足尺复制的结构或构件。

对于实物试验一般均用于生产鉴定性试验，例如一些桥梁通车前的静、动载试验，单片梁试验等均为一种非破坏性的现场试验，属于生产鉴定性试验。

在真型试验中另一类就是足尺结构或构件的试验。以往对构件的足尺试验做得较多，事实上试验对象就是一片梁、一块板或一榀屋架之类的实物构件，它可以在试验室内进行，也可以在现场进行。

（2）模型试验

进行真型试验由于投资大、周期长、测量精度受环境因素的影响，在物质上或技术上存在某些困难时，人们在结构设计的方案阶段进行初步探索或对设计理论计算方法进行研究探讨时，可以对比真型结构小的模型进行试验。

模型是仿照原型并按照一定比例关系复制而成的试验代表物，是具有实际结构的全部或部分特征、但尺寸却比真型小得多的缩尺结构。

模型的设计制作与试验是根据相似理论，用适当的比例尺和相似材料制成的与真型几何相似的试验对象,在模型上施加相似力系使模型受力后重演真型结构的实际工作,最后按照相似理论由模型试验结果推算实际结构的工作,为此这类模型要求有比较严格的模拟条件,即要求做到几何相似、力学相似和材料相似等等。模型试验一般多用于科学研究性试验。

（3）小构件试验

小构件试验是结构试验常用的形式之一,它有别于模型试验。采用小构件试验,不依靠相似理论,无须考虑相似比例对试验结果的影响,即试验不要求满足严格的相似条件,只是用试验结果与理论计算进行对比校核的方式来研究结构性能,验证设计假定与计算方法的正确性,并认为这些结果所证实的一般规律与计算理论可以推广到实际结构中去。

3.按荷载性质分类

（1）静力试验

静力试验是结构试验中最常见的基本试验。因为大部分土木工程结构在使用时所承受的荷载以静荷载为主,一般可以通过重物或各种类型的加载设备来实现和满足加载要求。静力试验的加载过程是从零开始逐步递增一直到结构破坏为止,也就是在一个不长的时间段内完成试验加载的全过程,因此,这类试验也称作"结构静力单调加载试验"。

近年来由于探索结构抗震性能的需要,结构抗震试验无疑成为一种重要的手段。结构抗震是以静力的方式模拟地震作用的试验,它通过施加控制荷载或控制变形作用于结构的周期性的反复静力荷载而进行试验,为了区别于一般静力单调加载试验,故称之为"低周反复静力加载试验",也有称之为"拟静力试验"或"伪静力试验"。

近几年又发展了一种拟动力试验方法,即计算机联机试验。通过计算机和电液伺服加载系统联机对足尺或大比例的结构模型按实际的反应位移进行加载,使试验更接近于实际结构动力反应的真实情况,是在伪静力试验基础上发展起来的一种加载方法。

静力试验的最大优点是加载设备比较简单,操作比较容易;缺点是不能反映荷载作用下的应变速率对结构性能的影响,特别是结构在非线性阶段的试验控制,静力试验是无法完成的。

（2）动力试验

动力试验是指动力加载设备直接对结构或构件施加动力荷载的试验。对实际工作中主要承受动荷载的结构构件,为了了解其在动荷载作用下的工作性能,需要通过动力加载设备直接对结构进行动力加载试验。如桥涵结构在运输车辆作用下的疲劳性能和动力特性问题,高层建筑和高耸构筑物(电视塔、烟囱等)在风荷载和地震荷载作用下的抗震性能问题等,其加载设备和测试手段要比静力试验复杂得多。

4.按试验时间长短分类

（1）短期荷载试验

实际上,主要承受静力荷载的结构构件上荷载大部分是长期作用的,但是在进行结构试验时限于试验条件、时间和解决问题的步骤,不得不大量采用短期荷载试验。对于承受动荷载的结构,即使是结构的疲劳试验,整个加载过程也仅在几天内完成,与结构的实际工作有一定差别。所以严格地说,这种短期荷载试验不能代替长年累月进行的长期荷载试验。这种由于具体客观因素或技术的限制所产生的影响,在分析试验结果时就必须加以考虑。

（2）长期荷载试验

对于研究结构在长期荷载作用下的性能,如混凝土结构的徐变、预应力结构中钢筋的松弛等,就必须进行静力荷载的长期试验。这种长期荷载试验也可以称为持久试验,它将连续进行几个月或几年时间,通过试验获得结构变形随时间的变化规律。

5. 按试件破坏与否分类

通常来说,科学研究性试验多为破坏性试验,生产鉴定性试验多为非破坏性试验。但在某些情况下为了达到预定的试验目的,往往需要进行破坏性试验,以掌握试验结构由弹性阶段进入塑性阶段甚至破坏阶段时的结构行为、破坏形态等试验资料。实际上,原型结构的破坏试验,不论在费用上还是在方法上都存在一些具体的问题,特别是在结构进入破坏阶段后的试验是比较困难的。因此,破坏试验一般均以模型结构为对象,在实验室内进行,以便较为方便可行地进行加载、控制、量测、分析,从而总结出具有普遍意义的规律,推广应用于原型结构。

6. 按试验场地分类

(1)实验室试验

实验室具有良好的工作条件,可以应用精密和灵敏的仪器设备进行试验,试验结果也具有较高的准确度。实验室试验没有外界环境的干扰因素,适于研究性试验,其对象可以是真型,也可以是模型,尤其是近年来大型实验室的建设,为开展足尺结构的整体试验提供了比较理想的条件。

但是土木工程中有许多试验项目仅在实验室内是无法完成的,只有通过现场实测才能获得实际结构的各项性能指标。例如许多大型桥梁成桥验收以及旧桥的加固,只有通过现场实桥试验,才能获取实际结构的许多性能参数,室内试验无法代替。

(2)现场试验

现场试验多用于解决具体实际问题,所以试验是在生产和施工现场进行,试验对象是正在使用的已建结构或即将投入使用的新结构。例如单片梁的静载试验、成桥通车试验等。现场试验与室内试验相比,由于受到客观环境条件的影响,不宜使用高精度的仪器设备进行观测,且试验方法也比较简单,试验精度较差。

三、我国结构试验的发展简史

解放前,我国处于半殖民地半封建社会,科学技术极端落后,根本没有土木工程结构试验这门学科。解放后,土木工程结构试验和其他学科一样获得了迅速发展,建立了一大批各种规模的结构实验室,拥有一支实力雄厚的专业技术队伍,具有一定数量的现代化仪器设备,并积累了丰富的试验技术经验。

目前,随着智能仪器的出现、计算机和终端设备的广泛使用、各种试验设备自动化水平的提高,越来越先进的试验手段会不断涌现。

四、结构试验技术的发展

现代科学技术的不断发展,为结构试验技术水平的提高创造了物质条件。同样,高水平的结构试验技术又促进了结构工程学科的不断发展和创新。现代结构试验技术和相关的理论及方法在以下几个方面发展迅速。

1. 先进的大型和超大型试验装备

在现代制造技术的支持下,大型结构试验设备不断投入使用,使加载设备模拟结构实际受力条件的能力越来越强。如电液伺服压力试验机的最大加载能力达到 50 000 kN,可以完成实际结构尺寸的高强混凝土柱或钢柱的破坏性试验。

2. 基于网络的远程协同结构试验技术

互联网的飞速发展,为我们展现了一个崭新的世界。当外科手术专家通过互联网进行远程外科手术时,基于网络的远程结构试验体系也正在形成,20 世纪末,美国国家科学基金会投入巨资建设"远程地震模拟网络",希望通过远程网络将各个结构实验室联系起来,利用网络传输试验数据和试验控制信息,网络上各站点(结构实验室)在统一协调下进行联机结构试验,共享设备资源和信息资源,实现所谓的"无墙实验室"。我国也在积极开展这一领域的研究工作,并开始进行网络联机结构抗震试验。基于网络的远程协同结构试验集合结构工程、地震工程、计算机科学、信息技术和网络技术于一体,充分体现了现代科学技术渗透、交叉、融合的特点。

3. 现代测试技术

现代测试技术的发展以新型高性能传感器和数据采集技术为主要方向。利用微电子技术,使传感器具有一定的信号处理能力,形成所谓的"智能传感器"。如新型光纤传感器已开始应用于大型工程结构健康诊断与监控。另一方面,测试仪器的性能也得到极大的改进,特别是与计算机技术结合,数据采集技术发展迅速。

4. 计算机与结构试验

特别值得一提的是大型试验设备的计算机控制技术和结构性能的计算机仿真技术。比如,电液伺服加载控制系统于 20 世纪末就告别了传统的模拟控制技术,普遍采用计算机控制技术,使试验设备能够完成复杂、快速的试验任务。以大型有限元分析软件为标志的结构分析技术也极大地促进了结构试验的发展。试验前,通过计算机分析预测结构性能、制订试验方案;试验后,通过计算机仿真,结合试验数据,对结构性能作出完整的描述。

五、结构试验课程的特点

结构试验是一门综合性很强的课程,它常常以直观的方式给出结构性能,但必须综合运用各方面的知识,全面掌握结构试验技术,才能准确理解结构受力的本质,提高结构理论水平。这就要求我们,首先掌握专业基础课的知识,如材料力学、结构力学、弹性力学、砌体结构、混凝土结构、钢结构理论等内容,其次了解仪器设备的基本原理和使用方法,如掌握电工、电子、化学、物理、机械、液压等方面的知识,对理解结构试验的方法很有好处。

结构试验强调动手能力的训练和培养,是一门实践性很强的课程。学习这门课,必须完成相关的结构和构件试验,熟悉仪器仪表操作。除掌握常规测试技术外,很多知识是在具体试验中掌握的,要在试验操作中注意体会。

第二节 结构试验的一般过程

不管进行什么性质的试验,其一般过程可分为四个阶段:结构试验规划设计、结构试验准备、结构试验实施和结构试验资料整理分析并提出试验结论。各阶段的难易程度视试验规模大小的不同而异。其中制定试验规划设计阶段最为重要,关系到整个试验的成败。日本东京大学梅村魁教授在其《结构试验与结构设计》一书中,把这一阶段称为"结构试验设计"。它们之间的关系如图 1-4 所示。

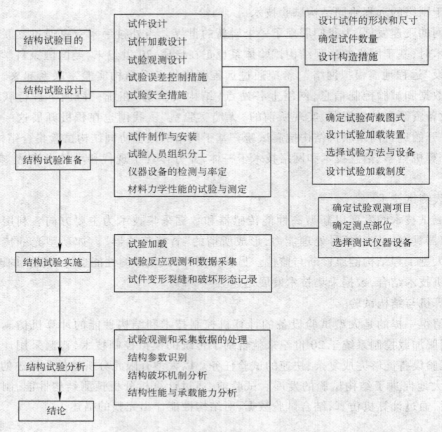

图 1-4　结构试验设计总框图

一、试验规划设计阶段

结构试验是一项细致复杂的工作,必须严格认真对待,任何疏忽大意都会影响试验结果或试验的正常进行,甚至导致试验失败或危及人身安全。因此在试验之前,需对整个试验作出规划。下面以研究性试验为例,说明规划阶段主要做哪些工作。

1. 研究试验目的、了解试验任务、搜集有关资料、确定试验方法等。

2. 确定试验的性质和规模。

3. 确定试验参数、试件的外形及尺寸。

4. 进行试件的设计与制作。

5. 确定加载方法和设计支承系统。

6. 选定量测项目及量测方法。

7. 根据具体情况写出试验大纲。试验大纲是指导整个试验的技术文件,主要包括以下内容:

(1)试验项目来源,即试验任务产生的原因、渠道和性质。

(2)试验的目的。即通过试验最后得到的数据,如破坏荷载值,设计荷载下的内力分布、挠度曲线、荷载—变形曲线等,弄清楚试验研究目的,确定试验目标。

(3)试件设计要求。包括试件设计的依据及理论分析过程,试件的种类、形状、数量、尺寸,施工图设计和施工要求,还包括试件制作要求,如试件原材料、制作工艺、制作精度等。

(4)辅助试验的内容。包括辅助试验的目的、数量,试件的种类、数量和尺寸,试件的制作要求和试验方法等,如材料力学试验、材料鉴定试验。

(5)试件的安装与就位。包括试件的支座装置、保证侧向稳定装置等。

(6)加载方法。包括荷载数量及种类、加载装置、加载图式、加载程序。

(7)量测要求。包括观测项目,测点布置,仪表的选择与标定,仪表的布置图(安装位置、安装方法、仪表名称及编号),量测顺序规定和补偿仪表的位置等。

(8)安全措施(安全装置、脚手架及技术安全规定等)。

(9)耗资预算和仪表的清单。

(10)试验进度计划。

(11)试验组织管理(严密组织、人员分工明确)。

二、试验准备阶段

试验准备阶段的工作占全部试验的 1/3 以上,直接影响试验结果的准确程度,有时还关系到试验能否顺利进行。试验准备阶段控制和把握好几个主要环节(例如试件的制作和安装就位,设备仪表的安装、调试和率定等)是极为重要的。试验准备阶段的主要工作有:

1. 试件的制作。试验研究者应亲自参加试件制作,以便掌握有关试件质量的第一手资料,试件尺寸要保证足够的精度。在制作试件时还应注意材性试样的留取,试样必须能代表试验结构的材性。

材性试件必须按试验大纲上规划的试件编号进行编号,以免不同组别的试件混淆。在制作试件的过程中应作施工记录日志,注明试件日期、原材料情况,这些原始资料都是最后分析试验结果不可缺少的参考资料。

2. 试件的尺寸与质量检查。包括试件尺寸和缺陷的检查,应作详细记录,纳入原始资料。

3. 试件的安装与就位。试件的支承条件应力求与计算简图一致。一切支承零件均应进行强度验算并使其安全储备大于试验结构可能有的最大安全储备。

4. 安装加载设备。加载设备的安装应满足"既稳又准找方便,有强有刚求安全"的要求。即就位要稳固、准确、方便,固定设备的支承系统要有一定的强度、刚度和安全度。

5. 设备仪表的率定。对测力计及一切量测仪表均应按技术规定要求进行率定,各仪器仪表的率定记录应纳入试验原始记录中,误差超过规定标准的仪表不得使用。

6. 做辅助试验。辅助试验多半在加载阶段之前进行,以取得试件材料的实际强度,便于对加载设备和仪器仪表的量程等作进一步的验算。但对一些试验周期长的大型结构试验或试件组别很多的系统试验,为使材性试件与试验结构的龄期尽可能一致,辅助试验也常常和正式试验同时穿插进行。

7. 仪表的安装、连线调试。

8. 记录表格的设计准备。

9. 通过计算结构内力进行判断和控制加载(加载应力估计)。

三、试验实施阶段

这是整个试验过程的中心环节,应按照规定的加载顺序和量测顺序进行。

1.确定基本加载方案,如破坏与否、试验周期的长短等。

2.荷载图式的选择,如集中荷载还是均布荷载。

3.加载顺序的确定,如直接加载还是分级加载,按几个循环进行。

4.观测注意点和测点布置。

观测时应注意:首先观测试件的整体工作状态、整体工作变形能反映出整体工作面貌,而后观测局部的变化。

测点布置:要满足试验要求,便于操作和测读,数据准确等。

四、结构试验分析阶段

1.数据整理阶段:整理原始测试资料,进行数据分析。

任何一个试验研究项目,都应有一份详细的原始试验数据记录,连同试验过程中的试件外观变化观察记录、仪表设备标定数据记录、材料力学性能试验结果、试验过程中各阶段的工作日志等,经查实后收集完整,不得丢失。

对于试验量测数据记录及记录曲线,应由负责记录人签名,不能随便涂改,以保证数据的真实性和可靠性。

2.数据处理总结和试验结论:对试验现象和规律作出解释,试验结果和理论值比较,分析产生差异的原因,并得出结论,写出试验总结报告,提出新问题和进一步研究计划。

复习思考题

1-1 简述结构试验的任务及作用。

1-2 何为路标试验?

1-3 结构试验如何分类?

1-4 简述我国结构试验的发展。

1-5 科学研究性试验与生产鉴定性试验的区别是什么?

1-6 简述结构试验的一般程序及其主要内容。为什么说试验规划阶段最为重要?

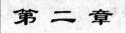

第 二 章

结构试验荷载及加载技术

第一节 结构试验荷载

工程结构上的作用分为直接作用与间接作用。直接作用主要是指荷载的作用,包括结构的自重和作用在结构上的外力。

1. 直接作用的分类

(1)按作用范围分,有均布荷载作用和集中荷载作用。

(2)按作用时间长短分,有短期荷载作用和长期荷载作用。

(3)按对结构的动力效应分,有静力荷载作用和动力荷载作用。

2. 间接作用的分类

其他引起结构附加变形和约束变形的原因,如温度变形,地基不均匀沉降和结构内部的物理、化学作用产生的变形均称为间接作用。

一、静力荷载(静荷载)

静荷载作用是指对结构或构件不产生加速度或产生的加速度可以忽略不计的作用。对于结构的强度、刚度、稳定性等问题的研究性和鉴定性试验,常常只施加静荷载,而且是短期作用的静荷载。对静荷载的加载通常采用分级加载方式。静力荷载加载顺序:预加载阶段、标准荷载阶段和破坏荷载阶段。

1. 预加载

(1)预加载的目的

1)使结构内、外部接触良好,进入正常的工作状态。在试件制造、安装等过程中节点和结合部位难免有缝隙,预加载可使其密合,从而使结构变形与荷载关系稳定。

2)检验全部试验装置的可靠性。

3)检查全部观测仪表的工作是否正常。应严格检查仪表的安装质量、读数和量程是否满足试验要求,自动记录系统运转是否正常等。

4)起到演习的作用。可实际检查试验人员的现场工作情况,使试验人员熟悉自己的工作,掌握调表、读数等技术,强调、协调记录注意事项,保证采集数据的正确性和统一性。

总之,通过预加载试验可以发现一些潜在的问题并将之解决在正式试验之前,这对保证试验工作顺利进行具有重要意义。

(2)预加载的方法

预加载一般分三级进行,每级取标准荷载值的20%,然后分级卸载,2~3级卸完,加(卸)一级,停歇10 min。对混凝土等试件,预加载值应小于计算开裂荷载值的70%。

2. 正式加载

（1）荷载分级

分级加载的优点：①可以控制加载速度；②便于观察结构变形与荷载之间的相互关系，了解各阶段的承载情况；③有利于各点加载统一步调。

分级数量应考虑到能得到比较准确的承载力试验荷载值、开裂荷载值和正常使用状态的试验荷载值及相应的变形。

当所加荷载小于标准荷载时，每级取不大于标准荷载值的 20%，一般来说分五级加至标准荷载。

当荷载超过标准荷载时，每级取不宜大于标准荷载值的 10%。

当所加荷载加至计算破坏荷载的 90% 时，为了求得精确的破坏荷载值和避免结构破坏时的冲击，应用标准荷载值的 5% 逐级加载以至破坏。需要做抗裂性能试验的结构，加载至计算开裂荷载的 90% 后，加载等级也应改为不大于标准荷载的 5%，直至出现第一条裂缝。

为了使结构在荷载作用下的变形得到充分发挥并达到基本稳定，每级荷载加完后应有一定的荷载间歇时间，间歇时间主要取决于结构变形是否已得到充分发展。尤其是混凝土结构，由于材料的塑性性能和裂缝开展，需要一定时间才能完成内力重分布，否则将得到偏小的变形值，并导致偏大的荷载值，影响试验的准确性。根据以往的经验和有关规定：钢结构一般不少于 10 min；钢筋混凝土结构和木结构应不少于 15 min。

（2）满载时间

在标准荷载作用下，是结构的长期实际工作状态，宜持续 30 min ~ 24 h，应在持续时间内仔细观察裂缝的出现和开展以及应变。变形发展情况，在持续时间结束后，仍需观测各项读数。对需要进行变形和裂缝宽度试验的结构，在标准短期荷载作用下的持续时间，如：钢试件和钢筋混凝土试件不小于 30 min；木结构试件不小于 60 min；拱和砌体试件为 180 min；预应力混凝土试件满载 30 min 后加至开裂，在开裂荷载下再持续 30 min。

3. 卸载

卸载一般可按加载级距，也可放大 1 倍或分 2 次卸完。

4. 空载时间

试件卸载后到下一次重新开始加载之前的间歇时间称为空载时间。空载对于研究性试验是完全必要的。因为观测结构受荷载作用后的残余变形和变形的恢复情况均可说明结构的工作性能。要使残余变形得到充分发展需要相当长的时间，试验标准规定：对于一般的钢筋混凝土结构空载时间取 45 min；对于较为重要的结构构件和跨度大于 12 m 的结构取满载时间的 1.5 倍；对于钢结构试件不大于 30 min。为了解变形恢复过程，必须在空载期间观察和记录变形值。

二、动力荷载（动荷载）

动荷载作用则是指使结构或构件产生不可忽略的加速度反应的作用。

对结构施加动荷载，主要是用于研究结构动力性能的试验，如结构的疲劳试验，采用匀速脉动荷载，一般应使试件在试验时不产生共振，远离共振区，加载顺序应根据实际情况而定。

三、试验加载图式

1. 加载图式的概念

试验荷载在结构构件上的布置形式(包括荷载类型和分布情况)称为加载图式。一般要求加载图式与理论计算简图一致,在实际结构试验中因条件限制而无法实现和试验要求相同的加载图式或为了加载方便,应根据试验目的要求,采用与计算简图等效的加载图式——等效荷载。

2. 等效荷载的概念

等效荷载是指加在试件上,使试件产生的内力图形与计算简图相近、控制截面的内力值相等的荷载。等效加载图式应满足以下条件:

(1)等效荷载产生的控制截面的主要内力应与计算内力相等;

(2)等效荷载产生的主要内力图形与计算内力图形相似;

(3)对等效荷载引起的变形差别应予以修正;

(4)控制截面上的内力等效时,次要截面上的内力应与设计值接近。

例如:简支梁均布荷载用集中荷载等效图式。若要测定简支梁在均布荷载下控制截面的内力 $M_{\max}$ 与 $V_{\max}$,因加载条件限制,无法利用均布荷载施加至破坏,必须采用集中荷载等效,如图 2-1 所示。采用二分点一加载形式,$V_{\max}$ 相同,而 $M_{\max}$ 不同,故不可。采用四分点二加载形式,$M_{\max}$ 与 $V_{\max}$ 均相同,故可以。八分点四加载图式,效果更趋于理论要求。即集中荷载点越多,结果越接近于理论值。

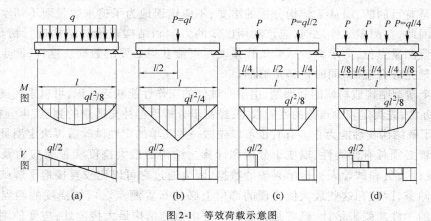

图 2-1　等效荷载示意图

3. 采用等效荷载时注意事项

除了控制截面的某个效应与理论计算荷载相同外,该截面的其他效应和非控制截面的效应,则可能有差别,所以必须全面验算因荷载图式改变对试验结构构件的各种影响。必须特别注意结构构件是否因最大内力区域的某些变化而影响承载性能,尤其对不等强的结构,一定要细加分析和验算,采取有效的等效荷载形式。比如说增加集中荷载个数,从而减小或消除影响。

四、量测项目的确定

在荷载作用下工程结构的各种变形可以分成两类:一类是反应结构的整体工作状况,如梁的挠度、转角、支座位移等,称作整体变形;另一类是反应结构的局部工作状况,如混凝土的应变、裂缝、钢筋滑移等,称为局部变形。

在确定试验的观测项目时,试验人员首先应该考虑结构的整体变形,因为整体变形能够概括结构工作的全貌,可以基本上反映出结构的工作状况。因此,在所有测试项目中,结构的各种整体变形往往是最基本的。对梁来说,首先就是挠度。通过挠度的测定,不仅能知道结构的刚度,而且可以了解结构的弹性和非弹性工作性质,挠度的不正常发展还能反映出结构中某些特殊的局部现象。因此,在缺乏必要的量测仪器情况下,一般梁的试验就仅仅测定挠度一项。转角的测定往往用来分析超静定连续结构。

对于某些构件,局部变形也是很重要的。例如,钢筋混凝土结构出现裂缝,能直接说明其抗裂性能;再如,在做非破坏性试验的应力分布时,控制截面上的最大应变往往是推断结构极限强度的最重要指标。因此只要条件许可,根据试验目的,也需要测定一些局部变形的项目。

总的来说,破坏性试验本身就能充分说明结构或构件的工作状态,因此,观测项目可以少一些;而非破坏性试验的观测项目和测点布置必须满足分析和推断结构工作状况的最低需要。

五、结构试验对测点布置的要求

在结构试验中,利用试验仪器量测结构物或试件的变形或应变时,一个仪表一般只能量测一个试验数据,因此,在量测强度、刚度和抗裂性等多个参数时往往需要利用多个仪表。一般来说,量测的点位越多越能了解结构物的应力和变形情况,但是所需的量测仪表数量也就越多。一般地,在满足试验目的前提下测点还是宜少不宜多,这样不仅可以节省仪器设备,避免人力浪费,而且使试验工作能够重点突出,提高效率和保证质量。在试验中,任何一个测点的布置都应该是有目的的,服从于结构分析的需要,不应错误地为了追求数量而不切实际地盲目设置测点。因此,在测量工作之前,应该利用已知的力学和结构理论对结构进行初步估算,然后合理地布置测量点位,力求减少试验工作量而尽可能获得必要的数据。这样,测点的数量和布置必然会是充分合理的,同时也是足够的。

对于一个新型结构或科研的新课题,由于对试件的工作性能缺乏认识,可以采用逐步逼近且由粗到细的办法,先测定较少点位的性能数据,经初步分析后再补充适量的测点,再分析再补充,直到能足够了解结构物性能为止。有时也可以先做一些简单的定性试验后再决定测量点位。

测点位置必须具有代表性,以便于分析和计算。结构的最大挠度和最大应力及应变的数据,通常是设计人员和试验人员最感兴趣的数据,因为通过它可以比较直接地了解结构的工作性能和强度储备,因此在这些最大值出现的部位上必须布置测点。例如挠度的测点位置可以从比较直观的弹性曲线来估计,经常是布置在跨度中点的结构最大挠度处;应变的测点就应该布置在最不利截面的最大受力纤维上;最大应力的位置一般出现在最大弯矩截面上、最大剪力截面上,或者弯矩剪力都不是最大而是二者同时出现较大数值的截面上,以及产生应力集中的孔穴边缘上或者截面突变的区域上。如果目的不是要说明局部缺陷的影响,那么就不应该在有显著缺陷的截面上布置测点,这样才能便于计算分析。

在测量工作中,为保证量测数据的可靠性,还应该布置一定数量的校核性测点。由于在试验量测过程中部分测量仪器会工作不正常或发生故障,甚至由于很多偶然因素影响量测数据的可靠性,因此不仅在需要知道应力和变形的位置上布置测点,也要求在已知应力和变形的位置上布置测点,这样就可以同时获得两组数据。前者称为测量数据,后者称为控制数据或校核数据。校核性测点一方面能验证观测结果的可靠程度;另一方面,在必要时也可以将对称测点的数据作为正式数据,供分析时采用。

测点的布置应有利于试验时操作和测读,安全和方便。安装在结构上的附着式仪表在达到正常使用荷载的 1.2～1.5 倍时应该拆除,以免结构突然破坏而使仪表受损。

第二节　结构试验的加载技术

结构试验除了极少数在实际荷载作用下进行实测外,绝大多数是在模拟荷载条件下进行的。土木工程结构试验的加载技术就是通过一定的设备与仪器,以最接近真实的模拟荷载再现各种荷载对建筑结构的作用。加载技术是土木工程结构试验最基本的技术之一。

在具体的结构试验中,加载技术的确定,应根据试件的结构特点、试验目的、实验室设备和现场具备的条件以及经费开支等综合考虑。正确合理的荷载设计是整个试验工作的重要环节之一。

目前采用的加载方法和加载设备种类很多,有重物加载、气压加载、机械加载、液压加载、电液伺服加载系统以及和它们相配合的各种试验装置等。

在选择加载方法与加载设备时应满足以下条件,即结构试验对加载方法与加载设备的要求:

1. 选用的试验荷载图式必须是等效荷载图式;

2. 荷载传力方式和作用点明确,产生的荷载数值准确稳定,静荷载不随加载时间、外界环境和结构物变形而变化,保证荷载量的相对误差不超过 ±5 %;

3. 静载试验便于分级加载和卸载,能控制加、卸载速度,荷载分级的分度值要满足试验量测的精度要求;

4. 加载设备不参与结构工作,不影响结构的自由变形,不影响结构受力;

5. 加载装置本身要安全可靠,不仅要满足强度要求,还需要严格控制其变形值;

6. 力求采用先进技术,减轻劳动强度,尽量提高试验效率和质量。

一、重物荷载的加载设备

重物荷载加载就是利用物体本身的重量加于结构上作为荷载。试验室内常用铁块、混凝土块、砖、水、砂石甚至废构件等。重物可直接加于试验结构或构件上,也可以通过杠杆间接加在构件上。

1. 重物直接加载方法

(1)加载形式

1)重物荷载直接堆放于结构表面形成均布荷载,如图 2-2 所示。

2)水作为重物荷载加载,也是一个简便经济且有效的方法。水可以盛在水桶里用吊杆作用于结构上,作为集中荷载;也可以采用特殊的盛水装置,作为均布荷载直接加于结构表面,如图 2-3 所示。后者主要用于大面积的平板试验,加载时利用进水管,卸载时,利用虹吸管原理,同时还可以检验结构物抗裂、抗渗性能。

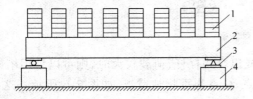

图 2-2　用重物作均布加载试验

1—加载重物;2—试件;3—支座;4—支墩

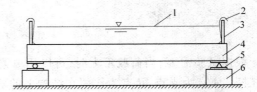

图 2-3　用水作均布加载的试验装置

1—水;2—防水胶布或塑料布;3—侧向支撑;
4—试件;5—支座;6—支墩

3）重物荷载置于荷载盘上通过吊挂于结构上形成集中荷载，多用于现场桁架试验，如图2-4所示。

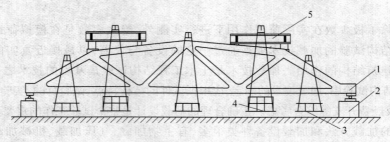

图2-4　用重物作集中加载试验
1—试件；2—支墩；3—重物；4—加载吊盘；5—分配梁

4）施加水平荷载可通过钢索和滑轮转向。

（2）重物直接加载的优缺点

1）优点：试验用的重物容易获得，可重复使用，可保持恒载，可分级加载，容易控制荷载值及加载速度。

2）缺点：需花费较大的劳动力，占据空间较大，安全性差，当结构发生破坏时，不能及时卸载，试验组织难度大。

2.杠杆加载方法

杠杆加载方法也属于重物加载的一种，当重物作为集中荷载时，经常会受到荷载重量的限制，故利用杠杆原理增大（放大）荷载重量。主要形式有：利用试验台座、利用平衡重、利用桩、利用墙身等，如图2-5所示。

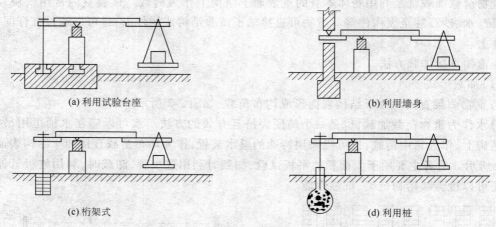

(a) 利用试验台座　　　　　　　　　　(b) 利用墙身

(c) 桁架式　　　　　　　　　　(d) 利用桩

图2-5　杠杆加载装置

根据试验需要，当荷载不大时，可以用单梁式或组合式杠杆；荷载较大时，则可以采用桁架式杠杆。A点为支点，B点为作用在结构上的着力点，C点为重物加载点，如图2-6所示。这3个点的位置必须很准确，由此确定杠杆的比例或放大率。

3.重物加载的特点

重物加载是一种传统的加载方式，具有如下特点：

（1）重物加载的材料可以就地取材，重复使用，根据现场情况采用符合要求的石、砖或水等重物。

（2）加载数值稳定，波动小。采用杠杆间接加载时，作用在试件上的荷载大小不随试件的变形而变化。因此，重物加载特别适用于长期均布荷载和静载试验，如混凝土结构的徐变试验、钢筋混凝土的耐久性试验、结构现场长期观测试验等，对持久荷载试验及进行刚度和裂缝的研究尤为合适。因为荷载是否恒定，对裂缝的开展与闭合有直接影响。

（3）重物加载能较好地模拟均布线荷载或均布面荷载，使试件的受力更接近于结构实际受力状态。

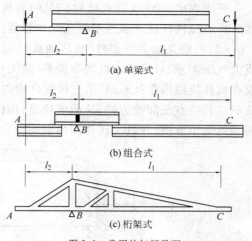

图 2-6　常用的杠杆类型

（4）当采用汽车载重加载时，可实现对结构的动力加载，如桥梁结构的动力加载试验等。

（5）重物加载的工作量很大，加、卸载速度缓慢，耗费时间长。在进行大荷载值的试验时需要动用大量的人力、物力进行试验的准备和试验的加、卸载工作以及重物的分装和运输等。

（6）重物占用的空间大，安全性差，组织难度大，有些重物加载试验由于重物体积过大无法堆放而难以实现。在进行破坏性试验时，一旦结构物达到极限后，因荷载不随结构变形而自行卸载，容易发生安全事故。

二、气压加载

气压加载就是利用压缩气体或真空负压力对结构物施加荷载。这种加载方式对试验对象施加的是均布荷载，多用于模型试验。

1. 气压加载的两种形式

（1）空压机充气加载（正压加载）：利用空气压缩机对气包（囊）充气给试件加以均布荷载，压力可达 180 kN/m^2，如图 2-7 所示。主要用于板、壳试验。其缺点是当构件发生脆性破坏时，气包可能爆炸，故要加强安全防护。常用的措施有两个：一是当监视位移计示值不停地急剧增加时，立即打开泄气阀卸载；二是试件下方架设承托架，承力架与承托架间用垫块调节，随时使垫块与承力架横梁保持微小间隙，以备试件破坏。

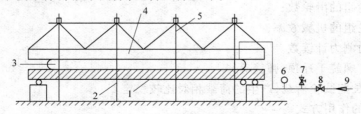

图 2-7　气压正压加载装置示意图

1—试件；2—荷载支撑装置；3—充气气囊；4—支撑板；5—反力桁架；6—气压表；7—排气阀；8—进气阀；9—压缩空气进口

开滦煤矿3 000 t煤仓结构(容器)有机玻璃模型试验装置,就是先利用压缩空气对其充气然后再通过杠杆原理装置增大空气在容器内的传递压力。

(2)真空泵抽真空加载(负压加载):用真空泵抽出试件与台座围成的封闭空间的空气,形成大气压力差,对试件加以均布荷载,最大压力可达 $80 \sim 100$ kN/m²,如图2-8所示。试验时,应在试件缝隙内涂抹石蜡-凡士林混合物以增加气密性。主要适用于向大面积曲面施加均布荷载。其特点是卸载方便,荷载值稳定,构件破坏时能自动卸载,但安装量测仪表受到限制,观测裂缝等不方便,并且无法观测内表面变化。

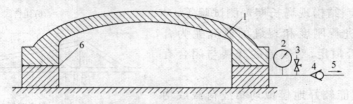

图2-8 真空加载试验
1—试验壳体;2—真空表;3—进气阀;4—单向阀;5—接真空泵;6—橡胶支撑密封垫

2.气压加载的特点
(1)能真实地模拟面积大、外形复杂结构的均布受力状态;
(2)加、卸载方便可靠;
(3)荷载值稳定易控;
(4)需要采用气囊或将试件制作成密封结构,试件制作工作量大;
(5)施加荷载值不能太大;
(6)构件内表面无法直接观测;
(7)气温变化易引起荷载波动。

三、机械加载

机械加载是利用简单的机械原理对结构物加载。
1.索引起重机械(绞车、卷扬机、倒链葫芦)
主要用于远距离或高耸结构施加荷载。连接定滑轮可以改变力的方向,连接滑轮组可以提高加载能力,连接测力计或拉力传感器可以测量其加载值 P。

$$P = \varphi n K p \tag{2-1}$$

式中　φ——滑轮摩擦系数(0.96~0.98);
　　　n——滑轮组的滑轮数;
　　　K——滑轮组的机械效率;
　　　p——拉力测力计读数。

2.顶推机械(螺旋千斤顶、弹簧等)
适用于施加长期试验荷载,产生的荷载相对比较稳定。
3.机械加载的作用方式
(1)倒链、卷扬机、绞车和花篮螺丝等主要是配合钢丝或绳索对结构施加拉力,还可与滑轮组联合使用,改变作用力方向和拉力大小。拉力的大小通常用拉力测力计测定,按测力的量程有两种装置方式。当测力计量程大于最大加载值时用图2-9(a)所示串联方式,直接量测绳索拉力。如测力计量程较小,则需要用图 2-9(b)的装置方式,此时作用在结构上的实际拉力应进行计算。

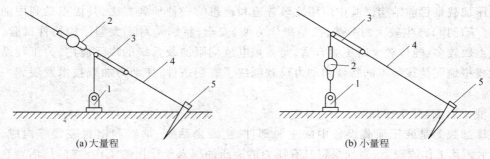

(a)大量程　　　　　　　　　　　　　　(b)小量程

图 2-9　机械拉力测力装置布置图
1—绞车;2—拉力计;3—滑轮组;4—钢索;5—桩头

(2)螺旋千斤顶是利用齿轮及螺杆式蜗轮蜗杆机构传动的原理,当摇动手柄时,就带动螺旋杆顶升,对结构施加顶推压力,用测力计测定加载值。螺旋千斤顶加载值最大可达 600 kN。

(3)弹簧加载法常用于构件的持久荷载试验,它是利用弹簧压缩变形的恢复力对结构施加压力荷载,荷载值的大小由弹簧刚度与弹簧的压缩变形决定。图 2-10 是利用弹簧加载装置对简支梁进行荷载试验的装置。该试验装置在加载前使弹簧产生相应荷载值的变形,使弹簧保持压缩状态,依靠弹簧的回弹力施加荷载值。弹簧的变形值与压力的关系预先测定,故在试验时只需知道弹簧的最终变形值,即可求出对试件施加的压力值。用弹簧作持久荷载时,应事先估计到由于结构徐变使弹簧压力变小时,其变化值是否在弹簧变形的允许范围之内。

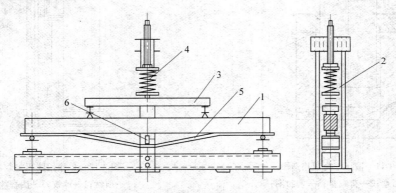

图 2-10　用弹簧施加荷载的持久试验装置
1—试件;2—荷载支承架;3—分配梁;4—加载弹簧;5—仪表架;6—挠度计

4. 机械加载的特点与要求

机械加载设备简单,容易实现加载。当采用索具加载时,便于改变荷载作用方向,适用于对结构施加水平集中荷载,故常用于建筑物、柔性构筑物(桅杆、塔架等)的实测或大尺寸模型试验中。但机械加载能力有限,荷载值不宜太大。在采用卷扬机等设备加载时,应保证钢丝绳和滑轮组的质量,并有足够的安全储备。采用卷扬机、倒链葫芦等机具加载时,力值量测仪表应串联在绳索中,直接测定加载值;绳索通过导向轮或滑轮组对结构加载时,力值量测仪表宜串联在靠近试验结构端的绳索中。

四、液压加载

液压加载是目前结构试验中应用比较普遍和理想的一种加载方法,其优点是利用油压使液压器(千斤顶)产生较大的荷载,试验操作方便、安全,特别是对于大型结构构件试验,当要求荷载点数较多、吨位较大时更为合适,尤其是电液伺服加载系统的广泛应用,为工程结构动力试验模拟地震荷载等不同特性的动力荷载创造了有利条件,使动力加载技术发展到一个新的高度。

1. 液压加载器(千斤顶)

液压加载器是液压加载设备中的主要部件,主要由活塞、油缸和密封装置等构成,如图2-11所示。其工作原理是,当油泵将具有压力的液压油压入千斤顶的工作油缸时,活塞在压力油的作用下向前移动,与试件接触后,活塞便向结构物施加荷载,荷载值的大小由油压表示值和加载器活塞受压底面积求得,也可以由液压加载器与荷载承力架之间所置的测力计直接测读,或用传感器将信号输给电子秤显示或由记录器直接记录。

液压千斤顶分为单作用式、双作用式、电液伺服式及张拉千斤顶等。单作用式千斤顶油缸只有一个进油口,如图2-12所示,这种千斤顶只能对试件施加单向作用力(压力),可用于结构静力试验。

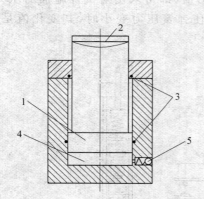

图2-11　液压千斤顶构造图
1—活塞;2—荷载盘;3—密封圈;
4—工作油缸;5—进油口

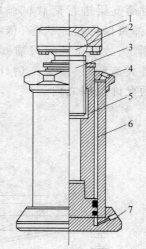

图2-12　单作用液压加载器
1—顶帽;2—球铰;3—活塞丝杆;
4—活塞复位油管接头;5—活塞;
6—油缸;7—工作压力油管接头

双作用式千斤顶有前后两个工作油腔和两个供油口,如图2-13所示。工作时一个供油口供油,另一个供油口回油,通过管路系统中的换向阀可以改变供油与回油路径。后油腔供油前油腔回油时,施加推力,反之则施加拉力。通过换向阀交替油缸的供油与回油,可使活塞对结构产生拉力或压力的双作用,施加反复荷载,这种千斤顶适用于低周反复荷载试验。

电液伺服作动器是专门用于电液伺服加载系统的加载器,这种加载器也分为单作用和

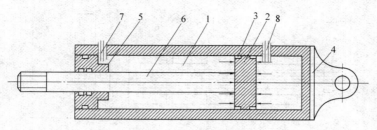

图 2-13　双作用千斤顶加载器
1—工作油缸;2—活塞;3—油封装置;4—固定座;5—端盖;
6—活塞杆;7、8—进出油孔

双作用,双作用作动器又分为单出杆式和双出杆式两种。单出杆式如图 2-13 所示,由于前后两个油腔的活塞工作面积不同,油压相同时作动器产生的推、拉力并不相同;双出杆式如图 2-14 所示,前后两个油腔的活塞工作面积相同,因此,施加的最大推力和拉力相同。电液伺服加载器的制作工艺与双作用千斤顶不同,电液伺服加载器的活塞和油缸之间的摩擦力小,工作频率高,频响范围宽,可施加动力荷载。为满足控制要求,油缸上装有位移传感器、荷载传感器及电液伺服阀等。电液伺服作动器式电液伺服振动台的起振器,多个电液伺服加载器可构成多通道加载系统,可完成静力试验、拟动力试验、疲劳试验及动力试验等结构试验。

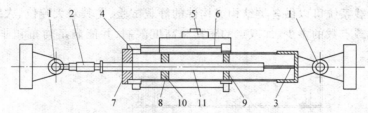

图 2-14　电液伺服作动器双出杆式构造简图
1—球铰法兰;2—拉压力传感器;3—位移传感器;4—进、出油口;5—电液伺服阀;
6—油管;7、8、9—密封件;10—活塞;11—活塞杆

液压张拉千斤顶是专门用于预应力施工和试验的液压加载设备,工作过程与普通液压千斤顶相同,通常分为单孔张拉千斤顶和多孔张拉千斤顶。单孔张拉千斤顶只能张拉单根钢绞线,张拉时不需要专门工具锚,本身自带夹具,这种张拉千斤顶既可用于逐根张拉钢绞线,也可用于退出已张拉的夹具(退锚),最大吨位达 260 kN。多孔液压张拉千斤顶能同时张拉多根钢绞线,其构造如图 2-15 所示,活塞被加工成中空形式,以便于钢绞线穿过。工作时在张拉千斤顶底部安装工作锚及工作夹片,在活塞伸出的端部安装工具锚及夹片,通过电动油泵驱动张拉千斤顶活塞移动,张拉钢绞线。油泵上的压力表可指示张拉力,当张拉力达到指定值(荷载、位移)时,操作油泵改变供油方向,使千斤顶活塞回缩,钢绞线松弛,回缩的钢绞线带动工作夹片夹紧钢绞线,使钢绞线保持张拉状态,并退出工作锚,卸除张拉千斤顶。多孔式张拉千斤顶根据张拉孔数的不同,其加载能力大致在 1 000 ~ 6 500 kN 之间,同时可张拉 3 ~ 21 根钢绞线。预应力张拉施工是严格的生产项目,张拉千斤顶必须由法定计量部门标定出具检定证书,施工操作时需要严格按照操作规程进行。

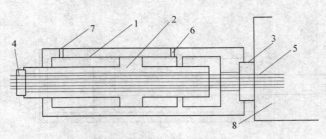

图 2-15　液压张拉千斤顶

1—缸体;2—活塞;3—工作锚及夹片;4—工具锚及夹片;5—预应力
钢绞线;6—进油孔;7—回油孔;8—构件

2. 液压加载系统

　　液压加载系统利用液压加载器配合加荷承力架和静力试验台座,是最简单的一种加载方法,设备简单,作用力大,加、卸载安全可靠,与重物加载相比,可大大减轻笨重的体力劳动。但是,如要求多点加载时则需要多人同时操纵多台液压加载器,这时难以做到同步加载、卸载,尤其是当需要恒载时更难以保持稳定状态。所以,比较理想的加载方法是采用能够变荷的同步液压加载系统来进行试验。

　　液压加载系统主要由高压油泵、管路系统、操纵台、液压加载器、加载架、试验台座等部分组成,如图 2-16 所示。

　　利用液压加载系统可以做各类结构或构件的静载试验,尤其对大吨位、大跨度的结构更为适用。它不受加载点数的多少、加载点的距离和高度限制,并能满足均布和非均布、对称和非对称加载的需要。

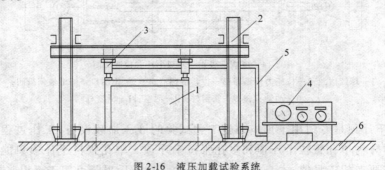

图 2-16　液压加载试验系统

1—试件;2—加载架;3—液压加载器;4—液压操纵台;5—管路系统;6—试验台座

3. 大型结构试验机

　　大型结构试验机本身就是一个完备的液压加载系统,它是结构实验室内进行大型结构试验的一种专门设备,比较常用的有结构长柱试验机和结构疲劳试验机。

　　(1)结构长柱试验机

　　结构长柱试验机用以进行柱、墙板、节点与梁的受压与受弯试验。这种设备的构造和原理与一般材料试验机相同,由液压操纵台、大吨位的液压加载器、试验机架和管路系统组成,如图 2-17 所示。由于进行大型构件试验的需要,所以它的液压加载器的吨位要比一般材料试验机的大,至少在 2 000 kN 以上,机架高度在 3 m 左右或更大,最大吨位超过

30 000 kN。其结构可分为二立柱式和四立柱式两种,根据操作系统的不同,可分为普通液压式和电液伺服式。普通液压式试验机是通过液压操作柜操作使用,试验数据利用指针显示并由人工记录,该系统可以通过改造计算机从而进行显示和记录。电液伺服式结构试验机除了具有普通液压试验机的功能外还增加了电液伺服阀和计算机控制系统。这种试验机利用电液伺服阀控制试验加载的速度,可进行力的控制和位移控制,加载试验精度高,并配有专门的数据采集和处理系统,操作和处理自动完成,是近几年发展起来的最先进的结构试验机,吨位最大可达 10 000 kN。

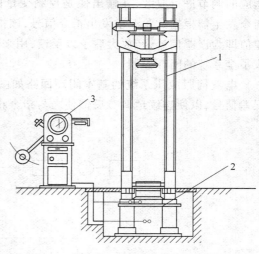

图 2-17 结构长柱试验机
1—试验机架;2—液压加载器;3—液压操纵台

　　(2)结构疲劳试验机

　　结构疲劳试验机可做正弦波形荷载的疲劳试验,也可做静载试验等。结构疲劳试验机主要由脉动发生系统、控制系统和液压加载器工作系统三部分组成。从高压油泵打出的高压油经脉动器再与液压加载器和装于控制系统中的油压表连通,使脉动器、加载器、油压表都充满压力油。当飞轮带动曲柄运动时,就使脉动器活塞上下移动而产生脉动油压。

　　脉动频率用电磁无级调速电机控制飞轮转速进行调整,一般疲劳试验机频率在 100 ~ 500 次/min。

　　疲劳次数由计数器自动记录,计数至预定次数或试件破坏时即自动停机。

　　4.电液伺服试验加载系统

　　电液伺服加载系统大多采用闭环控制,主要组成是电液伺服液压加载器、控制系统和液压源三大部分,如图 2-18 所示。它可将荷载、应变、位移等物理量直接作为控制参数,实行自动控制。由图 2-18 可见,左侧为液压源部分,右侧为控制系统,中间为带有电液伺服阀的液压加载器。高压油从液压源的油泵输出经过滤器进入伺服阀,然后输入到双向加载器的左右室内,

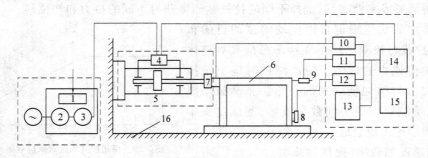

图 2-18 电液伺服液压系统工作原理
1—冷却器;2—电动机;3—高压油泵;4—电液伺服阀;5—液压加载器;6—试验结构;7—荷重
传感器;8—应变传感器;9—位移传感器;10—荷载调节器;11—位移调节器;12—应变调节器;
13—记录及显示装置;14—指令发生器;15—伺服控制器;16—试验台座

对试件施加试验所需要的荷载。根据不同的控制类型,反馈信号由荷重传感器(荷重控制)、试件上的应变计(应变控制)或位移传感器(位移控制)测得。所测得的信号分别经过与之相适应的调节进行放大,其输出便是控制变量的反馈值。反馈值可在记录及显示装置上反映。指令发生器根据试验要求发出指令信号,该指令信号与反馈信号在伺服控制器中进行比较,其差值即为误差信号,经放大后予以反馈,用来控制伺服阀操纵液压加载器活塞的工作,从而完成了全系统的闭环控制。

电液伺服液压系统的基本闭环回路如图 2-19 所示,其中包括输入指令信号、反馈信号和误差信号,以便连续地调节反馈使之与指令相等,完成对试件的加载要求。

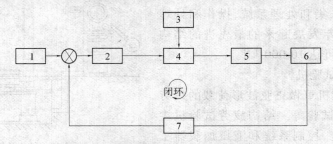

图 2-19 电液伺服液压系统的基本闭环回路

1—指令信号;2—调整放大系统;3—油源;4—伺服阀;5—加载器;6—传感器;7—反馈系统

五、惯性力加载

结构试验中可以利用物体质量运动时产生的惯性力对结构施加动力荷载,也可以利用弹药筒或小火箭爆炸时产生的反冲力对结构加载。

1. 冲击力加载

冲击力加载的特点是荷载作用时间极短,在它的作用下结构产生自由振动,适用于进行动力特性的试验。

(1)初位移加载法(张拉突卸法)

初位移加载法是利用钢丝绳等使结构沿振动方向张拉一初始位移,然后突然释放使结构产生自由振动,如图 2-20 所示。试验时在钢丝绳上设一钢拉杆,当拉力达到拉杆极限拉力时,拉杆被拉断而形成突然卸载,选择不同的拉杆截面可获得不同的拉力和初位移。

初位移加载法应根据自由振动测试的目的布置拉线点,拉线与被测结构的连接部分应具有整体向被测结构传递力的能力。每次测试时应记录拉力值以及拉力与结构轴线间的夹角。测量振动波时,应取记录波形中的中间数个波形,测试过程中不应使被测结构出现裂缝。

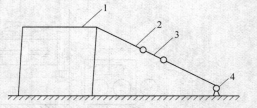

图 2-20 用张拉突卸法对结构施加冲击力荷载

1—结构物;2—钢丝绳;3—钢拉杆;4—绞车

(2)初速度加载法(突然加载法)

初速度加载法也称突然加载法,基本原理是利用运动重物对结构施加瞬间的水平或垂直冲击,如摆锤法或落重法,如图 2-21 所示,使结构产生初速度而获得所需的冲击荷载。

(3)反冲击激振法(小火箭激振)

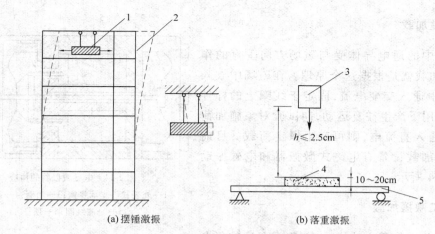

(a) 摆锤激振　　　　　　　　(b) 落重激振

图 2-21　用摆锤或落重法施加冲击力荷载

1—摆锤；2—结构；3—落重；4—砂垫层；5—试件

反冲击激振法是利用反冲击激振器对结构施加动荷载，也称火箭激振，它适用于现场结构
试验，小型反冲击激振器也可以用于实验室内构
件试验。

激振器的壳体是用合金钢制成，它的结构主要由
5 部分组成。图 2-22 为反冲激振器的结构示意图。

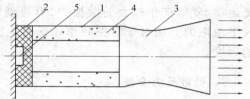

2. 离心力加载法

离心力加载是根据旋转质量产生的离心力对
结构施加简谐振动荷载，其特点是运动具有周期
性，作用力的大小和频率按一定规律变化，使结构
产生强迫振动。

图 2-22　反冲激振器结构示意图

1—燃烧室壳体；2—底座；3—喷管；
4—主装火药；5—点火装置

利用离心力加载的机械式激振器的原理如图 2-23 所示。

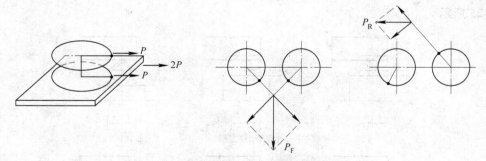

图 2-23　机械式激振器的原理图

3. 惯性力加载的要求

惯性力激振振动加载试验时，应正确选择激振器的安装位置；合理选择激振力，防止引起
测试结构的振型畸变；当激振器安装在楼板上时，应避免受楼板竖向自振频率和刚度的影响；
激振力应具有传递途径；激振测试中宜采用扫频方式寻找共振频率，在共振频率附近测试时，
应保证半功率带宽内有不少于 5 个频率测点。

六、电磁加载

在磁场中的通电导体受与磁场方向垂直的作用力,电磁加载就是根据这个原理。在磁场中放入线圈,线圈中通入交变电流,固定于线圈上的杆件在磁场力作用下产生往复运动,向试验对象施加荷载;若线圈通入直流电,则可产生恒定荷载。目前常用的电磁加载设备有电磁式激振器和电磁振动台,如图 2-24 所示。

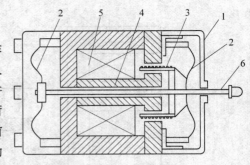

图 2-24　电磁激振器的构造
1—外壳;2—支承弹簧;3—动圈;4—铁芯;
5—励磁线圈;6—顶杆

七、人工激振加载

动力试验的加载方法中,一般都需要比较复杂的设备,实验室内容易满足,但在现场试验时由于条件的限制,往往希望有更简单的加载方法,既不需要复杂的设备,又能满足加载试验的需要。

试验人员利用身体在结构上作有规律的运动,即使身体做与结构自振周期相近的往复运动,就能产生较大的激振力,有可能产生适合完成振动试验的物体振动幅值。采用人工激振的方法对于自振频率较低的大型结构来说,完全有可能被激振到足可进行量测的程度。

八、荷载反力设备

1. 支座和支墩

结构试验中的支座和支墩是支承结构、正确传力和模拟实际荷载图式的设备,是根据试验结构或构件在实际状态所处的边界条件和应力状态而设置的。

支墩常用钢或钢筋混凝土制作,现场试验大多临时用砖砌成。

支座一般均采用钢制,按不同支承条件,常用的构造形式主要有嵌固、铰支、滚动等形式,如图 2-25 所示。

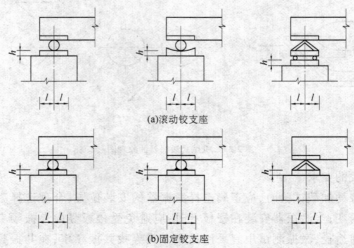

(a)滚动铰支座

(b)固定铰支座

图 2-25　常见的支座类型

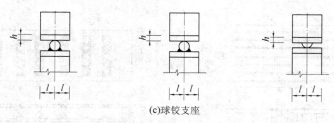

(c)球铰支座

图 2-25 常见的支座类型

2．反力装置

在进行结构试验时,液压加载器(千斤顶)的活塞只有在其行程受到约束时,才对试件产生推力。利用杠杆加载时,也必须有一个支承点承受支点的上拔力。故进行结构试验加载时,还必须有一套荷载支承设备,才能满足试验加载要求。

（1）竖向反力装置

主要由垂直载荷架(反力架)、千斤顶连接件及试验台座等组成。

（2）试验台座

实验室内结构试验台座是永久性的固定设备,用以平衡施加在试验结构上的荷载所产生的反力。

试验台座的标高一般与实验室地面相同,这样可以充分利用实验室地面面积,使室内水平运输搬运物件比较方便,但也有的高出地面。试验台座长从十几米到几十米,宽也可达十几米,台座支承能力在 $200 \sim 1\ 000\ kN/m^2$,刚度大、变形小,可以允许同时在其上面做几个试验,而不考虑相互的影响。

试验台座的作用除了作为平衡结构加载时产生的反力外,还能用以固定横向支架,以保证试件的侧向稳定,还可以通过反力架对试件施加水平荷载(剪力墙),还能消除试验时的支座沉降变形。

目前,国内外常见的试验台座按结构构造的不同可分为以下各种形式:

1）板式试验台座

其结构为整体的钢筋混凝土或预应力混凝土的厚板,由结构的自重和刚度来平衡结构试验时施加的荷载。按荷载支承装置与台座连接固定的方式与构造形式的不同,可分为槽式(槽道式)和预埋螺栓式两种。

①槽式试验台座

这是目前国内常用的一种比较典型的静力试验台座,如图 2-26 所示。其构造特点是沿台座纵向全长布置几条槽轨,该槽轨是用型钢制成的纵向框架结构,埋置在台座的混凝土内,其作用在于锚固加载支架,用于平衡结构物上的荷载所产生的反力。这种台座的特点是加载位置可沿台座的纵向任意变动,以适应结构加载的需要。

②地脚螺丝式试验台座(地锚式)

这种台座在台面上每隔一定间距设置一个地脚螺丝,螺丝下端锚固在混凝土内,顶端伸出到台座表面特制的地槽内(圆形孔穴),并略低于台座表面标高,如图 2-27 所示。使用时,通过套筒螺母与荷载架立柱连接。平时用盖板将地槽盖住,以保护螺丝端部,并防止杂物落入孔穴。这种台座不仅用于静力试验,同时可以安装结构疲劳试验机进行动力试验。但是螺丝受损后修理困难,此外,由于螺丝位置是固定的,所以安装试件的位置受限,不如槽道式试验台座方便。

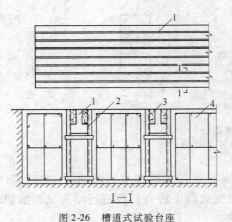

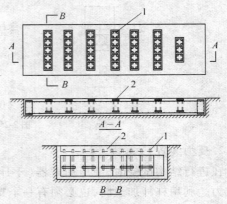

图 2-26　槽道式试验台座

1—槽轨；2—型钢骨架；3—高等级混凝土；4—混凝土

图 2-27　地脚螺丝式试验台座

1—地脚螺栓；2—台座地槽

2）箱式试验台座

这种台座本身就是一个刚度很大的箱形结构，台座顶板沿纵、横两个方向按一定间距留有竖向贯穿的孔洞，以固定立柱或梁式槽轨，便于沿孔洞连线的任意位置加载，如图 2-29 所示。即先将槽轨固定在相临的两孔洞之间，然后将立柱或拉杆按需要的位置固定在槽轨中，也可以将立柱或拉杆直接安装于孔内，亦称孔式试验台座。试验量测和加载工作可在台座上面进行，也可在箱形结构内进行。这种台座结构本身也是实验室地下室，可供长期荷载试验或特种试验使用。其优点为加载点的位置可沿台座纵向任意变动，缺点为型钢用量大，槽轨施工精度要求高。

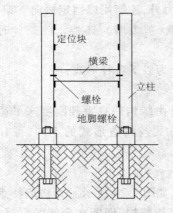

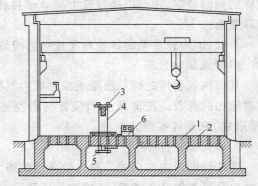

图 2-28　固定在地槽上的反力刚架

图 2-29　箱式结构试验台座

1—箱形台座；2—顶板上的孔洞；3—试件；4—加载架；

5—液压加载器；6—液压操纵台

（3）水平反力装置

主要由反力墙（反力架）和千斤顶水平连接件等组成。

1）反力墙

反力墙一般为固定式，而反力架则有移动式和固定式两种。

移动式反力墙一般采用钢结构，如图 2-30 所示，通过螺栓与试验台座的槽轨锚固，加载方便,使用灵活。钢反力墙可做成单片式或多片式,均为板梁式构件,可重复使用,也可分别采用。移动式反力墙可以满足双向施加水平力的要求,但其反力支架承载力较小。

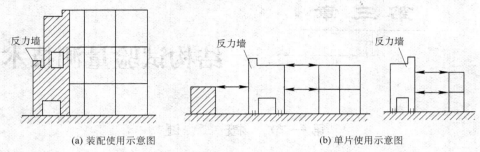

(a) 装配使用示意图　　　　　　　　　　　　(b) 单片使用示意图

图 2-30　移动式反力墙

　　固定式反力墙,国内外大多采用混凝土结构(钢筋混凝土或预应力混凝土),而且与试验台座刚性连接以减少自身的变形。在混凝土反力墙上,按一定的间距设有孔洞,以便用螺栓锚住加载器的底板,如图 2-31 所示。

　　2)加载器(千斤顶)与反力墙连接件

　　目前使用的有 3 种:纵向滑轨式锚栓连接、螺孔式锚栓连接、纵横滑轨式锚栓连接。

　　水平加载装置连接件由铸铜铸造而成,抗弯刚度很大,加载器可在反力墙上纵横滑动以满足任意加载的需要,如图 2-32 所示。

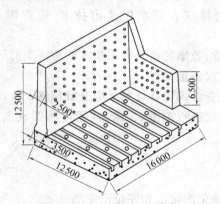

图 2-31　钢筋混凝土 L 形固定式反力墙(mm)

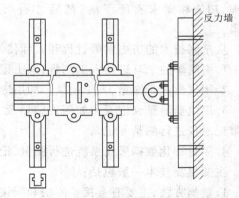

图 2-32　水平加载装置连接件示意图

复习思考题

2-1　静力加载顺序、分级加载的优点以及预加载的目的是什么?

2-2　静力加载是如何分级的?

2-3　等效荷载的概念及等效荷载所满足的条件是什么?

2-4　结构试验对加载方法与加载设备的要求有哪些?

2-5　静力荷载试验中常采用的加载方法和设备有哪些?

2-6　结构实验室内的液压加载系统主要有哪几部分组成?

2-7　目前国内结构试验室常采用的试验台座有几种?

第三章

结构试验量测技术

第一节　概　　述

在结构试验中,试件作为一个系统,所受到的外部作用(如力、位移、温度等)是系统的输入数据,试件的反应(如应变、应力、裂缝、速度、加速度等)是系统的输出数据。通过对输入与输出数据的量测、采集和分析处理,可以了解试件的工作特性,从而对结构的性能作出定量的评价。为了采集到准确、可靠的数据,应该采用正确的量测方法,选用可靠的量测仪器设备。

随着科学技术的不断发展,各学科互相渗透,新的量测仪器不断出现,从最简单的逐个测读、手工记录的仪表,到应用电子计算机快速连续采集和处理的复杂系统,种类繁多,原理各异。试验人员除对被测参数的性质和要求应有深刻理解外,还必须对有关量测仪表的原理、功能和要求有所了解,然后才有可能正确选择仪表并掌握使用技术,取得满意的效果。

从量测技术的历史发展过程和实际使用情况来看,数据的量测和采集方法有 4 类。

1. 用简单的工具进行人工测量,人工记录。如直尺测量变形。

2. 用仪器进行测量,人工记录。如用应变仪配应变计或位移计测量应变或位移。

3. 用仪器测量和记录。如用传感器及 X-Y 记录仪进行测量、记录,或用传感器放大器和磁带记录仪进行测量和记录。

4. 用自动化数据采集系统进行测量、记录和处理。

主要量测技术一般包括:

1. 量测方法,主要有直接量测法和间接量测法,偏位测定法和零位测定法。

2. 量测工具(仪表),如应变计、位移计、读数显微镜、挠度仪等。

3. 量测误差分析,包括系统误差、过失误差、偶然误差。系统误差如仪表率定曲线对测定值修正、由于支座沉降对挠度数据修正、自重的修正、电阻应变片灵敏系数的修正、电测长导线的修正、泊松系数的修正、尺寸修正等;过失误差主要是由试验者粗心大意引起的,比如读数错误、测点与侧读数据混淆、记录错误等;偶然误差主要包括标准误差 σ、平均误差 δ、偶然误差 γ、极限误差 3σ、范围误差等。

主要量测的内容包括外部条件(外荷载、支座反力)、结构变形(位移、应变、曲率等)、内力(应力)、裂缝以及自振频率、振型、阻尼等一系列动力特性。

从发展的角度看,量测仪器目前的发展趋势主要体现在数字化和集成化两方面。国内已开发了多种数据采集与处理软件。

本章主要介绍土木工程试验中常用的量测仪表的构造原理与使用方法。

第二节　量测仪表基本概念及其主要技术指标

一、量测仪表基本组成

不论是一个简单的量具,还是一套高度自动化的量测系统,尽管在外形、内部结构、量测原理及测量精度等方面有很大差别,但作为量测仪表都应具有下列 3 个基本组成部分。

感受部分　→　放大部分　→　记录显示部分

（1）感受部分一般直接与被测对象接触或直接附着在被测对象上,用来感受被测对象的参数变化,经转换后传给放大部分。

（2）放大部分的作用是将感受部分传来的被测参数,通过各种方式(如机械式齿轮、杠杆、电子放大线路或光学放大等)进行放大,然后传给记录显示部分。

（3）记录显示部分将放大部分传来的量测结果,通过指针、电子数码管、屏幕进行显示,或通过各种记录设备将试验数据或曲线记录下来。

对机械仪表来说,这三部分一般都在同一个仪表内,如百分表、手持应变仪等。

电测仪表这三部分通常是分开的 3 个仪器设备。传感器(如电阻应变片、钢弦应变计)将非电量的量测转换为电量(将应变转换为电压输出),放大器、记录器属于通用仪器。

二、量测仪表的主要技术性能指标

以下这些性能指标是反映量测仪表性能优劣的标准。

1. 刻度值 A:设置有指示装置的仪表,一般都配有分度,刻度值是指分度表上每一最小刻度所代表的被测量的数值,即仪器的最小分度值。刻度值的倒数为该表的放大率,即 $V = 1/A$。

2. 量程 S:是指测量上限和下限的代数差,即仪表刻度盘上的上限值减去下限值,也称为仪器仪表可量测的最大范围。$S = X_{max} - X_{min}$,通常下限 $X_{min} = 0$,故 $S = X_{max}$。

3. 灵敏度 K:是指某实际物理量的单位输出增量 Δy 与输入增量 Δx 的比值,即 $K = \Delta y / \Delta x$,如图 3-1 所示。或被测量的单位变化引起仪器示值的变化值,即单位输入量所引起的仪表示值的变化(如输入 10 个 $\mu\varepsilon$,指针偏转 $11\mu\varepsilon$,则灵敏系数为 1.1)。

4. 分辨率:使仪器仪表示值发生变化的最小输入量的变化值,是仪器仪表测量被测物理量最小变化值的能力。

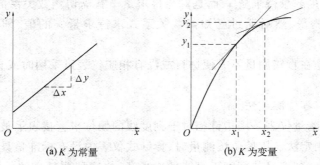

(a) K 为常量　　　　　(b) K 为变量

图 3-1　仪表的灵敏度

5. 滞后:在恒定的环境下,某一输入量从起始量程增至最大量程,再由最大量程减至最小量程,正反两个行程输出值之间的偏差称为滞后。滞后常用全量程中的最大滞后值与满量程输出值之比来表示。引起滞后的原因是由于机械仪表中有内摩擦或仪表元件吸收能量引起的。

6. 精确度(精度):它是精密度和准确度的综合反映,是指仪表指示值与被测值的符合程度,常用满量程的相对误差来表示。仪表精度高,说明随机误差和系统误差小,误差越小,精度越高。工程应用中,为简单表示仪表测量结果的可靠程度,可用仪表精确等级 A 表示: $A = (\Delta g_{max}/S) \times 100\%$。其中 Δg_{max} 为最大绝对允许误差。

7. 可靠性:在规定的条件下(满足规定的技术指标),满足给定的误差极限范围内连续工作的可能性,或者说构成仪表的元件或部件的功能随时间的增长仍能保持稳定的程度。

8. 零位温飘和满量程热漂移:零位温飘是指当仪表的工作环境不为 20℃ 时,零位输出随温度的变化率;满量程热漂移是指当仪表的工作环境不为 20℃ 时,满量程输出随温度的变化率。它们都是温度变化的函数。

另外对于动力试验量测仪表,还有:

9. 线性范围:保持仪器的输入量和输出信号为线性关系时,输入量的允许变化范围。

10. 线性度:仪表使用时的校准曲线与理论拟合直线的接近程度,用校准曲线和拟合直线的最大偏差与满量程输出的百分比表示。在动态量测中,对仪表的线性度应严格要求,否则会对测量结果引起较大误差。

11. 频响特性:指仪器在不同频率下的灵敏度的变化特性,常以频响曲线表示(对数频率值为横坐标,相对灵敏度为纵坐标)。

12. 相移特性:振动参量经传感器转换成电信号或经放大、记录后,在时间上产生的延迟叫相移,常以仪器的相频特性曲线来表示相移特性。

三、仪表的量测方法

1. 直接测量法和间接测量法

直接测量法:用一个事先按标准量分度的测量仪表对某一被测的量进行直接测定,从而得出该量的数值。这是工程结构试验中应用最广泛的一种方法,但直接测量不等于必须用直读式仪表进行,如电压表、百分表等属于直读式仪表,而电位差计属于比较式仪表。

间接测量:不直接测量待求量 x,而是对与待求量 x 有确切函数关系的其他物理量 $y_1, y_2, y_3, \cdots, y_n$ 进行直接测量,然后通过已知函数关系式求待求量 x 的值,即 $x = F(y)$。如测应力: $\varepsilon \rightarrow \sigma = E \cdot \varepsilon$。

间接测量一般是在直接测量不方便进行或没有相应仪表可采用时或直接测量引起的误差过大时使用。

2. 偏位测定法与零位测定法

偏位测定法:当测量仪表是用指针相对于刻度线的偏位来直接表示被测量的大小时,这种测量方法就是偏位测定法。用偏位法测量时,指针式仪表内没有标准量具,而只设有经过标准量具标定过的刻度尺,刻度尺的精度不可能做得很高,故这种测量方法的测量精度不高,如百分表、动态应变仪等。

零位测定法:是使被测量 x 和某已知标准量 x' 对仪表的指零机构的作用达到平衡,即两个作用的总效应为零,即 $x = x'$。在零位测定法中测量结果的误差主要取决于标准量的误差,因而测量精度高于偏位法,但操作速度慢,如天平、静态电阻应变仪等。

这两种方法均属于直接测量法,均被广泛采用。

四、量测仪表的选用原则或试验对仪表的基本要求

1. 仪表性能应满足试验的具体要求,如合适的灵敏度、足够的精度和量程。

精度:应使仪表的最小刻度值(即最大误差) ≤ 被测值的 5 %;

量程:以选用最大被测值的 1.25 ~ 2.0 倍为好,或使最大被测值在仪表的 2/3 量程范围附近,以防破坏。

2. 动态量测仪表其线性范围、频响特性、相移特性等均应满足试验要求。

3. 对于安装在结构上的仪表或传感器,要求体积小、自重轻,不影响结构的工作性能和受力。

4. 同一试验中选用的仪器仪表种类、规格尽可能少,以便统一数据的精度,简化量测数据的整理工作和避免差错。

5. 仪器仪表对环境的适应性要强且使用方便,工作可靠和经济耐用。

五、仪器误差及其消除方法

1. 仪器误差(偶然误差和系统误差)

仪器本身的误差属于系统误差范畴,主要是由于仪表在生产工艺上或设计上的缺陷造成的。

系统误差出现的规律可区分为:①定值误差——误差大小和符号保持不变,如刻度不准确;②变值误差——较为复杂,有累进误差和周期误差等。

2. 消除系统误差的方法——量测仪表的定期率定

(1)仪表率定的概念:为了确定仪表的精确度或换算系数,定出其误差,需将仪表示值与标准量相比较,这种工作就称为仪表的率定。

(2)仪表率定的方法:

1)在专门率定设备上率定,这种设备能产生一个已知标准量的变化,把它和被率定仪器的示值作比较,求出被率定仪器的刻度值。

2)采用和被率定仪器同一等级的"标准"仪器进行比较来率定。"标准"仪器精度并不高,但不常用,可认为该仪器的度量性能技术指标可保持不变,准确度已知。这种方法率定结果的准确性稍差,但不需要特殊的率定设备,比较常用。

3)利用标准试件率定仪器。将标准试件放在试验机上加载,使标准试件产生已知的变化量,根据变化量可求出安装在试件的被率定仪器的误差。此方法准确度不高,但简单,易实现,故广泛采用。

对于在工作中随时要求进行率定的仪器可将专门的率定装置直接安装在仪器内部,例如动态电阻应变仪内部就设有这种内标定装置。

第三节   应变（力）测量

了解构件内部应力分布情况，特别是结构危险截面的应力分布及最大应力值是评定结构工作状态的重要指标，也是建立结构理论的重要依据。

直接测定应力比较困难，目前还没有较好的方法，一般方法是先测定应变 ε，然后通过 $\sigma = E \cdot \varepsilon$ 的关系间接测定应力或由已知的 $\sigma\text{-}\varepsilon$ 关系曲线求得应力。

一般是用应变计测出试件在一定长度范围 l 内的长度变化 Δl，再计算出应变值 $\varepsilon = \Delta l/l$。测出的应变值实际上是标距 l 内的平均应变，因此注意 l 的选择，特别是对结构应力梯度较大或应力集中的测点，l 应尽量小。

应变测量的方法主要有：①应变机测法；②应变电测法；③应变光测法。

一、应变机测法

1. 手持应变仪（接触式千分表应变仪）

主要组成：两个弹簧片连接两个刚性骨架，两个刚性骨架可作无摩擦的相对移动，骨架两端附带有锥形插轴（图 3-2）。进行测量时将锥形插轴插入结构表面预留的空穴里，空穴之间

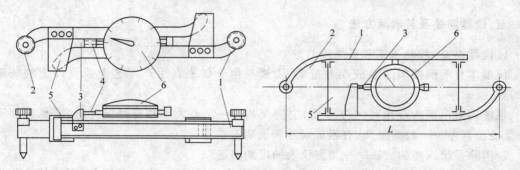

图 3-2   手持应变仪构造示意图
1—刚性骨架；2—插轴；3—骨架外凸缘；4—千分表测杆；5—薄钢片；6—千分表

的距离 = 标距，千分表测量伸长或缩短量。国产标距有 200 mm 和 250 mm 两种，国外标距有 50 mm、250 mm 等。工作原理如图 3-3 所示。用公式表示为

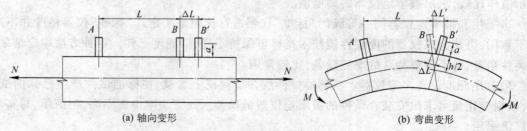

(a) 轴向变形   (b) 弯曲变形

图 3-3   工作原理图

$$\varepsilon = \frac{h}{2(a + h/2)} \frac{\Delta L'}{L} \tag{3-1}$$

式中 a——试件表面至脚标孔穴底的距离；

h——试件截面高度。

这种应变计的优点是仪器不固定在测点上,一台仪器可进行多个测点的测量。缺点是每测读一次要重新变更一次位置,这样可能引入较大的误差,但操作方便,当固定使用时精度很高。

2. 单杠杆应变仪(杠焊式应变仪)

如图 3-4 所示,单杠杆应变仪由刚性杆(一端带固定刀口)、杠杆(一端带活动刀口)和千分表组成,构件变形后活动刀口以 b 点为支点转动,经杠杆放大后由千分表测出。这种仪器的标距有 20 mm、100 mm 等。单杠杆应变仪的优点是构造简单,重复使用性好,价廉,能满足一般精度要求。

3. 双杠杆引伸仪

杠杆引伸仪是利用杠杆放大原理制成的量测应变的仪器,其构造原理是由活动刀口组成第一支杠杆,指针为第二支杠杆,标距 L 内长度有变化时,第一支杠杆活动刀口旋转,推动第二支杠杆转动,经第二支杠杆放大后,读数指示在刻度盘上,如图 3-5 所示。

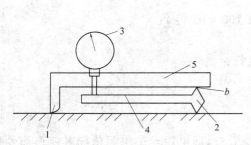

图 3-4　单杠杆应变仪

1—固定刀口;2—活动刀口;3—千分表;

4—杠杆;5—刚性杆

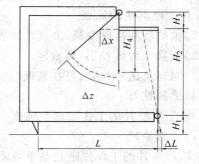

图 3-5　双杠杆引伸仪

工作原理为:$\dfrac{\Delta L}{\Delta x} = \dfrac{H_1}{H_2}$

$$\frac{\Delta z}{\Delta x} = \frac{H_4}{H_3}$$

仪器的放大率:$V = \dfrac{\Delta z}{\Delta L} = \dfrac{H_4 H_2}{H_1 H_3}$

试件的应变为:$\varepsilon = \dfrac{\Delta L}{L} = \dfrac{\Delta z}{V \cdot L}$

仪器的标准标距为 20 mm,但可以按实际需要改变固定刀口位置,常用标距放大装置将 L 放大为 50 mm、100 mm、200 mm 甚至 1 000 mm。

注意:有活动刀口的杠杆仪固定在试件上时,要有一定的夹持力,夹持力要适中,太大使试件产生刻痕,太松打滑,量不出来。通常用手指或笔杆沿变形方向轻轻触动活动刀口,如指针轻轻摆动后又恢复原位,说明适中;若指针不动则说明夹持力过大;指针单向移动,说明夹持力太小。

总之,机械式的应变测量仪器,虽然使用灵活,装拆方便,又能重复利用,原理简单明了,但不可避免地存在误差太大的缺陷。所以,近几十年来,在工程结构应变测试越来越广泛地采用电测法原理。

二、应变电测法

电测应变仪主要有振弦式、电磁感应式、压电式、电容式等。应变测试中电阻应变片是最基本、最常用的应变传感器。

1. 电测法概念

在量测过程中,常将某些物理量发生的变化先变换为电量的变化,然后用量电器进行量测,这种方法称为电测法或非电量的量测技术。

2. 应变电测法的概念

在结构试验中,因结构受到外荷载或受温度及约束等原因而产生应变,应变为机械量,用量电器量测非电量,首先必须把非电量转换为电量的变化,然后才能用量电器量测,量测由应变引起的电量的变化称为应变电测法。

例如:$\varepsilon \longrightarrow$ 电阻应变片 $\xrightarrow{\Delta R}$ 测量电路 $\xrightarrow{\Delta U}$ 放大电路 $\longrightarrow$ 指示器或记录仪。

3. 应变电测法的优点

(1)灵敏度和准确度高,测量范围大($10^{-6} \sim 11\ 100 \times 10^{-6}\varepsilon$);

(2)变换元件体积小、质量轻;

(3)对环境适应性好,可在高温、高压及水中进行;

(4)适用性好。

4. 电阻应变片的工作原理及构造

(1)工作原理

电阻应变片的工作原理是基于电阻丝具有应变效应,即电阻丝的电阻值随其变形而发生改变,如图3-6所示。

$$R = \rho \frac{l}{A} \tag{3-2}$$

图3-6 金属丝的电阻应变原理

当电阻丝受机械变形而伸长或缩短时,相应的电阻变化为:

$$dR = \frac{\partial R}{\partial \rho}d\rho + \frac{\partial R}{\partial l}dl + \frac{\partial R}{\partial A}dA$$

$$= \frac{l}{A}d\rho + \frac{\rho}{A}dl - \frac{\rho l}{A^2}dA$$

则有

$$\frac{dR}{R} = \frac{d\rho}{\rho} + \frac{dl}{l} - \frac{dA}{A} \tag{3-3}$$

其中,根据定义得

$$\frac{dl}{l} = \varepsilon \tag{3-4}$$

因电阻丝纵向伸长时,横向缩短。故:

$$\frac{\mathrm{d}D}{D} = -\nu\frac{\mathrm{d}l}{l} = -\nu\varepsilon$$

$$\frac{\mathrm{d}A}{A} = \frac{\pi D \mathrm{d}D/2}{\frac{\pi D^2}{4}} = 2\frac{\mathrm{d}D}{D} = -2\nu\varepsilon \tag{3-5}$$

$$\frac{\mathrm{d}\rho}{\rho} = c\frac{\mathrm{d}V}{V} = c\frac{\mathrm{d}(Al)}{Al} = c\left(\frac{\mathrm{d}A}{A} + \frac{\mathrm{d}l}{l}\right) = c(1-2\nu)\varepsilon$$

故

$$\frac{\mathrm{d}R}{R} = [c(1-2\nu) + (1+2\nu)]\varepsilon = k_0\varepsilon$$

$$k_0 = c(1-2\nu) + (1+2\nu) \tag{3-6}$$

式中 k_0 称为电阻丝的灵敏系数,它是由电阻丝的材料系数 c 和泊松比 ν 确定的。即 k_0 受两个因素的影响,第一项为 $c(1-2\nu) = (\mathrm{d}\rho/\rho)/\varepsilon$,它是由电阻丝发生单位应变时引起的电阻率的改变,是应变的函数,一般是常量;第二项为 $(1+2\nu)$,它是由电阻丝几何尺寸的改变所引起的,通常也是常数,故认为 $k_0 = c$(常数)。

以上推导说明,电阻丝感受的应变和它的电阻相对变化成线性关系,当构件受力变形时,敏感元件的截面、长度等尺寸将随构件的变形而变形,因而其电阻值也将发生相应的变化。我们只要用精密仪器测出电阻应变片电阻的变化率,即可得出构件应变的大小,从而求出其承受的应力。

(2)应变片的构造(以丝绕式为例,见图 3-7)

1)电阻丝丝栅:是应变片的主要元件,一般由康铜镍铬合金制成,是应变片将应变转换成电阻变化量的敏感部分,直径约 0.025 mm。做成栅状主要是为了增加电阻丝与构件的接触面积,使它更好地代表构件的变形。

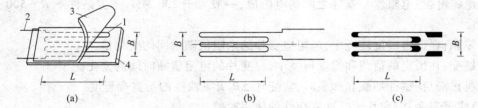

图 3-7 电阻应变片的构造
1—敏感栅;2—引出线;3—覆盖层;4—基底

2)基底:起定位作用,使电阻丝与被测构件之间绝缘,基底尺寸代表应变片的外形尺寸。常用的基底材料有硝化纤维(纸基)、聚酰亚胺、特殊环氧树脂、金属薄膜等。

3)覆盖层:保护电阻丝免受划伤,并避免丝栅短路。

4)引出线:用于连接导线的过渡部分,一般采用镀银、镀锡或镀合金的软铜线制成,直径约 0.15 ~ 0.30 mm,与端子、电阻丝焊在一起。

5)黏结剂:把丝栅、基底和覆盖层牢固地粘成一个整体,或将应变片、基底粘贴在试件表面。

(3)电阻应变片的分类

1) 按丝栅材料分类:

① 半导体应变片(体型半导体应变片、扩散型半导体应变片、薄膜型半导体应变片)。

② 金属应变片(体型应变片;箔式应变片,$\Phi = 0.002 \sim 0.005$ mm,金属箔;丝式应变片, $\Phi = 0.015 \sim 0.05$ mm,丝绕式、短接式;金属薄膜应变片)。

2)按基底材料分类:

①纸基应变片;②胶基应变片;③金属片基应变片;④临时基底应变片。

3)按温度场分类:

①低温应变片($\leqslant -30$ ℃);②常温应变片($-30 \sim 60$ ℃);③中温应变片($60 \sim 350$ ℃); ④高温应变片($\geqslant 350$ ℃)。

(4)电阻应变片的特点

优点:灵敏度高,尺寸小,重量轻,黏贴牢固,适用于各种温度场和外部环境。

缺点:不能重复使用,黏贴工作量大,估计参数不精确,具有近似性。

(5)电阻应变片的主要技术性能指标

1)灵敏系数:将应变片安装在处于单向应力状态的试件表面,使其轴线与应力方向相同, 应变片的电阻值的相对变化 $\Delta R/R$ 与轴向应变 ε_x 之比就称为应变片的灵敏系数,即 $k = (\Delta R / R)/\varepsilon_x$。一般电阻应变片的灵敏系数 k 比单丝灵敏系数 k_0 小,有的应变仪可在 $1.80 \sim 2.60$ 之间调节,有的只按 $k = 2.00$ 设计,否则测试结果应加修正。

2)标距:是指电阻应变片在纵轴方向的有效长度 L。

3)使用面积:标距与片宽的乘积,即 $A = L \times B$。

4)电阻值:通常所说应变片的电阻值为 120 Ω 或 60 Ω,是指应变片的名义电阻(也叫标称电阻)。它是一种平均值,也叫平均名义电阻。

5)应变极限:是指应变片保持线性输出时所能量测的最大应变值。它取决于电阻丝的材料性质。

6)绝缘电阻:电阻丝与基底之间的电阻值,一般大于 200 MΩ,恶劣条件下 $R = 500$ MΩ 或无穷大。

7)零飘:在恒定温度环境中,电阻应变片的电阻值随时间的变化量。

8)蠕变:在恒定的荷载和温度环境中,应变片的电阻值随时间的变化。

9)机械滞后:试件加载和卸载时,应变片 $\Delta R/R$-ε 曲线的不重合程度。

10)疲劳寿命:应变片承受反复荷载的使用次数。

11)温度适用范围:取决于胶合剂的性质,可溶性的 $-20 \sim 60$ ℃。

5. 电阻应变仪

(1)电阻应变仪的组成

由电阻应变片的工作原理可知:当 $k = 2.0$、被测量的机械应变为 $10^{-3} \sim 10^{-6}$ 时,$\Delta R/R = k\varepsilon = 2 \times 10^{-3} \sim 2 \times 10^{-6}$。这个信号很微弱,用量电器检测很困难,要借助于放大器放大,而电阻应变仪就是电阻应变片的专用放大器及量电器,其主要组成为振荡器、测量电路、放大器、相敏检波器、电源等部分。应变仪的测量电路一般采用惠斯登电桥,把电阻变化转换为电压或电流的变化,并解决了温度补偿问题。

(2)电桥原理

测量电路是应变仪的重要组成部分,其作用是将应变片的电阻变化转换为电压(或电流)的变化,在特殊情况下,应根据量测目的和具体要求自行设计量测电路。应变片电测一般采用两种量测电路,一种是电位计式电路,一种是桥式电路,通常采用惠斯登电桥。

在电阻应变仪中,主要是通过惠斯登电桥原理来量测应变所引起的电阻变化的微小信号。该电桥以 R_1、R_2、R_3、R_4 作为 4 个桥臂,如图 3-8 所示。

桥路中 R_1 与 R_2,R_3 与 R_4 分别串联,两组并联于 AC 两端,在 AC 端接有电源,另一对角 BD 上接有电流计 G。一般应变电桥有两种方案:一种是等臂电桥,即 $R_1 = R_2 = R_3 = R_4 = R$;另一种为半等臂电桥,即 $R_1 = R_2 = R'$,$R_3 = R_4 = R''$,且 $R' = R''$。

若将 R_1、R_2、R_3、R_4 看成 4 个应变片,组成全桥接法,根据基尔霍夫定律可知:

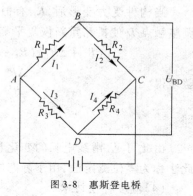

图 3-8　惠斯登电桥

$$U_{BC} = \frac{R_2}{R_1 + R_2} U$$

$$U_{DC} = \frac{R_4}{R_3 + R_4} U$$

BD 间输出电压为:$\Delta U_{BD} = \dfrac{R_2}{R_1 + R_2} U - \dfrac{R_4}{R_3 + R_4} U = \dfrac{R_2 R_3 - R_1 R_4}{(R_1 + R_2)(R_3 + R_4)} U$

由惠斯登电桥原理可知,当电桥平衡(即 $\Delta U_{BD} = 0$)时,满足条件 $R_2 R_3 - R_1 R_4 = 0$,即 $R_2 R_3 = R_1 R_4$ 或 $\dfrac{R_1}{R_2} = \dfrac{R_3}{R_4}$。

当电桥接成 1/4 电桥时,即 R_1 受到应变后,阻值有微小增量 ΔR_1,这时电桥输出电压也有增量 ΔU_{BD}。

$$\Delta U_{BD} = \frac{R_2 R_3 - (R_1 + \Delta R_1) R_4}{(R_1 + R_2)(R_3 + R_4)} U \tag{3-7}$$

当电桥接成全电桥时,即 R_1,R_2,R_3,R_4 受到应变后,阻值有微小增量 ΔR_1、ΔR_2、ΔR_3、ΔR_4,这时电桥输出电压也有增量 ΔU_{BD}:

$$\Delta U_{BD} = U \frac{R_2 R_3}{(R_1 + R_2)(R_3 + R_4)} \left(\frac{\Delta R_1}{R_1} - \frac{\Delta R_2}{R_2} - \frac{\Delta R_3}{R_3} + \frac{\Delta R_4}{R_4} \right) \tag{3-8}$$

在全等臂电桥情况下,即 $R_1 = R_2 = R_3 = R_4 = R$,且应变片的灵敏系数为 k,则有 $k_1 = k_2 = k_3 = k_4 = k$。当电桥为 1/4 桥臂时,$\Delta U_{BD} = \dfrac{1}{4} U k \varepsilon_1$;当电桥为半桥时,$\Delta U_{BD} = \dfrac{1}{4} U k (\varepsilon_1 - \varepsilon_2)$;当电桥为全桥接法时,$\Delta U_{BD} = \dfrac{1}{4} U k (\varepsilon_1 - \varepsilon_2 - \varepsilon_3 + \varepsilon_4)$。

从上边式子可以看出,电桥输出电压的增量 ΔU_{BD} 与桥臂电阻变化率 $\Delta R / R$ 或应变 ε 成正比,输出电压与 4 个桥臂应变的代数和成线性关系。由此可以看出电桥的增减特性,即相邻两桥臂的应变输出符号相反,相对桥臂的应变输出符号相同。利用这一特性,可以提高测量的灵敏度和解决温度补偿问题。

桥路的不平衡输出与两相对桥臂上应变之和成线性,且与两相邻桥臂上应变之差成线性,这种利用桥路的不平衡输出进行测量的电桥称为不平衡电桥,属于偏位测量法,适用于动态应变测量。

(3)平衡电桥原理

在实际测量中,应变片的阻值总有偏差,接触电阻和导线的电阻也有差异,使电桥产生不平衡。为了满足实际测量的需求,应变仪改成了平衡电桥。图 3-9 就是平衡电桥原理。

R_1 为工作片,R_2 为温度补偿片,R_3,R_4 由滑线电阻 ac 代替,触点 D 平分 ac,且使桥路 $R_1 =$

$R_2 = R'$，$R_3 = R_4 = R''$。根据惠斯登电桥，桥路处于平衡状态时有：
$R_2 R_3 = R_1 R_4$。

当构件受力变形后，R_1 有微小变量 ΔR_1，此时桥路失去平衡，调整触点 D 使桥路重新恢复平衡的条件为：

$$(R_1 + \Delta R_1)(R_4 - \Delta r) = R_2(R_3 + \Delta r)$$

整理得

$$\frac{\Delta R_1}{R'} = \frac{2\Delta r}{R''}$$

即

$$\varepsilon = \frac{2\Delta r}{kR''} \qquad (3-9)$$

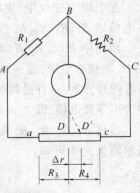

图 3-9　电桥平衡

由此可见，滑线电阻的变化量可用以度量工作电阻的应变量，此法称为零位测定法，用于静态电阻应变仪。

（4）温度补偿技术

1）温度效应的概念

用电阻应变片测量应变时，应变片除了能感受试件本身应变外，由于环境温度变化的影响，同样也能通过应变片的感受而引起电阻应变仪指示部分的示值变动，这种变动称为温度效应。

2）产生温度效应的原因

温度变化从两个方面使应变片的电阻值发生变化。第一是电阻丝温度改变 Δt℃ 时，其电阻将会随之改变 ΔR_{t1}，即：

$$\Delta R_{t1} = \alpha_{\underline{丝}} \cdot \Delta t \cdot R \qquad (3-10)$$

式中　$\alpha_{\underline{丝}}$——电阻丝的电阻温度系数（1/℃）。

第二是因为材料与应变片电阻丝的线膨胀系数不相等，但二者又黏在一起，当温度改变 Δt ℃ 时，引起附加电阻的变化，即：

$$\Delta R_{t2} = (\beta_{构} - \beta_{丝})\Delta t \cdot k \cdot R \qquad (3-11)$$

总的温度应变效应为两者之和，即 $\Delta R_t = \Delta R_{t1} + \Delta R_{t2}$

这种温度效应所产生的应变称为"视应变"。根据桥路原理有：

$$\Delta U_{BD} = \frac{U}{4} \cdot \frac{\Delta R_t}{R} = \frac{U}{4}k\varepsilon_t \qquad (3-12)$$

当应变片的电阻丝为镍铬合金时，温度变化 1 ℃，将产生相当于钢材应力为 14.7 N/mm² 的示值，这个量不能忽视，必须加以消除。消除温度效应的方法称为温度补偿。

3）温度补偿的方法

温度补偿的方法有两种：应变片自补偿法和桥路补偿法。较常用的是桥路补偿法。

桥路补偿法：利用电桥的加减特性，当电桥的两个相邻桥臂的电阻相同时，反映在电桥输出上起了相互抵消的作用。桥路补偿又分温度片补偿和工作片补偿法。

① 温度片补偿法

在测量时，选一块与被测材料相同的材料作为温度补偿块，在它上面黏贴与工作应变片同一类型、同一阻值、同一灵敏系数的应变片，并使它处于与工作片相同的温度梯度条件下，但不使其受力，然后将其接在与工作片相邻的桥臂上，即可达到温度补偿的目的。如图 3-10 所示。

R_1 为工作片黏贴在试件上，R_2 为温度补偿片黏贴在补偿块上，R_3、R_4 为精密无感电阻，R_1 电阻变化为 $\Delta R + \Delta R_{1t}$，R_2 电阻变化为 ΔR_{2t}。

$$\Delta U_{\text{BD}} = \frac{U}{4} \frac{\Delta R_1 + \Delta R_{1t} - \Delta R_{2t}}{R}$$

$$= \frac{U}{4} k(\varepsilon_1 + \varepsilon_{1t} - \varepsilon_{2t}) = \frac{U}{4} k \varepsilon_1 \qquad (3\text{-}13)$$

由此可见,测量结果仅为测试对象受力后产生的应变值,温度变化对电桥输出没有影响,达到了温度补偿的目的。

② 工作片补偿法

测量时,如果在被测构件上能找到应变符号相反、比例关系已知、温度条件相同的两个测点,在这两个测点上各黏贴一个工作应变片,例如在悬臂梁同一截面上下各黏贴一片接在相邻桥臂上,在等臂条件下可实现温度补偿,如图 3-11 所示。

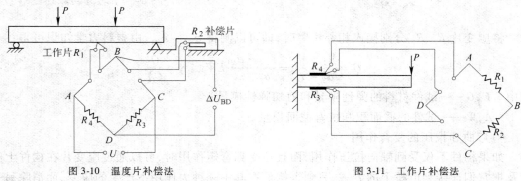

图 3-10　温度片补偿法　　　　　　　　　图 3-11　工作片补偿法

以上桥路补偿的主要优点是方法简单、经济实用,在常温下补偿效果较好,因此获得了广泛应用。但在温度变化梯度较大时,将会有一定误差。

目前除了采用桥路补偿外,还有采用应变片温度自补偿法,即使用一种特殊的应变片,当温度变化时,其电阻增量等于零或相互抵消而不产生视应变。这种特殊应变片称温度自补偿应变片,它主要用于机械类试验中,目前在国内桥梁荷载试验中很少用。

6. 电阻应变测量的桥路连接

在荷载试验量测中,应变片与电桥的连接有半桥与全桥两种接线方法。

(1)半桥式接线方法

1)拉伸、压缩应变测量

采用温度片补偿、工作片补偿贴片方法分别如图 3-12 和图 3-13 所示。

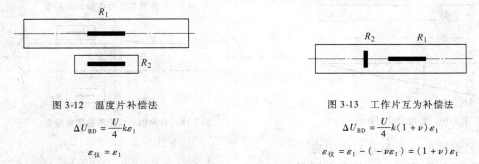

图 3-12　温度片补偿法　　　　　　　　　图 3-13　工作片互为补偿法

$$\Delta U_{\text{BD}} = \frac{U}{4} k \varepsilon_1 \qquad\qquad \Delta U_{\text{BD}} = \frac{U}{4} k(1+\nu)\varepsilon_1$$

$$\varepsilon_{\text{仪}} = \varepsilon_1 \qquad\qquad \varepsilon_{\text{仪}} = \varepsilon_1 - (-\nu\varepsilon_1) = (1+\nu)\varepsilon_1$$

2)弯曲应变测量

采用温度片补偿、工作片补偿贴片方法分别如图 3-14 和图 3-15 所示。

3）剪切应变测量

剪切应变测量贴片方法如图 3-16 所示。

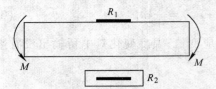

图 3-14　温度片补偿法

$$\Delta U_{BD} = \frac{U}{4}k\varepsilon_1$$

$$\varepsilon_{仪} = \varepsilon_1$$

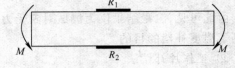

图 3-15　工作片互为补偿法

$$\Delta U_{BD} = \frac{U}{4}k(\varepsilon_1 - \varepsilon_2) = \frac{U}{4}k[\varepsilon_1 - (-\varepsilon_1)] = \frac{U}{2}k\varepsilon_1$$

$$\varepsilon_{仪} = \varepsilon_1 - (-\varepsilon_1) = 2\varepsilon_1$$

将应变片 R_1、R_2 分别接入相邻桥臂时，即可以测得 $\varepsilon_{M2} - \varepsilon_{M1}$，由材料力学知识可得：

$$Q = \frac{M_2 - M_1}{a_2 - a_1} = \frac{\varepsilon_{M2} - \varepsilon_{M1}}{a_2 - a_1}EW, \quad \gamma = \frac{Q}{GA} \tag{3-14}$$

式中　E, G——试件材料的弹性模量和剪切弹性模量；

　　　　A, W——试件的截面积和抗弯截面模量。

4）弯曲和拉压的复合作用

如果构件不仅受到轴向拉压作用，而且还受到弯矩作用时，可以通过应变片在构件上的布置及把它们连接到电桥上的方式，只测得构件在其中一种力作用下产生的应变，而消除另一种力的影响。

① 只测弯矩应变消除轴向应变

按图 3-17 所示布置应变片和电桥。从图中可以看出，应变片 R_1，R_2 在轴向力作用下产生的应变大小和方向完全相同，在相邻桥臂上，由相减特性可知，二者由于轴向力产生的应变在电桥上无输出，而在弯矩作用下，两应变片相互叠加，故 $\varepsilon_{仪} = 2\varepsilon_M$（构件的轴线和中和轴重合）。

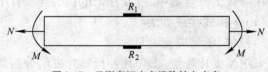

图 3-17　只测弯矩应变消除轴向应变

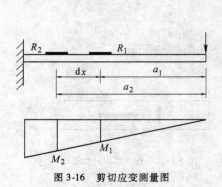

图 3-16　剪切应变测量图

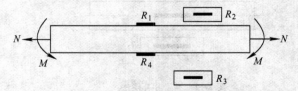

图 3-18　只测轴向应变消除弯曲应变

② 只测轴向应变消除弯曲应变

如图 3-18 所示，R_1、R_4 粘贴在试件上，R_2、R_3 粘贴在补偿块上，R_1、R_4 引起的弯曲应变值相互抵消在电桥上无输出，故 $\varepsilon_{仪} = 2\varepsilon_N$。

（2）全桥式接线方法

1）拉伸、压缩应变测量

采用温度片补偿、工作片补偿贴片方法分别如图 3-19 和图 3-20 所示。

2）弯曲应变测量

采用工作片补偿贴片方法如图 3-21 所示。

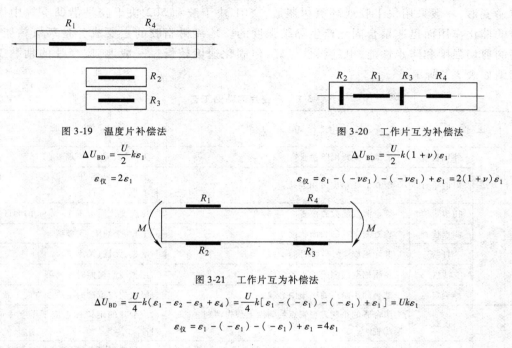

图 3-19　温度片补偿法　　　　　　　　　　　　　图 3-20　工作片互为补偿法

$$\Delta U_{BD} = \frac{U}{2}k\varepsilon_1$$

$$\varepsilon_{仪} = 2\varepsilon_1$$

$$\Delta U_{BD} = \frac{U}{2}k(1+\nu)\varepsilon_1$$

$$\varepsilon_{仪} = \varepsilon_1 - (-\nu\varepsilon_1) - (-\nu\varepsilon_1) + \varepsilon_1 = 2(1+\nu)\varepsilon_1$$

图 3-21　工作片互为补偿法

$$\Delta U_{BD} = \frac{U}{4}k(\varepsilon_1 - \varepsilon_2 - \varepsilon_3 + \varepsilon_4) = \frac{U}{4}k[\varepsilon_1 - (-\varepsilon_1) - (-\varepsilon_1) + \varepsilon_1] = Uk\varepsilon_1$$

$$\varepsilon_{仪} = \varepsilon_1 - (-\varepsilon_1) - (-\varepsilon_1) + \varepsilon_1 = 4\varepsilon_1$$

7. 电阻应变片的选用

电阻应变片的品种规格很多,选用时应根据被测试件所处的环境条件,如温度、湿度、被测材料、结构特点、检测的性质和应变的范围等来确定,并应在尽可能节省开支的同时满足测试要求。下面从 6 个方面介绍应变片的选用方法。

（1）标距:根据结构特点和材料,在应变场变化大处或用于传感器上时,应选用小标距的应变片,如钢结构常用 5~20 mm。在不均匀材料上应选用大标距的应变片,如混凝土材料常用 80~150 mm。

（2）应变片电阻:目前大部分应变仪按 120 Ω 应变片设计,选用时应注意与应变仪相一致,否则要按仪器的使用说明书予以修正。

（3）灵敏系数:常用的应变片灵敏系数在 $k = 2.0$ 左右,使用时必须调整应变仪的灵敏系数功能键,使之与应变片的灵敏系数一致,否则应对结果修正。

（4）基底种类:较为常见的有纸基和胶基两种。常温下的一般测试可用纸基应变片,对于野外试验及长期稳定性要求较高的试验,宜用胶基应变片。

（5）敏感栅材料:康铜丝材料的温度稳定性较好,适用于大应变测量。

（6）特殊环境和要求的选用特种应变片,如低温应变片、高温应变片、裂纹扩展片、疲劳寿命片等。

8. 电阻应变片的粘贴技术

试件的应变是通过黏结剂将应变传递给应变片的丝栅,应变片的粘贴质量直接影响着应变的测量结果,因此应变片黏贴很重要。

应变片的粘贴步骤如下:计划准备(应变片的检查和分选)→试件测点表面处理→应变片的粘贴→固化处理→应变片的粘贴质量检查→导线连接→防护处理。

电阻应变片的粘贴包括黏结剂的选用、粘贴工艺与防护措施三方面。

测试中应变片的粘贴质量将直接影响测试结果的准确性及可靠性。黏结剂的主要作用是传递变形,一般采用快干胶或环氧树脂胶。501 快干胶和 502 快干胶是借助空气中微量水分的催化作用而迅速聚合固化产生黏结强度的。环氧树脂胶的主要成分是环氧树脂,有较高的剪切强度和防水性能,电绝缘性能好,但固化速度较慢。一般地,应变片的粘贴工艺可归纳如表 3-1 所示。

表 3-1 应变片的粘贴工艺

工作顺序	工作内容		操作方法	要 求
1	检查分选	外观检查	借助放大镜肉眼检查	无气泡、霉点、外观平直
		阻值检查	用 0.1 Ω 精度万用表检查	无短路、断路,同一测区应变片阻值相差小于 0.5 Ω
2	测点检查	初步定位	确定测点的大致位置	比应变片周边宽 3 ~ 5 cm 的测区
		测点检查	检查测点处的表面状况	平整、无缺陷、无裂缝
		打磨	磨光机或 1 号砂纸打磨	平整、无锈、无浮浆
		清洗	脱脂棉蘸丙酮或无水乙醇清洗	用干脱脂棉擦时无污染
		准确定位	准确画出测点的纵横中心线	纵线应与拟测的主应变方向一致
3	粘贴	上胶	用合适的小灰刀在测点均匀涂上预先调制好的一层薄胶	应变片的定位标志应置于十字中心线对准
		挤压	将应变片放在定位线上,盖上塑料薄膜,用手指沿一个方向挤压,挤出多余的胶	胶层应尽可能薄,挤压时应注意保持应变片不滑移
		加压	根据黏胶特性,在应变片上稳压一段时间	应达到黏胶的初凝时间
		粘贴端子	接线端子靠近应变片引出线用贴片胶黏贴	胶达到强度后无松动、脱落
4	固化处理	自然干燥		黏胶达到强度
		人工固化	黏胶达到初凝时间后用红外线灯照射或电吹风吹热风	加热温度不超过 50 ℃,受热均匀
5	粘贴质量检查	外观检查	借助放大镜肉眼检查	位置准确、无气泡、粘贴牢固
		阻值检查	用万用表检查	无短路、断路
		绝缘检查	用欧姆表检查	绝缘电阻达到 200 MΩ 以上
6	导线连接	引出线绝缘	应变片引出线底下涂黏贴胶或贴胶布	引出线不能短路
		导线焊接	用电烙铁、焊锡把应变片引出线和测量导线焊接在接线端子上	焊点应圆滑、无虚焊
		固定导线	用黏胶或胶布固定测量导线	轻微摇动导线不影响焊点
7	防潮防护		焊接完成,用万用表检查测量导线连接应变仪的一端,应略大于应变片阻值(含导线电阻)后,在应变片和接线端子涂上防潮胶	涂胶面积应大于应变片周边宽约 1 cm。特殊环境还应增加防机械损伤的缓冲层

在完成应变片的黏贴后,把应变片的引出线和导线焊接在接线端子上,然后应立即涂上防护层,以防止应变片受潮和机械损伤。因为应变片受潮后会影响其正常工作,而且受潮的程度不易直接测量,所以防护技术是应变测量中的重要环节,通常用应变片和结构表面的绝缘电阻值来判断。高的绝缘电阻值可保证测量的精度,但要求过高会加大工作量和增加防护工作的难度。所以一般要求静态测量绝缘电阻大于 200 MΩ,对于长期检测、动态测量和精度要求高的检测,绝缘电阻应大于 500 MΩ。

三、钢弦式传感器

钢弦式传感器于 20 世纪 30 年代研究成功后,德国的麦哈克仪器仪表公司、法国的得来马克仪表公司和美国的 IRAD 地质技术仪器仪表公司生产了许多著名的钢弦式传感器。近年来,随着电子技术、测量技术、计算技术和半导体集成电路技术的发展,钢弦式传感器技术日趋完善。钢弦传感器有结构简单、制作安装方便、稳定性好、抗干扰能力强及远距离输送误差小等优点,在桥梁结构的长期检测中得到了广泛应用。

1. 钢弦式传感器的工作原理

钢弦式传感器是以被张紧的钢弦作为敏感元件,利用其固有频率与张拉力的函数关系,根据固有频率的变化来反映外界作用力的大小。

钢弦式传感器的结构和工作原理如图 3-22 所示。振弦固定在上、下两夹块之间,用固紧螺钉固紧,给弦加一定的初始张力 T。在弦的中间固定着软铁块,永久磁铁和线圈构成弦的激励器,同时又兼作弦的拾振器。夹块和膜片相连而感受压力 P。

由图 3-22 可知,若使弦按固有频率振动,必须首先给弦以激励力 P,振弦是依靠线圈中的电流脉冲所产生的电磁吸引力来产生激励作用。当电流脉冲到来时,磁铁的磁性大大增强,钢弦被磁铁吸住。当电流脉冲过去后,磁铁的磁性又大大减弱,钢弦立即脱离磁铁而产生自由振动,并使永久磁铁和弦上的软铁块间的磁路间隙发生变化,从而造成了变磁阻的条件,在兼作拾振器的线圈中将产生与弦的振动同频率的交变电势输出。这样通过测量感应电势的频率即可检测振弦张力的大小。

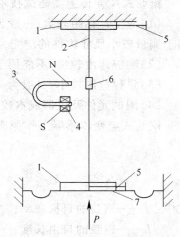

图 3-22　钢弦式传感器结构原理图
1—夹具;2—振弦;3—永久磁铁;4—线圈;5—螺钉;6—软磁铁;7—膜片

由于空气等阻尼的影响,振弦的振动为衰减振动。为了维持弦的振动,必须间隔一定时间再次加以激励,此种激励方式称为间歇激励方式。此外,也可利用电流法或电磁法作为连续激励方式。

工程中常用的钢弦式传感器有钢弦式应变传感器、钢弦式压力传感器、钢弦式荷载传感器和钢弦式位移传感器。钢弦式压力计主要用于基础结构工程动、静态测试;钢弦式荷载传感器主要用于隧道和地下结构中锚杆的轴力,钢拱架及其他支撑的反力,基础边坡、挡墙和斜拉桥锚索反力的测试;钢弦式位移计主要用于岩体位移、软土沉降、结构基础下沉等方面的测试。在此只介绍桥梁监测与检测中最常用的钢弦式应变传感器。

2. 钢弦式应变传感器

钢弦式应变传感器测试技术原理是：一定长度的钢弦张拉在两个端块之间，端块牢固安装于待测构件上，构件的变形使得两端块相对移动并导致钢弦张力变化，张力的变化又使钢弦的谐振频率发生变化，通过测量钢弦谐振频率的变化从而测出待测构件的应变和变形。钢弦谐振频率的测量是由靠近钢弦的电磁线圈来完成，如图 3-23 所示。

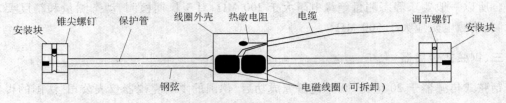

图 3-23　钢弦式应变传感器

与其他测试方法相比，钢弦式应变传感器测试技术具有以下较为突出的特点：

（1）分辨率高，测量结果精确、可靠。目前常用的钢弦应变传感器分辨率可达到 0.1 $\mu\varepsilon$。

（2）不易受温度和电磁场等的影响，特别是野外测量时抗干扰性能好。

（3）易于实现测试过程中的全自动化数据采集、多点同步测量、远距离测量和遥控检测。

（4）现场操作方便，测试方法易于掌握。

钢弦式应变传感器测试技术优点虽然很突出，但也存在以下较为明显的不足之处：

（1）应变计标距较大，一般为 100～200 mm，不能用于测量应力梯度较大的应变，也不能用于测量较小尺寸构件的应变，如小比例的模型试验。

（2）响应速度较慢，不能用于动态和瞬态应变测量。

（3）量程范围较小，一般为 –1 500～1 500 $\mu\varepsilon$，不能用于大应变的测量。

（4）测试元件及仪器成本较高。

钢弦式应变传感器工作原理是：在微幅振动条件下，钢弦的自振频率与钢弦应力有如下关系：

$$f = \frac{1}{2L}\sqrt{\frac{\sigma}{\rho}} \tag{3-15}$$

式中　f——钢弦的自振频率；

　　　L——钢弦的自由长度；

　　　σ——钢弦应力；

　　　ρ——钢弦的密度。

上式可变换为：

$$\sigma = kf^2 \tag{3-16}$$

式中　$k = 4L^2\rho$——常数。

从上式可发现，钢弦应力与其自振频率的平方成正比，常数 k 可通过标定求得。

使用弦式应变传感器均经过标定得到应变-频率关系：

$$\varepsilon = k(f^2 - f_0^2 - A) \quad (\mu\varepsilon) \tag{3-17}$$

式中　k, A——常数；

　　　f_0——初始频率。

得到结构测点的应变后，即可通过虎克定律求得结构测点处的应力。

钢弦式应变传感器分为钢弦式表面应变传感器、钢弦式钢筋应力传感器和钢弦式内部应变传感器。

1）钢弦式表面应变传感器

钢弦式表面应变传感器主要用于结构物表面应变的量测。该传感器结构简单,不需要专门设计。根据使用目的与要求不同,它又有单弦式表面应变传感器和多弦式表面应变传感器。

在传感器工作以前,钢弦具有的固有频率为 f_0,结构物受力后,传感器的两固定端发生相对位移,钢弦的长度改变了 ΔL,钢弦拉紧的程度发生了变化。因为钢弦的固有频率 f_0 已变成了 f_1,则相应钢弦的应变也变成了 ε_L。根据预先标定的 f-ε 关系曲线,即可确定结构受力后产生的表面应变值。有了结构表面应变值也可以得到结构的实际受力状态。

例如:测试某结构物某个截面受载前后的应力变化情况,已知受载前应变传感器的读数为 f_0,受载后应变传感器的读数为 f_1,系数为 k,结构的弹性模量为 E,则结构受载前后的应力变化为 $\sigma = Ek(f_1^2 - f_0^2)$。

钢弦式表面应变传感器的安装是将应变计固定在配套的底座上,底座与结构物之间可用胶黏结、螺栓连接或焊接,生产厂家可根据不同的安装方式提供相应的底座。安装时,首先在结构物表面预定位置固定应变计的两块底座。为确保两底座之间的距离与应变计的标距一致,并在同一条轴线上,须用与底座配套的定位标定杆定位。有的厂家生产的应变计安装完成后,要使其初始频率与出厂标定的初始频率值一致,例如辽宁丹东前几年生产的应变传感器就是这样。具体方法是先将应变计的一端紧固在底板上,调整另一端的微调螺母,使应变计的初始频率值与原出厂的初始频率值相同,然后扭紧固定螺钉。为保护表面应变传感器元件的稳定性,应变计应避免受到较大冲击。

目前能够生产钢弦式应变传感器的厂家在国内有很多家,例如辽宁丹东生产的钢弦式表面应变传感器,长沙金码高科技有限公司生产的钢弦式表面应变传感器 JMZX-212 型等,另外还有 JXH-3 型及 JBY-100 型等。进口的钢弦式表面应变传感器主要有美国基康(GEOKON)公司生产的 GK-4000 型和加拿大 KOCTEST 公司生产的 SM-5 型等。

钢弦式应变传感器的安装方法如下:

① 根据结构要求选定测试点与测力方向,要求应变计与受力方向平行。

② 根据测试要求决定是否安装应变计安装座保护罩及相应安装方法。

③ 应依测试点的受力情况调节好应变计的初值。

④ 具体安装方法:强力胶黏结,只适应短时期观测;用膨胀螺钉紧固,适合于混凝土结构表面的长期观测;焊接,适合钢结构表面作长期观测。

2）钢弦式内部应变传感器

钢弦式内部应变传感器多埋于混凝土、钢筋混凝土等结构物中,主要用于结构物内部应变的长期观测。应变传感器中的钢弦在受力应变管中展开,一同被固定在混凝土结构物中,通过两端的端板与混凝土紧密嵌固,而中间受力的应变管用布缠绕,与混凝土隔开,则有传感器的凸缘带动应变管变形,使钢弦内应力发生变化。用频率测定出钢弦受力变形后的频率值,通过与标准曲线的比较或给定的公式,得到混凝土真正的变形量。

钢弦式内部应变传感器为薄壁圆筒结构,可根据混凝土的不同强度等级选用不同规格的应变计,以使两者合理匹配,避免超载损坏应变计或灵敏度太低影响测量精度。

目前,国产的埋入式应变计有长沙金码高科技有限公司生产的 JXZ-215A 型埋入式应变

计、辽宁丹东生产的埋入式应变计等。进口的埋入式应变计主要有美国基康（GEOKON）公司生产的 GK-4200 型、GK-4210 型和加拿大 KOCTEST 公司生产的 EM-5 型等。

第四节　位移与变形测量

一、线位移量测

位移是工程结构承受荷载作用后的最直观表现,是反映结构整体工作性能的最主要参数。结构在局部区域的屈服变形、混凝土局部范围内的开裂以及钢筋和混凝土之间的局部黏结滑移等变形性能,都可以在荷载-位移曲线上得到反映,因此位移测定对分析结构性能至关重要。总的来说,结构的位移主要是指试件的挠度、侧移、转角、支座偏移等参数。量测位移的仪表主要有机械式、电子式及光电式等多种。在工程结构试验中,位移测量广泛采用的仪表有接触式位移计、应变梁式位移传感器、滑线电阻式位移传感器、差动变压器式位移传感器精密水准仪以及全站仪等数种。

1. 接触式位移计

接触式位移计为机械式仪表,它主要由测杆、齿轮、指针和弹簧等机械零件组成。测杆的功能是感受试件变形;齿轮是将感受到的变形放大或转变方向;测杆弹簧是使测杆紧跟试件变形,并使指针自动返回原位;扇形齿轮和螺旋弹簧的作用是使齿轮相互之间只有单面接触,以消除齿轮间隙造成的无效行程。构造如图 3-24 所示。

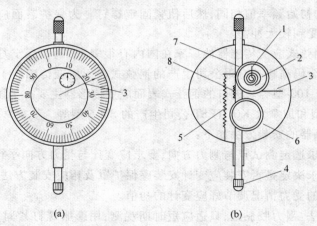

(a)　　　　　　(b)

图 3-24　百分表的构造图
1—短针齿轮;2—齿轮弹簧;3—长针;4—测杆;5—测杆弹簧;6、7、8—齿轮

接触式位移计根据刻度盘上最小刻度值所代表的量分为百分表(刻度值为 0.01 mm)、千分表(刻度值为 0.001 mm)和挠度计(刻度值为 0.05 mm 或 0.01 mm)。

接触式位移计的度量性能指标有刻度值、量程和允许误差。一般百分表的量程为 5 mm、10 mm,30 mm,允许误差为 0.01 mm。千分表的量程为 1 mm,允许误差 0.001 mm。挠度计量程为 50 mm、100 mm、300 mm,允许误差 0.05 mm。

使用时,将位移计安装在磁性表架上,用表架横杆上的劲箍夹住位移计的颈轴,并将测杆顶住测点,使测杆与测试面保持垂直。表架的表座应放在一个不动点上,打开表座上的磁性开关以固定表座。

2. 应变梁式位移传感器

应变梁式位移传感器的主要部件是一块由弹性好、强度高的铍青铜制成的悬臂弹簧片（图 3-25），簧片一端固定在仪器外壳上。在簧片上粘贴 4 片应变片，组成全桥或半桥测量电路，簧片的自由端固定有拉簧，拉簧与指针固结。当测杆跟随变形而移动时，传力弹簧使簧片产生挠曲，簧片产生应变，通过电阻应变仪测得的应变即可反映与试件位移间的关系。

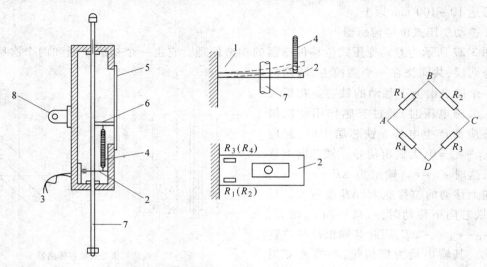

图 3-25　应变梁式位移传感器

1—应变片；2—悬臂梁；3—引线；4—弹簧；5—标尺；6—指针；7—测杆；8—固定环

这种位移传感器的量程为 $30 \sim 150$ mm，读数分辨率可达 0.01 mm。

由材料力学可知，位移传感器的位移 δ 为：

$$\delta = \varepsilon C \qquad (3-18)$$

式中　ε——铍青铜梁上的应变，由应变仪测定；

　　　C——与簧片尺寸及拉簧材料性能有关的刚度系数。

梁上 4 片应变片，按图 3-25 所示进行贴片和接线，取 $\varepsilon_1 = \varepsilon_3 = \varepsilon$，$\varepsilon_2 = \varepsilon_4 = -\varepsilon$，则桥路对角线输出为：

$$U_{BD} = \frac{U}{4} k (\varepsilon_1 - \varepsilon_2 + \varepsilon_3 - \varepsilon_4) = \frac{U}{4} k \varepsilon \cdot 4$$

$$(3-19)$$

由此可见，采用全桥接线且贴片符合图中位置时，桥路输出灵敏度最高，应变被放大了 4 倍。

机电复合式电子百分表构造原理和应变梁式位移传感器相同。

3. 滑线电阻式位移传感器

滑线电阻式位移传感器由测杆、滑线电阻和触头等组成，构造与测量原理如图 3-26 所示。滑线电阻固定在表盘内，触电将电阻分成 R_1 及 R_2。工作时将电阻 R_1 及 R_2 分别接入电桥桥臂，预调

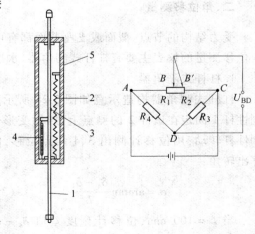

图 3-26　滑线电阻式位移传感器

1—测杆；2—滑线电阻；3—触头；4—弹簧

平衡后输出为零。当测杆向下移动一个位移 δ 时, R_1 增大 ΔR_1, R_2 减小 ΔR_1。由相邻两桥臂电阻增量相减的输出特性得知：

$$U_{BD} = \frac{U}{4} \frac{\Delta R_1 - (-\Delta R_1)}{R} = \frac{U}{4} k\varepsilon \cdot 2 \tag{3-20}$$

采用这样的半桥接线,其输出量与电阻增量(或应变增量)成正比,亦即与位移成正比。量程可达 $10 \sim 100$ mm 以上。

4. 差动变压式位移传感器

图 3-27 所示为差动变压式位移传感器的构造原理。它由一个初级线圈和两个次级线圈分内外两层,共同绕在一个圆筒上,圆筒内放置一个能自由上下移动的铁芯。初级线圈加入激磁电压时,通过互感作用使次级线圈感应而产生电势。铁芯居中时,感应电势 $e_{s1} - e_{s2} = 0$,无输出信号。铁芯向上移动 $+\delta$,这时 $e_{s1} \neq e_{s2}$,输出为 $\Delta E = e_{s1} - e_{s2}$。铁芯向上移动的位移愈大,$\Delta E$ 也愈大。反之,当铁芯向下移动时,e_{s1} 减小而 e_{s2} 增大,所以 $e_{s1} - e_{s2} = -\Delta E$,因此其输出量与位移成正比。其输出量为模拟量,当需要知道它与位移的关系时,应通过率定确定。这种传感器的量程大,可达 ± 500 mm,适用于整体结构的位移测量。

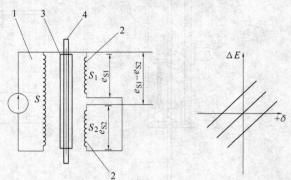

图 3-27　差动变压器式位移传感器
1—线圈;2—次级线圈;3—圆形筒;4—铁芯

上述各种位移传感器,主要用于测量沿传感器测杆方向的位移,因此在安装位移传感器时,使测杆的方向与测点位移的方向一致是非常关键的。此外,测杆与测点接触面的凹凸不平也会引入测量误差。位移计应该固定在一个专用表架上,表架必须与试验用的载荷架及支撑架等受力系统分开设置。

二、角位移测量

受力结构的节点、截面或支座截面都有可能发生转动。对转动角度进行测量的仪器很多。角位移测量的仪表主要有杠杆式测角器、水准式倾角仪、电子倾角仪等。

1. 杠杆式测角器

杠杆式测角器构造示意如图 3-28 所示。将刚性杆 1 固定在试件 2 的测点上,结构变形带动刚性杆转动,用位移计测出 3、4 两点位移,即可算出转角：

$$\alpha = \arctan \frac{\delta_4 - \delta_3}{L} \tag{3-21}$$

当 $L = 100$ mm、位移计刻度差值 $\delta_4 - \delta_3 = 0.1$ mm 时,则可测得转角值为 1×10^{-3} rad,具有足够的精度。

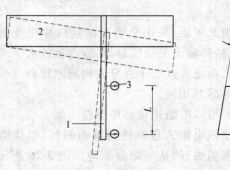

图 3-28　杠杆式测角器
1—刚性杆;2—试件;3—位移计

2. 水准式倾角仪

水准式倾角仪的构造如图 3-29 所示。水准管 1 安置在弹簧片 4 上,一端铰接于基座 6 上,另一端被微调螺丝 3 顶住。当仪器用夹具 5 安装在测点上后,用微调螺丝使水准管的气泡居中,结构发生变形后气泡漂移,再转动微调螺丝使气泡重新居中,度盘前后两次读数的差即为测点的转角:

$$\alpha = \arctan \frac{h}{L} \tag{3-22}$$

式中 L 为铰接基座与微调螺丝顶点之间的距离;h 为微调螺丝顶点前进或后退的位移。仪器的最小读数可达 $1'' \sim 2''$,量程为 $3°$。其优点为尺寸小,精度高。缺点是受湿度及振动影响大,在阳光下暴晒会引起水准管爆裂。

图 3-29　水准式倾角仪
1—水准管;2—刻度盘;3—微调螺丝;4—弹簧片;5—夹具;6—基座;7—活动铰

3. 电子倾角仪

电子倾角仪实际上是一种传感器,它通过电阻的变化来测定结构某部位的转动角度。仪器的构造原理如图 3-30 所示。主要装置是一个盛有高稳定性导电液体的玻璃器皿,在导电液体中插入 3 根电极并加以固定,电极等距离设置且垂直于器皿底面。当传感器处于水平位置时,导电液体的液面保持水平。3 根电极浸入液体内的长度相等,故 A,B 极之间的电阻值等于 B,C 极之间的电阻值,即 $R_{AB} = R_{BC}$。使用时将倾角仪固定在结构测点上,结构发生微小转动时倾角仪随之转动。因导电液面始终保持水平,所以插入导电液内的电极深度必然发生变化,使 R_{AB} 减小 ΔR,R_{BC} 增大 ΔR。若将 AB 和 BC 视作惠斯登电桥的两个臂,则建立电阻改变量 ΔR 与转动角度 α 之间的关系,可以用电桥原理测量和换算倾角 α,且有 $\Delta R = k\alpha$ 的关系。

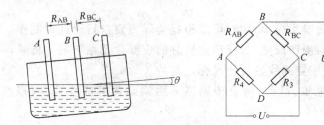

图 3-30　电子倾角仪构造原理

此外,结构转动变形量测也可以采用测量学方法,当转动量较大时,只要准确测出两点之间的距离和相对变形,就可以计算出转角。

第五节　力值测量仪器

结构静载试验需要测定的力主要是荷载和支座反力,其次是有预应力施力过程中预应力钢筋的张力,此外还有风压、油压和土压力等。量测力的仪器分为机械式和电测式两种,其基本原理是用一弹性元件去感受力或液压,弹性元件在力的作用下,发生与外力或液压成对应关系的变形。用机械装置把这些变形规律进行放大或显示的装置即为机械式传感器;用电测装置把变形转换成电阻变化,然后再进行测量的装置为电测式传感器。

1. 荷载和反力测定

荷载传感器可以量测荷载、反力以及其他各种外力。根据荷载性质不同,荷载传感器的形式有拉伸型、压缩型和通用型 3 种。各种荷载传感器的外形基本相同,其核心部件是一个厚壁筒(图 3-31),壁筒的横断面取决于材料允许的最高应力。在筒壁上贴有电阻应变片以便将机械变形转换为电量。为避免在储存、运输或试验期间应变片损坏,设有外罩加以保护。为便

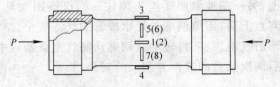

图 3-31　荷重传感器内壁筒

于与设备或试件连接,在筒壁两端加工有螺纹。荷载传感器的负荷能力可达 1 000 kN 或更高。

如图 3-31 所示,在筒壁的轴向和横向布片,并按全桥接入应变仪电桥,根据桥路工作原理可求得:

$$U_{BD} = \frac{U}{4} k \varepsilon (1 + \mu) \cdot 2 \tag{3-23}$$

式中 $A = 2(1 + \mu)$,A 为电桥输出放大系数,可提高量测灵敏度。

荷重传感器的灵敏度可表示为每单位荷重下的应变,因此灵敏度与设计的最大应力成正比,而与荷重传感器的最大负荷能力成反比,即灵敏度 k_0 为

$$k_0 = \frac{\varepsilon A}{P} = \frac{\sigma A}{PE} \tag{3-24}$$

式中　P, σ——荷重传感器的设计荷载和设计应力;

　　　　A——桥臂放大系数;

　　　　E——荷重传感器材料的弹性模量。

可见,对于一个给定的设计荷载和设计应力,传感器的最佳灵敏度由桥臂系数 A 的最大值和 E 的最小值确定。

荷重传感器的构造极为简单,用户可以根据实际需要自行设计和制作。但应注意,必须选用力学性能稳定的材料制作筒壁,选择稳定性好的应变片及黏结剂。传感器投入使用后,应当定期标定,检查其荷载应变的线性性能和标定常数。

由于科技的不断进步,目前,荷重传感器多用钢弦代替应变片,可以直接读出所需要的力值。

2. 拉力和压力测定

在结构试验中,测定拉力和压力的仪器有各种测力计。测力计是利用钢制弹簧、环箍或簧片在受力后产生弹性变形的原理,将变形通过机械放大后,用指针度盘表示或借助位移计反映力的数值。最简单的拉力计就是弹簧式拉力计,它可以直接由螺旋形弹簧的变形求出拉力值。拉力与变形的关系预先经过标定,并在刻度尺上标示出。

在结构试验中,用于测量张拉钢丝或钢丝绳拉力的环箍式拉力计如图 3-32 所示。它由两片弓形钢板组成一个环箍,在拉力作用下,环箍产生变形,通过一套机械传动放大系统带动指针转动,指针在度盘上的示值即为外力值。

图 3-33 所示是另一个环箍式拉、压测力计。它用粗大的钢环作弹簧,钢环在拉、压力作用下的变形,经过杠杆放大后推动位移计工作,位移计标示值与环箍变形关系应预先标定。这种测力计大多只用于测定压力。

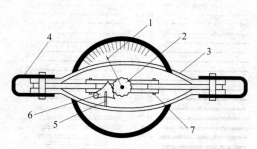

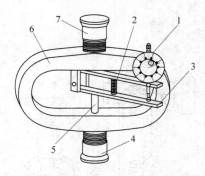

图 3-32　环箍式拉力计

1—指针;2—中央齿轮;3—弓形弹簧;4—耳环;

5—连杆;6—扇形齿轮;7—可动接板

图 3-33　环箍式拉、压测力计

1—位移计;2—弹簧;3—杠杆;4、7—下、上

压头;5—杠杆;6—钢环;8—拉力夹头

第六节　裂缝与温度测定

一、裂缝检测

裂缝的产生和发展是钢筋混凝土结构反应的一个重要特征,对确定结构的开裂荷载、研究结构的破坏过程与结构的抗裂及变形性能均有十分重要的价值。

目前,最常用于发现裂缝最简便的方法是借助放大镜用肉眼观察。在试验前用纯石灰水溶液均匀地刷在结构表面并等待干燥。当试件受力后,白色涂层将在高应变下开裂并剥落,这时,在钢结构表面可以看到屈服线条,混凝土表面的裂缝也会明显地显示出来。研究墙体结构表面裂缝时,在白灰层干燥后画出 50 mm 左右的方格栅,以构成基本参考坐标系,便于分析和描绘墙体在高应变场中裂缝的发展和走向。用白灰涂层,具有效果好、价廉和使用技术要求不高等优点。而裂缝宽度的测量通常使用下列仪器:

1. 读数显微镜

裂缝宽度的量测常用读数显微镜。它是由光学透镜与游标刻度等组成的复合仪器,如图3-34 所示。它是由物镜、目镜、刻度分划板组成的光学系统和读数鼓轮、微调螺丝组成的机械系统组成。试件表面的裂缝,经物镜在刻度分划板上成像,然后经过目镜进入肉眼。由于微调螺丝的螺距和上分划板的分划值均为 0.5 mm,所以读数鼓轮转动一圈,下分划板上的长线相对上分划板也移动一刻度值。读数鼓轮分成 100 刻度,每一刻度值等于 0.005 mm,量程为 3 ~ 8 mm 不等。读数显微镜的优点是精度高,缺点是每读一次都要调整焦距,测读速度较慢。较简便的方法是用印有不同裂缝宽度的裂缝宽度检验卡上的线条与裂缝对比估计裂缝宽度,这种方法较粗略,但能满足一般要求。

除了以上方法外,某些材料和试件的裂纹扩展情况及扩展速率可采用裂纹扩展片等进行测量。

2. 裂纹扩展片

裂纹扩展片的构造如图 3-35 所示,它是由栅体和基底组成。栅体是平行的栅条,各栅条有一端互不相连,可将某一栅条的端部及公用端与仪器相连,测定裂纹是否已达到该栅条处。此法在断裂力学试验中应用较多。

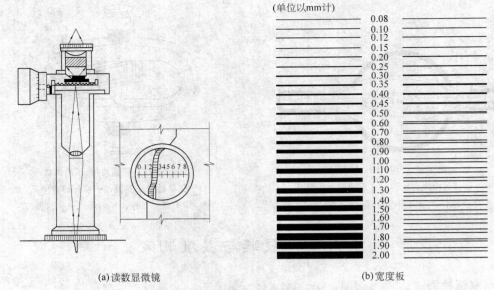

(a)读数显微镜　　　　　　　(b)宽度板

图 3-34　测量裂缝宽度的仪器和标尺

二、内部温度测量

大体积混凝土入模后的内部温度、预应力混凝土反应堆容器的内部温度等都是很重要的物理量。由于这些温度很难计算,所以只能用实测方法确定。

通常,量测混凝土内部温度的方法是使用热电偶或热敏电阻。热电偶的基本原理如图3-36所示,它是由两种导体 A 和 B 组成一个闭合电路,并使节点 1 和节点 2 处于不同的温度 T 和 T_0。例如,测温度时将节点 1 置于被测温度场中(工作端),使节点 2 处于某一恒定的温度状态(参考端),由于互相接触的两种金属导体内自由电子密度不同,在 A,B 接触处发生电子扩散。电子扩散的速率和自由电子的密度与金属所处的温度成正比。假设金属 A 和 B 中的自由电子密度分别为 N_A 和 N_B,且 $N_A > N_B$,在单位时间内由金属 A 扩散到金属 B 的电子数比金属 B 扩散到金属 A 的电子数要多。这样,金属 A 因失去电子而带正电,金属 B 因得到电子而带负电,于是在接触点处便形成了电位差,从而建立电势与温度的关系,即可测得温度。根据理论推导,回路的总电势与温度的关系为:

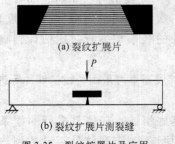

(a)裂纹扩展片

(b)裂纹扩展片测裂缝

图 3-35　裂纹扩展片及应用

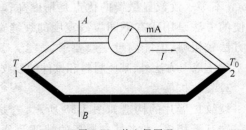

图 3-36　热电偶原理

$$E_{AB} = E_{AB}(T) - E_{AB}(T_0) = \frac{k}{e}(T - T_0)\ln\frac{N_A}{N_B} \tag{3-25}$$

式中 T,T_0——A,B 两种材料接触点处的绝对温度；

   e——电子的电荷量，等于 4.802×10^{-10}；

   k——波尔兹曼常数，等于 138×10^{-16}；

  N_A，N_B——金属 A、B 的自由电子密度。

  目前，在工程中常用热敏电阻的温度传感器，国内主要有长沙金码高科技有限公司生产的温度传感器 JMT-36B 和 JMT-36C 等，进口的温度传感器主要有美国基康（GEOKON）公司生产的 BGK-3700 型和加拿大 KOCTEST 公司生产的 EG-1472 型等。

第七节 索 力 测 量

  斜拉桥为高次超静定结构，它依靠斜拉索为主梁提供弹性约束，桥跨结构的重量和桥上活载绝大部分或全部通过斜拉索传递到塔柱上，因此，索是斜拉桥的主要受力构件之一。在斜拉桥施工中，由于各种施工误差及偶然因素影响，结构内力和线形会偏离设计状态，为保证施工顺利进行及成桥后的内力、线形满足设计要求，需对斜拉桥的索力进行调整。而索力量测效果将直接对结构的施工质量和施工状态产生影响，要在施工过程中比较准确地了解索力的实际状态，选择适当的量测方法和仪器，并设法消除现场量测中各种因素的影响非常关键。

  迄今为止，可供现场测定索力的方法主要有 7 种：①电阻应变片测定法；②拉索伸长量测定法；③索拉力垂度关系测定法；④压力表测定法；⑤压力传感器测定法；⑥频率法；⑦磁通量法。

  方法①～③在理论上是可行的，但实施会遇到较多的实际问题，一般不予采用；方法④～⑤测定拉索张拉过程的索力变化较为方便，但不能测定成桥后索力；方法⑥～⑦既可测定拉索张拉过程的索力变化，又可测定成桥后索力。下面介绍几种常用的索力测量方法。

  1. 压力表测定法

  当前拉索均使用千斤顶张拉，无一例外。由于千斤顶的张拉油缸中的液压和张拉力有直接关系，所以只要通过精密压力表或液压传感器测定油缸的液压，就可求得索力。

  使用 0.3～0.5 级的精密压力表，并事先通过标定，求得压力表所示液压和千斤顶张拉力之间的关系，则利用压力表读数测定索力。这种方法简单易行，是施工中控制索力最实用的方法，其精度可达 1%～2%。

  千斤顶的液压也可以通过液压传感器测定，液压传感器感受液压后输出相应电讯号，送入接收仪表后即可显示压强或换算后直接显示张拉力。由于电讯号可通过导线传输，能进行遥测，使用更加方便。

  将液压换算索力的方法，由于其简单易行，因而是在索力张拉施工过程中控制索力最实用的一种方法。

  2. 压力传感器测定

  张拉时，千斤顶的张拉力通过连接杆传到拉索锚具，如果在连接杆上套一穿心式压力传感器，张拉时处在千斤顶张拉活塞和连接杆螺母之间的传感器在受压后就输出电讯号，于是就可在配套的二次仪表上读出千斤顶的张拉力。

  为了减小传感器的高度，常采用孔幅式或轮辐式传感器。这类传感器应当专门设计，并由专业工厂制作，方可收到良好的效果，该方法精度可达 0.5%～1.0%。

  如需长期测定索力，也可以将穿心式传感器放在锚具和索孔垫板，进行在线观测。

压力传感器的售价相当高,特别是大吨位的传感器就更贵,自身质量也大。因此,这种方法虽然测定的精度好,却只能在特定场合下使用。

3. 频率法

(1)方法简介

频率法是利用精密拾振器,拾取拉索在环境随机振动、人工激振或激振器激振下的振动信号,经过滤波、放大和频谱分析,再根据频谱图来确定拉索的自振频率,然后根据自振频率与索力的关系确定索力。用频率法测定索力,设备可重复使用。现有的仪器及分析手段测定频率精度可达到 0.005 Hz。实测频率仪器配置如图 3-37 所示。

(2)测试原理

频率法测量索力过程包含 3 项内容:①测量索结构的自振频率 f';②索力-频率关系即 $T = T(f)$ 曲线的拟合(图 3-38);③把实测值 f' 代入 $T = T(f)$ 中,得到实测索力 T'。

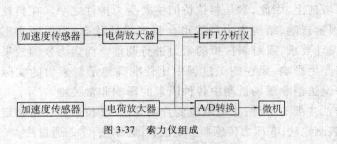

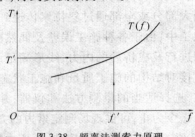

图 3-37 索力仪组成   图 3-38 频率法测索力原理

这种方法是利用索力与索的振动频率之间存在对应关系的特点,在已知索的长度、两端约束情况、分布质量等参数时通过测量索的振动频率,进而计算索的拉力。根据弦振动理论,当张紧索抗弯刚度可忽略时(柔性索),其动力平衡方程为:

$$\frac{m}{g} \cdot \frac{\partial^2 y}{\partial t^2} - T \frac{\partial^2 y}{\partial x^2} = 0 \qquad (3\text{-}26)$$

式中 y——横向坐标(垂直于索的长度方向);

　　x——纵向坐标(索的长度方向);

　　m——单位索长的质量;

　　g——重力加速度;

　　T——索的张力;

　　t——时间。

若索的两端为铰接时,可得:

$$T = \frac{4mL^2}{n^2 g} f_n^2 \qquad (3\text{-}27)$$

式中 f_n——索的第 n 阶段自振频率;

　　L——索的长度;

　　n——振动阶数。

用频率法测定索力,经济方便,精度能够满足工程应用的需要,不消耗一次仪表,所有仪器都可以重复使用。近年来国内对频率法测定索力进行了大量的研究,对拉索的抗弯刚度、支承条件、斜度、垂度以及拉索的初应力等影响索力的因素进行了分析研究。

当索的抗弯刚度不能忽略(即刚性索),且索的两端为铰接时,同样可根据其动力平衡条件得到：

$$T = \frac{4mL^2f_n^2}{n^2g} - \frac{n^2EI}{L^2}\pi^2$$ （3-28）

式中　EI——索的抗弯刚度。

1）抗弯刚度和边界条件的影响

索的边界条件实际上是介于铰支和固支之间，较为接近固支的情况，一般在不考虑垂度和斜度影响时，当抗弯刚度为零，两种边界条件下索力的计算结果是一致的。考虑垂度、斜度和抗弯刚度影响时，两种边界条件下索力的计算结果亦有所不同。分析表明，对斜拉桥而言，索长一般大于 40 m，两种边界条件下计算的索力一般相差不超过 5%。细长拉索不计抗弯刚度时求得的索力比计入抗弯刚度时偏大，但不会超过 3%。对于长度小于 40 m 的斜拉索和系杆拱的吊杆有可能超过 5%，此时应计入抗弯刚度的影响。

2）斜度的影响

实际斜拉索均存在一定的斜度，亦即两端不等高。分析结果表明，拉索的斜度影响可以忽略。

3）垂度的影响

岛田忠幸通过考虑由振动引起的拉索张力变化的影响，引入参数 Γ：

$$\Gamma = \sqrt{\frac{mgl}{128EAd^3\cos\theta}} \times \frac{0.31\xi + 0.5}{0.31\xi - 0.5}$$ （3-29）

式中，$\xi = l\sqrt{H/EI}$。

研究表明：$\Gamma < 3$ 时，垂度对对称振型固有频率的影响比较大；当 $\Gamma > 3$ 时，拉索垂度的影响较小。即使 $\Gamma < 3$，对于反对称振型，拉索垂度和由振动引起的拉索的张力改变对拉索张力的影响亦很小，但对超长索，垂度的影响较大，索力测试时须考虑垂度的影响。

理论分析可知，拉索初应力较小时计算索力应计入垂度的影响。斜拉桥施工中斜拉索都要经过几次张拉，第一次初应力较小、垂度较大，垂度对实测低阶频率影响较大。为了减小垂度对实测索力的影响，建议采用 4 阶以上频率计算索力。

4. 磁通量法

现在国外提出一种新的索力测试方法——磁通量法，它通过索中的电磁传感器测定索中磁通量的变化，由此来测定索力与温度。这种方法在国外已用于各种结构的应力测试，收得了较好的效果。而在国内，目前还很少采用这种方法。

第八节　振动测量仪器

在结构动载试验中，结构反应的基本变量为动位移、速度、加速度和动应变等。

结构动力荷载试验量测系统的测量仪器的基本组成包括拾振器、测振放大器和显示记录仪三部分。其中拾振器（感受部分）和静力试验中的传感器有所不同。测振放大器不仅将信号放大，还可将信号进行积分、微分和滤波等处理，可分别量测出振动参量中的位移、速度及加速度。显示记录仪是振动测量系统中的重要部分，在动力问题研究中，不但需要量测振动参数的大小量级，还需要量测振动参数随时间历程变化的全部数据资料。

目前有多种规格的拾振器和与之配套的放大器、记录器可供选用。根据被测对象的具体情况及各种拾振器的性能特点,合理选用拾振器是成功进行动力试验的关键,因此,应深入了解和掌握有关拾振器的工作原理与技术特性。

拾振器是将机械动信号变换成电参量的一种敏感元件,其种类繁多,按测量参数可分为位移式、速度式和加速度式;按照构造原理可分为磁电式、压电式、电感式和应变式;从使用角度出发又可分为绝对式(惯性式)和相对式、接触式和非接触式等。

一、拾振器的力学原理

由于振动具有传递作用,动力试验时很难找到一个静止点作为测振基准点,为此,必须在测振仪器内设置惯性质量弹簧系统,建立一个基准点。如惯性式拾振器,工作原理如图 3-39 所示。它主要有质量块 m、弹簧、阻尼器和外壳等组成。使用时,将拾振器安放在振动体的测点上并与振动体固定成一体,仪器外壳与振动体一起振动。拾振器的输出信号与质量块和振动体之间的相对运动直接有关。

设计拾振器时使惯性质量块 m 只能沿 x 方向运动,并使弹簧质量和惯性质量块 m 的比值小到忽略不计。根据图3-39所示,仪器外壳随振动体一起振动,设振动体按下列规律振动:

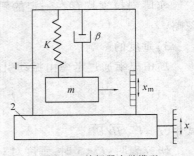

图 3-39　拾振器力学模型
1—拾振器;2—振动体

$$x = X_0 \sin \omega t \tag{3-30}$$

则由惯性质量块 m 所受的惯性力、阻尼力和弹性力之间的平衡关系,可建立振动体系的运动微分方程:

$$m \frac{\mathrm{d}^2 (x + x_\mathrm{m})}{\mathrm{d}t^2} + \beta \frac{\mathrm{d}x_\mathrm{m}}{\mathrm{d}t} + K x_\mathrm{m} = 0 \tag{3-31}$$

或　　　$m \dfrac{\mathrm{d}^2 x_\mathrm{m}}{\mathrm{d}t^2} + \beta \dfrac{\mathrm{d}x_\mathrm{m}}{\mathrm{d}t} + K x_\mathrm{m} = m X_0 \omega^2 \sin \omega t$

式中　　x——振动体相对于固定参考坐标的位移;

X_0——被测振动体的振幅;

x_m——惯性质量块 m 相对于仪器外壳的位移;

ω——被测振动体的圆频率;

β——阻尼;

K——弹簧刚度。

这是单自由度、有阻尼的强迫振动方程,其通解为:

$$x_\mathrm{m} = \beta \mathrm{e}^{-nt} \cos \left(\sqrt{\omega^2 - n^2}\, t + \alpha \right) + X_\mathrm{m} \sin (\omega t - \varphi) \tag{3-32}$$

式中,$\alpha = \beta / 2m$,φ 为相位角。第一项为自由振动解,由于阻尼作用而很快衰减;第二项为强迫振动解,其中

$$X_\mathrm{m} = \frac{\left(\dfrac{\omega}{\omega_0} \right)^2}{\sqrt{\left[1 - \left(\dfrac{\omega}{\omega_0} \right)^2 \right]^2 + \left(2D \dfrac{\omega}{\omega_0} \right)^2}} X_0 \tag{3-33}$$

$$\varphi = \arctan \frac{2D \dfrac{\omega}{\omega_0}}{1 - \left(\dfrac{\omega}{\omega_0} \right)^2} \tag{3-34}$$

式中　　D——阻尼比，$D = n/\omega_0$；

　　　　ω_0——质量弹簧系统的固有频率，$\omega_0 = \sqrt{K/m}$。

将式（3-32）中的第二项与式（3-30）相比较，可以看出质量块 m 相对于仪器外壳的运动规律与振动体的运动规律一致，频率都等于 ω，但振幅和相位不同。

质量块 m 的相对振幅 X_m 与振动体的振幅 X_0 之比为：

$$\frac{X_m}{X_0} = \frac{\left(\dfrac{\omega}{\omega_0}\right)^2}{\sqrt{\left[1 - \left(\dfrac{\omega}{\omega_0}\right)^2\right]^2 + \left(2D\dfrac{\omega}{\omega_0}\right)^2}} \tag{3-35}$$

其相位相差一个相位角 φ。

根据式（3-34）和式（3-35）以 ω/ω_0 为横坐标，X_m/X_0 和 φ 为纵坐标，并使用不同的阻尼做出如图 3-40 和图 3-41 的曲线，分别称为测振仪器的幅频特性曲线和相频特性曲线。

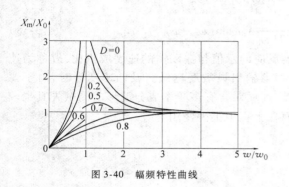

图 3-40　幅频特性曲线　　　　　　　　图 3-41　相频特性曲线

在试验过程中，D 可能随时发生变化。分析图 3-40 和图 3-41 中的曲线，为使 X_m/X_0 和 φ 角在试验期间保持常数，必须限制 ω/ω_0 的值。当取不同 ω/ω_0 和 D 值时，拾振器将输出不同的振动参数。

1. $\omega/\omega_0 \gg 1, D < 1$

由图 3-40 和图 3-41 可以看出：

$$X_m \approx X_0, \qquad \varphi \approx 180°$$

代入公式（3-32），得测振仪器强迫振动解

$$x_m = X_m \sin(\omega t - \varphi) \approx X_0 \sin(\omega t - \pi) \tag{3-36}$$

将上式与公式（3-30）比较，由于此时振动体振动频率比仪器的固有频率大很多，不管阻尼比 D 大还是小，X_m/X_0 趋近于 1，而 φ 趋近于 180°。也就是质量块的相对振幅和振动体的振幅趋近于相等而相位相反，这是测振仪器理想的工作状态，满足此条件的测振仪器称为位移计。要想达到理想状态，只有在试验过程中，使 X_m/X_0 和 φ 角保持常数即可。但从图 3-40 和图 3-41 中可以看出，X_m/X_0 和 φ 都随阻尼比 D 和频率变化，这是由仪器的阻尼取决于内部构造、连接和摩擦等不稳定因素而引起的。然而从幅频特性曲线中不难发现，当 $\omega/\omega_0 \gg 1$ 时，这种变化基本上与阻尼比 D 无关。

实际使用中，当测定位移精度要求较高时，频率比可取其上限，即 $\omega/\omega_0 > 10$；对于精度为一般要求的振幅测定，可取 $\omega/\omega_0 = 5 \sim 10$，这时仍可以近似地认为 X_m/X_0 趋近于 1，但是具有

一定误差。幅频特性曲线平直部分的频率下限,与阻尼比有关,对无阻尼或小阻尼的频率下限可取 $\omega/\omega_0 = 4 \sim 5$,当 $D = 0.6 \sim 0.7$ 时,频率比下限可放宽到 2.5 左右,此时幅频特性曲线有最宽的平直段,也就是有较宽的频率使用范围。但在被测振动体有阻尼的情况下,仪器对不同振动频率呈现出不同的相位差,如图 3-41 所示。如果振动体的运动不是简单的正弦波,而是两个频率 ω_1 和 ω_2 的叠加,则由于仪器对相位差的反应不同,测出的叠加波形将发生失真,所以应注意关于波形畸变的限制。

2. $\omega/\omega_0 \approx 1, D \gg 1$

由公式(3-35)得:

$$X_m = \frac{\left(\dfrac{\omega}{\omega_0}\right)^2}{\sqrt{\left[1 - \left(\dfrac{\omega}{\omega_0}\right)^2\right]^2 + \left(2D\dfrac{\omega}{\omega_0}\right)^2}} X_0 \approx \frac{\omega}{2D\omega_0} X_0$$

因为

$$\nu = \frac{dx}{dt} = X_0 \omega \cos \omega t = X_0 \omega \sin\left(\omega t + \frac{\pi}{2}\right) \tag{3-37}$$

而

$$x_m = X_m \sin(\omega t - \varphi) \approx \frac{1}{2D\omega_0} X_0 \omega \sin(\omega t - \varphi) \tag{3-38}$$

比较公式(3-37)和公式(3-38)可见,拾振器反应的示值与振动体的速度成正比,故称为速度计。$1/2D\omega_0$ 为比例系数,阻尼比 D 越大,拾振器输出灵敏度越低。设计速度计时,由于要求的阻尼比很大,相频特性曲线的线性度就很差,因而对含有多频率成分波形的测试失真也较大。速度拾振器的可用频率范围非常狭窄,因而在工程中很少使用。

3. $\omega/\omega_0 \ll 1, D < 1$

由公式(3-35)和公式(3-36)得:

$$X_m = \frac{\left(\dfrac{\omega}{\omega_0}\right)^2}{\sqrt{\left[1 - \left(\dfrac{\omega}{\omega_0}\right)^2\right]^2 + \left(2D\dfrac{\omega}{\omega_0}\right)^2}} X_0 \approx \frac{\omega^2}{\omega_0^2} X_0, \qquad \varphi \approx 0$$

因为

$$a = \frac{d^2 x}{dt^2} = -X_0 \omega^2 \sin \omega t = A \sin(\omega t + \pi) \tag{3-39}$$

而

$$X_m = X_m \sin(\omega t - \varphi) \approx \frac{1}{\omega_0^2} X_0 \omega^2 \sin \omega t \approx \frac{1}{\omega_0^2} A \sin \omega t \tag{3-40}$$

比较公式(3-39)和公式(3-40)可见,拾振器反应的位移与振动体的加速度成正比,比例系数为 $1/\omega_0^2$。这种拾振器可以用来测量加速度,称为加速度计。加速度幅频特性曲线如图 3-42所示。由于加速度计用于频率比 $\omega/\omega_0 \ll 1$ 的范围,拾振器反应相位与振动体加速度的相位差接近于 π,基本上不随频率而变化。当加速度计的阻尼比 $D = 0.6 \sim 0.7$ 时,由于相频曲线接近于直线,所以相频与频率成正比,波形不会出现畸变。若阻尼比不符合要求,将出现与频率比成非线性的相位差。

综上所述,使用惯性式拾振器时,必须特别注意振动体的工作频率与拾振器的自振频率之间的关系。当 $\omega/\omega_0 \gg 1$ 时,拾振器可以很好地测量振动体的振动位移;当 $\omega/\omega_0 \ll 1$ 时,拾振器可以准确地反映振动体的加速度特性,对加速度进行两次积分就可以得到位移。

二、测振传感器

拾振器除应正确反映结构物的振动外,还需不失真地将位移、加速度等振动参量转换为电

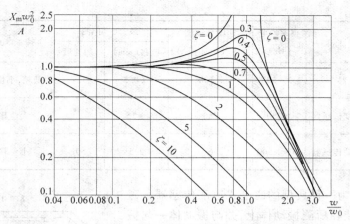

图 3-42　加速度计幅频特性曲线

量,输入放大器。转换的方式很多,有磁电式、压电式、电阻应变式、电容式、光电式、电涡流式等。磁电式拾振器基于磁电感应原理,能线性地感应振动速度,它适用于实际结构物的振动测试,缺点是体积大而重,有时会对被测系统产生影响,使用频率范围较窄。压电晶体式传感器体积小,自重轻,自振频率高,适用于模型试验。电阻应变式传感器低频性能好,放大器采用动态应变仪。差动电容式传感器抗干扰力强,低频性能好,和压电晶体式同样具有体积小、重量轻的优点,但其灵敏度比压电晶体式高,后续仪器简单,因此是一种很有发展前途的拾振器。机电耦合伺服式加速度拾振器,由于引进了反馈的电气驱动力,改变了原有质量弹簧系统的自振频率 ω_0,因而扩展了工作频率范围,同时提高了灵敏度和量测精度,在强振观测中,已经有代替原来各类加速度拾振器的趋势。

目前,国内应用最多的拾振器多为惯性式测振传感器,即磁电式速度传感器和压电式加速度传感器。

1. 磁电式速度传感器

磁电式速度传感器是基于电磁感应的原理制成,特点是灵敏度高、性能稳定、输出阻抗低、频率响应范围有一定宽度。通过对质量弹簧系统参数的不同设计,可以使传感器既能测量非常微弱的振动,也能测量比较强的振动,是多年来工程振动测量最常用的测振传感器。

表 3-2　国内有关厂家生产的几种常用速度传感器的型号及性能指标

型　号	名　称	频率响应 (Hz)	速度灵敏度 [mV/(cm·s⁻¹)]	最　大　可　测		特　点	厂　家
				位移(mm)	加速度		
CD-2 型	磁电式拾振器	2～500	302	±1.5	10g	测相对振动	北京测振仪器厂
CD-4 型	速度传感器	2～300	600	±15	5g	测大位移	
701 型	脉动仪	0.5～100	1 650	大挡:±6 小挡:±0.9		低频,大位移	
701 型	拾振器	0.5～100	1 650	大挡:±6 小挡:±0.6		低频,大位移	哈尔滨工程力学研究所
702 型	拾振器	2～3		±50			

续上表

型　号	名　　称	频率响应 （Hz）	速度灵敏度 [mV/(cm·s⁻¹)]	最 大 可 测		特　点	厂　家
				位移(mm)	加速度		
65 型	拾振器	2～50	3 700	±0.5		低频,小位移	北京地球物理研究所
BVD-11 型	磁电式速度传感器	≥350	780	±15		大位移	上海华东电子仪器厂
SZQ-4 型	速度式振动传感器	45～1 500	6	2.5	50g	小位移	

图 3-43 所示为一种典型的磁电式速度传感器。磁钢和壳体固接安装在所测振动体上,并与振动体一起振动,芯轴与线圈组成传感器的可动系统,由簧片与壳体连接。可动系统就是传感器的惯性质量块,测振时惯性质量块和仪器壳体相对移动,因而线圈和磁钢也相对移动,从而产生感应电动势,根据电磁感应定律,感应电动势 E 的大小为:

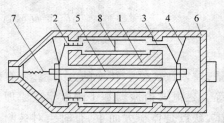

图 3-43　磁电式速度传感器

1—磁钢;2—线圈;3—阻尼环;4—弹簧片;
5—芯轴;6—外壳;7—输出线;8—铝架

$$E = BLnv \qquad (3-41)$$

式中　B——线圈在磁钢间隙的磁感应强度;

L——每匝线圈的平均长度;

n——线圈匝数;

v——线圈相对于磁钢的运动速度,即所测振动物体的振动速度。

从上式可以看出,对于确定的仪器系统 B,L,n 均为常量,所以感应电动势 E,也就是测振传感器的输出电压与所测振动的速度成正比。对于这种类型的测振传感器,惯性质量块的位移反映被测振动体的位移,而传感器输出的电压与振动速度成正比,所以也称为惯性式速度传感器。

工程试验中经常需要测量 10 Hz 以下甚至 1 Hz 以下的低频振动,这时常采用摆式测振传感器。这种类型的传感器将质量弹簧系统设计成转动的形式,因而可以获得更低的仪器固有频率。图 3-44 所示是典型的摆式测振传感器。根据所测振动是垂直方向还是水平方向,摆式测振传感器有垂直摆、倒立摆和水平摆等几种形式,摆式测振传感器也是磁电式传感器,输出电压与振动速度成正比。

磁电式测振传感器的主要技术指标:

（1）固有频率 f_0。传感器质量弹簧系统本身的固有频率是传感器的一个重要参数,它与传感器的频率响应有很大关系。固有频率决定于质量块的质量大小和弹簧刚度 K。对于差动式测振传感器

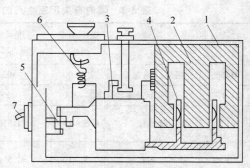

图 3-44　摆式传感器

1—外壳;2—磁钢;3—重锤;4—线圈;
5—十字簧片;6—弹簧;7—输出线

$$f_0 = \frac{1}{2\pi}\sqrt{\frac{K}{m}} \qquad (3-42)$$

传感器工作的频率范围一般高于传感器的固有频率。

（2）灵敏度 k。即传感器的拾振器方向感受到一个单位振动速度时，传感器的输出电压：

$$k = E/v \qquad (3-43)$$

k 的单位通常是 $mV/(cm \cdot s^{-1})$。例如，$20 \sim 50 \, mV/(mm \cdot s^{-1})$，表示每秒 1 mm 的速度，传感器的输出电压为 20 ~ 50 mV。灵敏度用输出电压表示，输出电压越高，表示传感器越灵敏。

（3）频响特性。在理想的情况下，当所测振动的频率变化时，传感器的灵敏度不改变，但无论是传感器的机械系统还是信号转换系统都有频率响应问题。所以，灵敏度随所测频率的不同而有所改变，这个变化的规律就是传感器的频率响应。对于阻尼值固定的传感器，频率响应曲线只有一条，有些传感器可以由试验者选择和调整阻尼，阻尼不同传感器的频率响应曲线也不同。

（4）阻尼系数。即磁电式测振传感器质量弹簧系统的阻尼比。阻尼比的大小与频率响应有很大关系，一般采用电涡流阻尼，通常磁电式测振传感器的阻尼比设计值为 0.5 ~ 0.7。

（5）相移特性。由于阻尼的影响，传感器输出电压与传感器的机械振动之间存在相位差，也就是说，两者不同时达到最大或最小。典型的指标为小于 5°。

综上所述，磁电式测振传感器的输出电压是与所测振动的速度成正比，振动的位移或加速度可以通过信号的积分或微分来实现。

2. 压电式加速度传感器

压电式传感器是利用压电晶体材料具有的压电效应制成的。压电晶体在三轴方向上的性能不同，x 轴为电轴线，y 轴为机械轴线，z 轴为光轴线。若垂直于 x 轴切取晶片且在电轴线方向施加外力 F，当晶片受到外力而产生压缩或拉伸变形时，内部会出现极化现象，同时在其相应的两个表面上出现异性电荷，形成电场。外力去掉后，又重新回到不带电状态。这种将机械能转变为电能的现象，称为正压电效应。若晶体不是在外力作用下而是在电场作用下产生变形，则称逆压电效应。压电晶体受到外力产生的电荷 Q 由下式表示：

$$Q = G\sigma A \qquad (3-44)$$

式中　G——晶体的压电常数；

　　　σ——晶体的压强；

　　　A——晶体的工作面积。

在压电材料中，石英晶体是较好的一种，它具有高稳定性、高机械强度和能在很宽的温度范围内使用的特点，但灵敏度较低。在计量方面用得最多的是压电陶瓷材料，如钛酸钡、锆钛酸铅等。它们经过人工极化处理而具有压电性质，采用良好的陶瓷配置工艺可以得到高的电压灵敏度和很宽的工作温度，而且易于制成所需形状。

压电式加速度传感器是一种利用晶体的压电效应把振动加速度转换成电荷量的机电换能装置。这种传感器具有动态范围大、频率范围宽、重量轻、体积小等特点，因此，被广泛应用于振动测量的各个领域，尤其在宽带随机振动和瞬态冲击等场合，几乎是唯一合适的测振传感器。

压电式加速度传感器的结构原理如图 3-45 所示。压电晶体上的质量块，用硬弹簧将它们加紧在基座上。质量弹簧系统的弹簧刚度由硬弹簧的刚度 K_1 和晶体的刚度 K_2 组成，且 $K = K_1 + K_2$。在压电式加速度传感器内，质量块的质量 m 较小，阻尼系数也较小，而刚度 K 很大，因而质量弹簧系统的固有频率很高,根据用途可使其达到数千赫,乃至 $100 \sim 200$ kHz。

由前面分析可知,当被测物体的频率 $\omega \ll \omega_0$ 时,质量块相对于仪器外壳的位移就反映了所测振动的加速度值。

压电式加速度传感器的主要性能指标有灵敏度、安装谐振频率、频率响应、横向灵敏度比和幅值范围(动态范围)等。

除上述惯性拾振器外,还有非接触式拾振器和相对拾振器,它们的转换原理都是磁电式。非接触式是借振动体和传感器之间的间隙随振动而变化致使磁阻发生改变,当被测物体为非导磁性材料时,需在测点处贴一导磁材料,其灵敏度与拾振器和振动体之间的间距、振动体的尺寸以及导磁性有关。量测的精度不是很高,可用在不允许把拾振器装在振动体上的情况,如高速旋转轴或振动体本身质量小,装上拾振器后拾振器的附加质量对它的影响很大等情况。相对拾振器能测量两个振动体之间的相对运动,使用时,应将其外壳和顶杆分别固定在被测的两个振动体上。当然,如将其外壳固定在不动的地面上,便可测振动体的绝对运动。

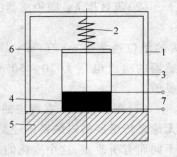

图 3-45 压电加速度传感器原理
1—外壳;2—弹簧;3—质量块;
4—压电晶体片;5—基座;
6—绝缘垫;7—输出端

复习思考题

3-1 结构试验量测技术主要包括哪些内容?其量测内容有哪些?

3-2 简述量测仪表的基本组成及其性能指标。

3-3 量测仪表测量方法主要有几种?

3-4 简述仪表率定的概念及仪表率定的方法?

3-5 简述量测仪表的选用原则。

3-6 应变测量的主要方法有哪些?

3-7 简述应变电测法的概念。

3-8 简述电阻应变片的工作原理及其构造。

3-9 简述电桥原理及平衡电桥的原理。

3-10 何谓温度效应?引起温度效应的因素是什么?

3-11 消除温度效应的方法有哪些?常用的温度补偿方法有哪些?

3-12 电阻应变测量时如何进行桥路连接及布片?

3-13 钢弦传感器的工作原理是什么?简述钢弦传感器测应变的方法。

3-14 读数显微镜是如何测定裂缝宽度的?

3-15 裂缝观测的主要内容有哪些?

3-16 简述索力量测的基本原理及方法。

3-17 振动测量仪器主要有哪些?

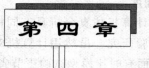

结构模型试验

第一节 概　述

在进行工程结构试验时,试件可以是真实结构,也可以是其中的一部分。若使用真实结构做试验,不论是整体还是其中的一部分,由于都是足尺,势必导致试验的规模很大,所需加载设备的容量和费用会很高,制作试件的材料费、加工费也随之增加。所以,除了少数在原型结构上进行的检验性试验以外,一般的研究性试验都是模型试验。通常工程结构模型都是缩尺的,即模型结构的尺寸比原型结构小,但也有少数是足尺的甚至将原型结构按比例放大,而且绝大多数工程结构试验的试件都为缩尺的局部结构或构件,极少数结构为整体模型。

工程结构模型试验采用的模型是仿照原型结构按一定相似关系复制而成的代表物,它具有原型结构的全部或主要特征。只要设计的模型满足相似条件,则通过模型试验获得的数据和结果可以直接推算到相应的原型结构上去。

应该指出,研究性试验中所进行的局部结构、基本构件和节点的基本性能试验大都采用缩尺模型。这种试件的设计不需要满足全部相似条件,试验结果在数值上与真实结构没有直接的联系,但试件的计算理论和方法可以推广到实际结构中。

模型试验方法虽然很早就有人使用,但其迅速发展还是近几十年内的事,特别是将量纲分析法引入模型设计(1914 年)后,才使模型试验方法得到系统发展。量测技术的不断改进以及各种新材料的发现和应用也为模型试验方法创造了条件。

与真型试验相比,模型试验具有以下优点:

1. 经济性好

由于模型结构的几何尺寸小(一般取原型结构的 1/2 ~ 1/6,有时也可取 1/10 ~ 1/20 或更小),因此试件的制作容易,装拆方便,节省材料、劳动力和时间,并且同一个模型可进行多个不同目的的试验。

在试验加载方面尤为突出,在常用的相似条件下,集中荷载的减小与几何尺寸的缩小成平方关系。若原型结构上作用 400 kN 的集中荷载,一个缩尺比为 1/20 的模型仅需 1 kN 的集中荷载。当用低弹性模量的材料制作模型时,荷载还可进一步减小。因此,模型试验也可较大幅度地降低加载设备的容量和费用。

2. 针对性强

工程结构模型试验可以根据试验目的突出主要设计因素,忽略次要因素,并改变某些主要因素进行多个模型的对比试验。这对于工程结构的性能研究、新型结构的设计、结构理论的验证和新理论的发展都具有重要的意义。

3. 数据准确

由于试验模型小,一般可在试验条件和环境条件较好的室内进行,因此可以严格控制主要测试参数,避免外界因素的干扰,保证试验结果的准确度。

作为结构分析的方法之一,工程结构模型试验与计算机仿真分析具有同样的竞争力。一般来说,模型试验适用于整体结构以及复杂结构的试验研究。虽然用计算机对复杂结构甚至整体结构进行分析是可行且方便的,在经费和时间方面有时比模型试验更节省,但模型试验能正确地反映结构的实际工作状况,因为它不受简化假定的影响,同时,计算机仿真分析的结果常常需要用模型试验验证。模型试验还可清晰直观地展示整个结构从开始加载直至破坏坍塌的全部过程,而用计算机对一个较复杂的钢筋混凝土结构的受力全过程和破坏形态进行仿真,则并非易事,即使可能,所耗费的时间和费用不会比模型试验少。应该说,模型试验和计算机仿真分析是互为补充的。对于已有适用计算程序的情况,计算机分析方法总比模型试验更快更省;而当边界条件等难以确定,用计算机仿真分析不易进行时,常常需要依靠模型试验。

小比例的动态模型试验在研究复杂情况下的结构动力特性时用得很多,几乎和计算机仿真分析占有同等重要的地位。

因此,在一些国家的工程结构设计规范中,明确规定了要以模型试验作为论证设计方案或提供设计参数的手段。

第二节　模型试验的相似理论基础

一、模型相似的概念

工程结构模型试验的理论是以相似原理和量纲分析为基础的,以确定模型设计中必须遵循的相似准则为目标。这里所讲的相似是指模型和原型相对应的物理量的相似,它比通常所讲的几何相似概念更广泛。所谓物理相似,是指除了几何相似之外,还有物理过程的相似。下面简要介绍几个主要物理量的相似。

1. 几何相似

结构模型和原型满足几何相似,即要求模型与原型结构之间所有对应部分的尺寸成比例,模型比例即为几何相似常数,即

$$\frac{h_m}{h_p} = \frac{b_m}{b_p} = \frac{l_m}{l_p} = S_l \tag{4-1}$$

式中 l, b, h 分别为模型或原型的长、宽、高,下标 m 与 p 分别表示模型和原型;S_l 称为长度相似常数。

对一矩形截面,模型和原型结构的面积比、截面抵抗矩比和惯性矩比分别为:

$$S_A = \frac{A_m}{A_p} = \frac{h_m b_m}{h_p b_p} = S_l^2 \tag{4-2}$$

$$S_W = \frac{W_m}{W_p} = \frac{\frac{1}{6}h_m^2 b_m}{\frac{1}{6}h_p^2 b_p} = S_l^3 \tag{4-3}$$

$$S_I = \frac{I_m}{I_p} = \frac{\frac{1}{12}h_m^3 b_m}{\frac{1}{12}h_p^3 b_p} = S_l^4 \tag{4-4}$$

根据变形体系的位移、长度和应变之间的关系,位移的相似常数为:

$$S_x = \frac{x_m}{x_p} = \frac{\varepsilon_m l_m}{\varepsilon_p l_p} = S_\varepsilon S_l \qquad (4-5)$$

式中 S_ε 为模型和原型结构相应部位纤维正应变的比,定义为应变相似常数。

2. 质量相似

在工程结构动力试验中,要求结构的质量分布相似,即模型与原型结构对应部分的质量成比例。质量相似常数为:

$$S_m = \frac{m_m}{m_p} \qquad (4-6)$$

对于具有分布质量的模型和原型结构,用质量密度比表示更合适。质量密度相似常数为:

$$S_\rho = \frac{\rho_m}{\rho_p} \qquad (4-7)$$

由于模型与原型结构对应部分质量之比为 S_m,体积之比为 $S_V = S_l^3$,质量密度相似常数为:

$$S_\rho = \frac{S_m}{S_V} = \frac{S_m}{S_l^3} \qquad (4-8)$$

3. 荷载相似

荷载相似要求模型和原型结构在各对应点所受的荷载方向一致,荷载大小成比例。由于荷载类型不同,荷载相似常数的定义也有所不同,分别为:

$$S_P = \frac{P_m}{P_p} = \frac{A_m \sigma_m}{A_p \sigma_p} = S_\sigma S_l^2 \text{(集中荷载相似常数)} \qquad (4-9)$$

$$S_\omega = S_\sigma S_l \text{(线荷载相似常数)} \qquad (4-10)$$

$$S_q = S_\sigma \text{(面荷载相似常数)} \qquad (4-11)$$

$$S_M = S_\sigma S_l^3 \text{(弯矩或扭矩相似常数)} \qquad (4-12)$$

式中 S_σ 定义为应力相似常数。

当需要考虑结构自重影响时,还需要考虑重量分布相似。此时重力相似常数为:

$$S_{mg} = \frac{m_m g_m}{m_p g_p} = S_m S_g \qquad (4-13)$$

式中 S_g 为重力加速度的相似常数。

由式(4-8)可知,$S_m = S_\rho S_l^3$,而通常 $S_g = 1$,因为无论模型还是原型结构,重力加速度通常为常数,即

$$S_{mg} = S_m S_g = S_\rho S_l^3 \qquad (4-14)$$

4. 物理相似

物理相似要求模型与原型的各相应点的应力和应变、刚度和变形间的关系相似。

$$S_\sigma = \frac{\sigma_m}{\sigma_p} = \frac{E_m \varepsilon_m}{E_p \varepsilon_p} = S_E S_\varepsilon \qquad (4-15)$$

$$S_\tau = \frac{\tau_m}{\tau_p} = \frac{G_m \gamma_m}{G_p \gamma_p} = S_G S_\gamma \qquad (4-16)$$

$$S_\upsilon = \frac{\upsilon_m}{\upsilon_p} \qquad (4-17)$$

式中 S_σ,S_E,S_ε,S_τ,S_G,S_γ 和 S_v 分别为法向应力、弹性模量、法向应变、剪应力、剪切模量、剪应变和泊松比的相似常数。

由刚度和变形关系可知刚度相似常数为:

$$S_k = \frac{S_P}{S_x} = \frac{S_\sigma S_l^2}{S_l} = S_\sigma S_l \qquad (4\text{-}18)$$

5. 时间相似

对于工程结构的动力试验,在随时间变化的过程中,要求模型和原型结构的速度、加速度在对应的位置和对应的时刻保持一定比例,并且运动方向保持一致,则称为速度和加速度相似。所谓时间相似不一定是指相同的时刻,而只要求对应的间隔时间成比例。时间相似常数为:

$$S_t = \frac{t_m}{t_p} \qquad (4\text{-}19)$$

6. 边界条件相似

要求模型和原型结构在与外界接触的区域内的各种条件保持相似,也即要求支承条件相似、约束情况相似、边界受力情况相似。模型的支承和约束条件可以由与原型结构构造相同的条件来满足与保证。

7. 初始条件相似

在进行工程结构的动力试验时,为了保证模型与原型结构的动力反应相似,还要求初始时刻运动的参数相似。运动的初始条件包括初始状态下的初始几何位置、质点的初始位移、初始速度和初始加速度。

二、相似原理与量纲分析

相似原理是研究自然界相似现象的性质和鉴别相似现象的基本原理。它由 3 个相似定理组成,这 3 个相似定理从理论上阐明了相似现象有什么性质、满足什么条件才能实现现象的相似,下面分别介绍。

1. 相似定理

(1) 第一相似定理

该定理指彼此相似现象的单值条件相同,相似准数也相同。

单值条件是指决定于一个现象的特性并使具有该特性的现象从一群现象中区分出来的那些条件。它在一定试验条件下,只有惟一的试验结果。属于单值条件的因素有系统的几何特性、介质或系统中对所研究现象有重大影响的物理参数、系统的初始状态、边界条件等。第一相似定理揭示相似现象的性质,说明两个相似现象在数量上和空间上的相互关系。

第一相似定理是牛顿于 1786 年首先发现的,它确定了相似现象的性质。下面就以牛顿第二定律为例说明这些性质。

对于原型结构的质量运动物理系统,有:

$$F_p = m_p a_p \qquad (4\text{-}20)$$

而模型非质量运动系统有:

$$F_m = m_m a_m \qquad (4\text{-}21)$$

因为这两个质量运动系统的运动现象相似,故它们各个对应的物理量成比例:

$$F_{\mathrm{m}} = S_F F_{\mathrm{p}} \quad m_{\mathrm{m}} = S_m m_{\mathrm{p}} \quad a_{\mathrm{m}} = S_a a_{\mathrm{p}} \tag{4-22}$$

式中 S_F, S_m, S_a 分别为两个运动系统中对应的物理量(即力、质量、加速度)的相似常数。

将式(4-22)代入式(4-21)得:

$$\frac{S_F}{S_m S_a} F_{\mathrm{p}} = m_{\mathrm{p}} a_{\mathrm{p}}$$

在此方程中,显然只有当:

$$\frac{S_F}{S_m S_a} = 1 \tag{4-23}$$

时,才能与式(4-20)一致。$\dfrac{S_F}{S_m S_a}$ 称为相似指标。式(4-23)是相似现象的判别条件。它表明若两个物理系统现象相似,则它们的相似指标为1。各物理量的相似常数不是都能任意选择的,它们的相互关系受式(4-23)条件的约束。

式(4-22)和式(4-21),又可以写成另一种形式:

$$\frac{F_{\mathrm{p}}}{m_{\mathrm{p}} a_{\mathrm{p}}} = \frac{F_{\mathrm{m}}}{m_{\mathrm{m}} a_{\mathrm{m}}} = \frac{F}{ma} \tag{4-24}$$

上式是一个无量纲比值。对所有的力学相似现象,这个比值都是相同的,故称它为相似准数。通常用 π 表示,即

$$\pi = \frac{F}{ma} = 常量 \tag{4-25}$$

相似准数 π 把相似系统中各物理量联系起来说明它们之间的关系,故又称为模型律。利用这个模型律可将模型试验中得到的结果推广应用到相似的原型结构中。

注意相似常数和相似准数的概念是不同的。相似常数是指在两个相似现象中两个对应的物理量始终保持的常数,但对于在与此两个现象互相相似的第三个相似现象中,它可具有不同的常数值。相似准数则在所有互相相似的现象中是一个不变量,表示相似现象中各物理量应保持的关系。

(2)第二相似定理

该定理说明:某一现象各物理量之间的关系方程式都可表示为相似准数间的函数关系。写成相似准数方程式的形式:

$$f(x_1, x_2, x_3, \cdots) = \phi(\pi_1, \pi_2, \pi_3, \cdots) = 0 \tag{4-26}$$

由于相似准数用 π 表示,因此第二相似定理也称 π 定理。π 定理是量纲分析的普遍定理,它是由美国学者 J. 白肯汉提出的。第二相似定理为模型设计提供了可靠的理论基础。

第二相似定理是指在彼此相似的现象中,其相似准数不管用什么方法得到,描述物理现象的方程均可转化为相似准数方程的形式。这就告诉人们如何处理模型试验的结果,即应当以相似准数间关系所给定的形式处理试验数据,并将试验结果推广到其他相似现象中。

下面以图 4-1 所示简支梁在均布荷载 q 作用下的

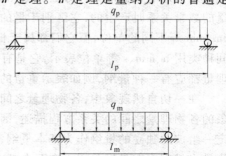

图 4-1 简支梁受均布荷载的相似

情况进行说明。由材料力学可知梁跨中处的应力和挠度分别为：

$$\sigma = \frac{ql^2}{8W} \qquad (4\text{-}27a)$$

$$f = \frac{5ql^4}{384EI} \qquad (4\text{-}27b)$$

式中 W，I 分别为截面抵抗矩和抗弯惯性矩；E 为弹性模量；l 为梁的跨径。

将式（4-27a）两边同除以 σ，式（4-27b）两边同除以 f，即得到：

$$\frac{ql^2}{8\sigma W} = 1，\qquad \frac{5ql^4}{384EIf} = 1$$

由此可写出模型与原型结构相似的两个准数方程式：

$$\pi_1 = \frac{ql^2}{\sigma W} = \frac{q_m l_m^2}{\sigma_m W_m} = \frac{q_p l_p^2}{\sigma_p W_p} \qquad (4\text{-}28a)$$

$$\pi_2 = \frac{ql^4}{EIf} = \frac{q_m l_m^4}{E_m I_m f_m} = \frac{q_p l_p^4}{E_p I_p f_p} \qquad (4\text{-}28b)$$

（3）第三相似定理

该定理是说现象的单值条件相似，并由单值条件导出来相似准数的数值相等，是现象彼此相似的充分和必要条件。

第一和第二相似定理以现象相似为前提确定了相似现象的性质，给出了相互"相似现象"的必要条件。第三相似定理补充了前面两个定理，明确了只要满足现象单值条件相似和由此导出的相似准数相等这两个条件，则现象必然相似。

根据第三相似定理，当考虑一个新现象时，只要它的单值条件与曾经研究过的现象单值条件相同，并且存在相等的相似准数，就可以肯定它们的现象相似。从而可以将已研究过的现象结果应用到新的现象上去。第三相似定理终于使相似原理构成一套完整的理论，同时也成为组织试验和进行模拟的科学方法。

在工程模型试验中，为了使模型与原型结构保持相似，必须按相似原理推导出相似的准数方程。模型设计则应在保证这些相似准数方程成立的前提下确定出适当的相似常数，最后将试验所得数据整理成准数间的函数关系来描述所研究的现象。

2.量纲分析

（1）量纲分析法

量纲分析法是根据描述物理过程的物理量的量纲和谐原理，寻求物理过程中各物理量间的关系而建立相似准数的方法。被测量的种类称为这个量的量纲。量纲的概念是在研究物理量的数量关系时产生的，它区别于量的种类而不区别于量的不同度量单位。如测量距离用 m、cm、mm 等不同的单位，但它们都属于长度这一种类，因此把长度称为一种量纲，以 L 表示。时间种类用 h、min、s 等单位表示，它是有别于其他种类的另一种量纲，以 T 表示。通常每一种物理量都应有一种量纲，例如表示重量的物理量 G，它对应的量纲是属力的种类，用 F 量纲表示。

在一切自然现象中，各物理量之间存在着一定的联系。在分析一个现象时，可用参与该现象的各物理量之间的关系方程描述，因此各物理量的量纲之间也存在着一定的联系。如果选定一组彼此独立的量纲作为基本量纲，而其他物理量的量纲可由基本量纲组成，则这些量纲称为导出量纲。在量纲分析中有两个基本量纲系统，即绝对系统和质量系统。绝对系统的基本量纲为长度、时间和力，而质量系统的基本量纲是长度、时间和质量。常用的物理量的量纲表示法见表4-1。

表 4-1　常用物理量及物理常数的量纲

物 理 量	质 量 系 统	绝 对 系 统	物 理 量	质 量 系 统	绝 对 系 统
长度	L	L	面积二次矩	L^4	L^4
时间	T	T	质量惯性矩	ML^2	FLT^2
质量	M	$FL^{-1}T^2$	表面张力	MT^{-2}	FL^{-1}
力	MLT^{-2}	F	应变	1	1
温度	Θ	Θ	相对密度	$ML^{-2}T^{-2}$	FL^{-3}
速度	LT^{-1}	LT^{-1}	密度	ML^{-3}	$FL^{-4}T^2$
加速度	LT^{-2}	LT^{-2}	弹性模量	$ML^{-1}T^{-2}$	FL^{-2}
角度	1	1	泊松比	1	1
角速度	T^{-1}	T^{-1}	动力黏度	$ML^{-1}T^{-1}$	$FL^{-2}T$
角加速度	T^{-2}	T^{-2}	运动黏度	L^2T^{-1}	L^2T^{-1}
应力、压强	$ML^{-1}T^{-2}$	FL^{-2}	线热胀系数	Θ^{-1}	Θ^{-1}
力矩	ML^2T^{-2}	FL	导热率	$MLT^{-3}\Theta^{-1}$	$FL^{-1}\Theta^{-1}$
热、能量	ML^2T^{-2}	FL	比热容	$L^2T^{-2}\Theta^{-1}$	$L^2T^{-2}\Theta^{-1}$
冲力	MLT^{-1}	FT	热容量	$ML^{-1}T^{-2}\Theta^{-1}$	$FL^{-1}\Theta^{-1}$
功率	ML^2T^{-3}	FLT^{-1}	导热系数	$MT^{-3}\Theta^{-1}$	$FL^{-1}T^{-1}\Theta^{-1}$

（2）量纲的相互关系

量纲间的相互关系可简要归纳如下：

1）两个物理量相等，是指不仅数值相等，而且量纲也要相同；

2）两个同量纲参数的比值是无量纲参数，其值不随所取单位的大小而变；

3）一个完整的物理方程式中，各项的量纲必须相同，因此方程才能用加、减并用等号联系起来，这一性质称为量纲和谐；

4）导出量纲可和基本量纲组成无量纲组合，但基本量纲之间不能组成无量纲组合；

5）若在一个物理方程中共有 n 个物理参数 $x_1, x_2, \cdots, x_n$ 和 k 个基本量纲，则可组成 $(n-k)$ 个独立的无量纲组合。

无量纲参数组合简称 π 数，用公式可表示为：

$$f(x_1, x_2, \cdots, x_n) = 0 \qquad (4-29)$$

可改写为

$$\phi(\pi_1, \pi_2, \cdots, \pi_{(n-k)}) = 0 \qquad (4-30)$$

这一性质称为 π 定理。

根据量纲的关系，可以证明两个相似物理过程相对应的知数必然相等，仅仅是相应各物理量间数值大小不同。这就是量纲分析法求相似条件的依据。

3. 实例分析

【例题 4-1】　以质量弹簧系统动力学问题为例来说明如何运用量纲分析法求相似条件。

【解】　设质量为 m，弹簧刚度为 k，阻尼为 c，质量变位为 x，时间 t，受外力 P 作用，则该物理现象用微分方程表示为：

$$m \frac{\mathrm{d}^2 x}{\mathrm{d}t^2} + c \frac{\mathrm{d}x}{\mathrm{d}t} + kx - P = 0 \qquad (4-31)$$

改写成函数形式为：

$$f(m, c, k, x, t, P) = 0 \qquad (4-32)$$

方程中物理量个数 $n = 6$。采用绝对系统，基本量纲为 3 个，则 π 函数为：

$$\phi(\pi_1, \pi_2, \pi_3) = 0 \qquad (4-33)$$

所有物理量参数组成无量纲形式 π 数的一般形式为：

$$\pi = m^{a_1} c^{a_2} k^{a_3} x^{a_4} t^{a_5} P^{a_6} \qquad (4-34)$$

式中 $a_1, a_2, \cdots, a_6$ 为待定的指数。通过表 4-1 查得各物理量的量纲为：

$$m \text{ 为 } FL^{-1}T^2 \qquad c \text{ 为 } FL^{-1}T$$

$$k \text{ 为 } FL^{-1} \qquad x \text{ 为 } L$$

$$t \text{ 为 } T \qquad P \text{ 为 } F$$

代入式（4-34）可得：

$$[1] = [FL^{-1}T^2]^{a_1} [FL^{-1}T]^{a_2} [FL^{-1}]^{a_3} [L]^{a_4} [T]^{a_5} [F]^{a_6}$$

$$= [F^{a_1 + a_2 + a_3} + a_6][L^{-a_1 - a_2 - a_3 + a_4}][T^{2a_1 + a_2 + a_5}]$$

根据量纲和谐要求，对量纲 F 有：

$$a_1 + a_2 + a_3 + a_6 = 0$$

对量纲 L 有：

$$-a_1 - a_2 - a_3 + a_4 = 0$$

对量纲 T 有：

$$2a_1 + a_2 + a_5 = 0$$

上面 3 个方程式中包含 6 个未知量，是一组不定方程式组。求解时需先确定其中 3 个未知量，才能用 3 个方程式求出另外 3 个未知量。假如先确定了 a_1、a_4 和 a_5，则

$$a_2 = -2a_1 - a_5$$

$$a_3 = a_4 + a_1 + a_5$$

$$a_6 = -a_4$$

这样，无量纲 π 数又可改写为：

$$\pi = m^{a_1} c^{-2a_1 - a_5} k^{a_1 + a_4 + a_5} x^{a_4} t^{a_5} P^{-a_4} = \left(\frac{mk}{c^2}\right)^{a_1} \left(\frac{kx}{P}\right)^{a_4} \left(\frac{tk}{c}\right)^{a_5}$$

由

$$a_1 = 1, \quad a_4 = 0, \quad a_5 = 0$$

$$a_1 = 0, \quad a_4 = 1, \quad a_5 = 0$$

$$a_1 = 0, \quad a_4 = 0, \quad a_5 = 1$$

可得到 3 个独立的 π 数：

$$\left. \begin{aligned} \pi_1 &= \frac{mk}{c^2} \\ \pi_2 &= \frac{kx}{P} \\ \pi_3 &= \frac{tk}{c} \end{aligned} \right\} \qquad (4-35)$$

　　显然,如果 a_1、a_4 和 a_5 取其他值,可得到另外的 π 数,但互相独立的 π 数只有 3 个。

　　由于 π 数对于相似的物理现象具有不变的形式,故设计模型时只需模型的物理量和原型的物理量有下述关系成立:

$$\left.\begin{aligned} \frac{m_m k_m}{c_m^2} &= \frac{m_p k_p}{c_p^2} \\[2mm] \frac{k_m x_m}{P_m} &= \frac{k_p x_p}{P_p} \\[2mm] \frac{t_m k_m}{c_m} &= \frac{t_p k_p}{c_p} \end{aligned}\right\} \tag{4-36}$$

由模型试验测得的结果可按上式推算到原型结构上去。

　　【例题 4-2】　　用研究简支梁受集中荷载的例子(图 4-2)介绍用量纲矩阵的方法寻求无量纲 π 函数的方法。

　　【解】　由材料力学知,受横向荷载作用的梁正截面的应力 σ 是梁的跨径 l、截面抗弯模量 W、梁上作用的荷载 P 和弯矩 M 的函数。将这些物理量之间的关系写成一般形式为:

$$f(\sigma, P, M, l, W) = 0 \tag{4-37}$$

物理量个数 $n = 5$,基本量纲个数 $k = 2$,所以独立的 π 数为 $(n-k) = 3$。π 函数可表示为:

$$\phi(\pi_1, \pi_2, \pi_3) = 0 \tag{4-38}$$

所有物理量参数组成 π 函数的一般形式:

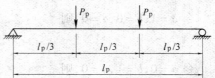
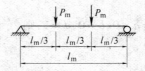

图 4-2　简支梁受静力集中荷载的相似

$$\pi = \sigma^a P^b M^c l^d W^e \tag{4-39}$$

用绝对系统基本量纲表示这些量纲:

$$\begin{aligned} \sigma \text{ 为 } FL^{-2} \qquad & P \text{ 为 } F \\ M \text{ 为 } FL \qquad & l \text{ 为 } L \\ W \text{ 为 } L^3 \qquad & \end{aligned}$$

按照它们的量纲排列成量纲矩阵为:

	a	b	c	d	e
	σ	P	M	l	W
L	-2	0	1	1	3
F	1	1	1	0	0

　　矩阵中的列是各个物理量具有的基本量纲的幂次,行是对应于某一基本量纲各个物理量具有的幂次。根据量纲和谐原理,可以写出基本量纲指数关系的联立方程,即量纲矩阵中各个物理量对应于每个基本量纲的幂数之和等于零,即

对量纲 L　　　　　　　　　　　　 $-2a + c + d + 3e = 0$

对量纲 F　　　　　　　　　　　　 $a + b + c = 0$

先确定 a、b、d,则:

$$c = -a - b$$

$$e = a + \frac{1}{3}b - \frac{1}{3}d$$

这时各物理量指数可用如下矩阵表示:

$$
\begin{array}{c|ccccc}
 & \sigma & P & l & M & W \\
 & a & b & d & c & e \\
\hline
a & 1 & 0 & 0 & -1 & 1 \\
b & 0 & 1 & 0 & -1 & 1/3 \\
d & 0 & 0 & 1 & 0 & -1/3 \\
\end{array}
\qquad (4\text{-}40)
$$

而 π 函数的一般形式可写为:

$$\pi = \sigma^a P^b M^{-a-b} l^d W^{a+\frac{1}{3}b-\frac{1}{3}d}$$

$$= \left(\frac{\sigma W}{M}\right)^a \left(\frac{P W^{\frac{1}{3}}}{M}\right)^b \left(\frac{l}{W^{\frac{1}{3}}}\right)^d$$

令 $a = 1, b = 0, d = 0$,则

$$\pi_1 = \frac{\sigma W}{M}$$

令 $a = 0, b = 1, d = 0$,则

$$\pi_2 = \frac{P W^{\frac{1}{3}}}{M}$$

令 $a = 0, b = 0, d = 1$,则

$$\pi_3 = \frac{l}{W^{\frac{1}{3}}}$$

同样,在量纲矩阵中,只要将第一行的各物理量幂次代入 π 函数的一般形式中,可得到 π_1 数。同理由第二行、第三行的幂次数可得到 π_2 和 π_3 数。因此上面的矩阵又称 π 矩阵。从上面的例子可以看出,量纲分析法中引入量纲矩阵分析,推导过程简单、明了。

综上所述,用量纲分析法确定无量纲函数(即相似准数)时,只要弄清楚物理现象所包含的物理量所具有的量纲,而无需知道描述该物理现象的具体方程和公式,因此,寻求复杂现象的相似准数用量纲分析法是很方便的。量纲分析法虽能确定出一组独立的 π 数,但 π 数的取法有随意性,而且参与物理现象的物理量愈多,则随意性愈大,所以量纲分析法中选择物理参数是具有决定意义的。物理参数的正确选择取决于模型设计者的专业知识以及对所研究问题初步分析的正确程度。甚至可以说,如果选择参数不正确,量纲分析法就无助于模型设计。

第三节　模型的分类

为了便于进行试验规划和模型设计,常按照试验目的不同将结构模型分成以下 3 类。

一、弹性模型

弹性模型试验目的是从试验中获得原结构在弹性阶段的资料,研究范围仅局限于结构的弹性阶段。

由于结构的设计分析大部分是弹性的,所以弹性模型试验常用在混凝土结构设计过程中,

用以验证新结构的设计计算方法是否正确或为设计计算提供某些参数。目前,结构动力试验模型一般也都是弹性模型。

弹性模型的制作材料不必和原型结构的材料完全相似,只需模型材料在试验过程中具有完全的弹性性质。弹性模型不能预计实际结构在荷载作用下产生的非弹性性能,如混凝土开裂后的结构性能、钢材达流限后的结构性能等。

弹性模型的试验方法,除了常用的应变仪测定应变外,还有在弹性模型上涂脆性材料、画照相网格或用光弹模型进行光弹试验等。

二、强度模型

强度模型的试验目的是预计原结构的极限强度以及原结构在各级荷载直至破坏荷载甚至极限变形时的性能。

近年来,由于钢筋混凝土结构非弹性性能的研究较多,钢筋混凝土强度模型试验技术得到了长足的发展。试验成功与否很大程度上取决于模型混凝土及模型钢筋的材性与原结构材料材性的相似程度。目前,钢筋混凝土结构的小比例强度模型还只能做到不完全相似的程度,主要的困难是材料的完全相似难以满足。

三、间接模型

间接模型试验目的是要得到关于结构的支座反力及弯矩、剪力、轴力等内力的资料,因此,间接模型并不要求和原结构直接相似。例如框架的内力分布主要取决于梁、柱等构件之间的刚度比,梁柱的截面形状不必直接和原型结构相似。为便于加工制作,常用圆形截面代替实际结构的型钢截面或其他截面。这种不直接相似的模型试验结果对它的试验目的来说,并不失去其准确性。间接模型现在已被计算机分析所取代,很少使用。

第四节 模型设计

模型设计是模型试验成功与否的关键。因此,在模型设计中不仅仅是确定模型的相似准数,而且应综合考虑各种因素,如模型的类型、模型材料、试验条件以及模型的制作等,以确定物理量的相似常数。

工程结构模型试验的过程客观地反映出参与工作的各物理量之间的关系。由于模型和原型的相似关系,因此它也必然反映出模型与原型结构相似常数之间的关系。这样相似常数之间所应满足的一定关系就是模型与原型结构之间的相似条件,也就是模型设计需要遵循的原则。

一、工程结构静力试验模型的相似条件

先举一例:一悬臂梁结构,在梁端作用一集中荷载 P(图 4-3),在原型结构 a 截面处的弯矩为:

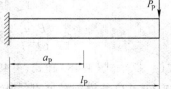

$$M_P = P_P(l_P - a_P) \qquad (4\text{-}41)$$

截面上的正应力为:

图 4-3 梁端受集中荷载作用的悬臂梁

$$\sigma_P = \frac{M_P}{W_P} = \frac{P_P}{W_P}(l_P - a_P) \tag{4-42}$$

截面上的挠度为：

$$f_P = \frac{P_P a_P^2}{6E_P I_P}(3l_P - a_P) \tag{4-43}$$

当要求模型与原型结构相似时，首先要求满足几何相似，即

$$\frac{l_m}{l_P} = \frac{a_m}{a_P} = \frac{h_m}{h_P} = \frac{b_m}{b_P} = S_l$$

$$\frac{W_m}{W_P} = S_l^3 ; \qquad \frac{I_m}{I_P} = S_l^4$$

同时要求材料的弹性模量 E 相似，即 $S_E = \dfrac{E_m}{E_P}$，作用于结构上的荷载相似，即 $S_P = \dfrac{P_m}{P_P}$。

当要求模型梁上 a_m 处的弯矩、应力和挠度与原型结构相似时，则弯矩、应力和挠度的相似常数分别为：

$$S_M = \frac{M_m}{M_P}; \qquad S_\sigma = \frac{\sigma_m}{\sigma_P}; \qquad S_f = \frac{f_m}{f_P}$$

将以上各物理量的相似常数关系代入式（4-41）、式（4-42）和式（4-43）得：

$$M_m = \frac{S_M}{S_P S_l} P_m (l_m - a_m) \tag{4-44}$$

$$\sigma_m = \frac{S_\sigma S_l^2}{S_P} \frac{P_m}{W_m}(l_m - a_m) \tag{4-45}$$

$$f_m = \frac{S_f S_E S_l}{S_P} \frac{P_m a_m^2}{6E_m I_m}(3l_m - a_m) \tag{4-46}$$

由以上三式可见，仅当

$$\frac{S_M}{S_P S_l} = 1 \tag{4-47}$$

$$\frac{S_\sigma S_l^2}{S_P} = 1 \tag{4-48}$$

$$\frac{S_f S_E S_l}{S_P} = 1 \tag{4-49}$$

时才满足：

$$M_m = P_m (l_m - a_m) \tag{4-50}$$

$$\sigma_m = \frac{P_m}{W_m}(l_m - a_m) \tag{4-51}$$

$$f_m = \frac{P_m a_m^2}{6E_m I_m}(3l_m - a_m) \tag{4-52}$$

这说明只有当式（4-47）、式（4-48）和式（4-49）成立，模型才能和原型结构相似。因此，式（4-47）、式（4-48）和式（4-49）是模型和原型结构应该满足的相似条件。

这时可以由模型试验获得的数据按相似条件推算得到原型结构的数据，即

$$M_P = \frac{M_m}{S_M} = \frac{M_m}{S_P S_l} \tag{4-53}$$

$$\sigma_P = \frac{\sigma_m}{S_\sigma} = \sigma_m \frac{S_l^2}{S_P} \tag{4-54}$$

$$f_P = \frac{f_m}{S_f} = f_m \frac{S_E S_l}{S_P} \tag{4-55}$$

从上例可见,模型相似常数的个数多于相似条件的数目。模型设计时往往应首先确定几何比例,即几何相似常数 S_l。此外,还可以设计确定几个物理量的相似常数。一般情况下,经常是先定模型材料,并由此确定 S_E,再根据模型与原型的相似条件推导出其他物理量的相似常数。表4-2列出了一般工程结构静力试验弹性模型的相似常数。当模型设计首先确定 S_l 及 S_E 时,则其他物理量的相似常数就都是 S_l 或 S_E 的函数或是等于1,例如应变、泊松比、角变位等均为无量纲数,它们的相似常数 S_ε,S_ν 和 S_θ 等均等于1。

表4-2 工程结构静力试验模型的相似常数和相似关系

类　型	物　理　量	绝对系统量纲	相　似　关　系
材料特性	应力 σ	FL^{-2}	$S_\sigma = S_E$
	应变 ε	—	1
	弹性模量 E	FL^{-2}	S_E
	泊松比 ν	—	1
	密度 ρ	FT^2L^{-4}	$S_\rho = S_E/S_l$
几何性质	长度 l	L	S_l
	线位移 x	L	$S_x = S_l$
	角位移 θ	—	1
	面积 A	L^2	$S_A = S_l^2$
	惯性矩 I	L^4	$S_I = S_l^4$
荷载	集中荷载 P	F	$S_P = S_E S_l^2$
	线荷载 ω	FL^{-1}	$S_\omega = S_E S_l$
	面荷载 q	FL^{-2}	$S_q = S_E$
	力矩 M	FL	$S_M = S_E S_l^3$

在上例中如果考虑结构自重对梁的影响,则在原型结构 a 截面处的弯矩:

$$M_P = \frac{\mu_P A_P}{2}(l_P - a_P)^2 \tag{4-56}$$

截面上的正应力

$$\sigma_P = \frac{M_P}{W_P} = \frac{\mu_P A_P}{2W_P}(l_P - a_P)^2 \tag{4-57}$$

截面处的挠度

$$f_P = \frac{\mu_P A_P a_P^2}{24 E_P I_P}(6l_P^2 - 4l_P a_P + a_P^2) \tag{4-58}$$

式中　A_P——梁的截面积;

μ_P——材料容重。

同样可以得到如下相似关系：

$$\frac{S_M}{S_\mu S_l^4} = 1 \tag{4-59}$$

$$\frac{S_\sigma}{S_\mu S_l} = 1 \tag{4-60}$$

$$\frac{S_f S_E}{S_\mu S_l^2} = 1 \tag{4-61}$$

式中 S_μ 为材料容重的相似常数。

在模型设计与试验时，如果假设模型与原型结构的应力相等，则 $\sigma_\mathrm{m} = \sigma_\mathrm{P}$，即 $S_\sigma = 1$，由式 (4-60)可知：

$$S_\mu = \frac{1}{S_l}$$

如果 $S_l = 1/4$，则 $S_\mu = 4$，即要求 $\mu_\mathrm{m} = 4\mu_\mathrm{P}$。当原型结构材料是钢材，则要求模型材料的容重是钢材的 4 倍，这是很难实现的。即使原型结构材料是钢筋混凝土，也存在着相当的困难。在实际工作中，人们采用人工质量模拟的方法，即在模型结构上用增加荷载的方法弥补材料容重不足所产生的影响。但附加的人工质量必须不改变结构的强度和刚度特性。

如果不要求 $\sigma_\mathrm{m} = \sigma_\mathrm{P}$，而是采用与原型结构同样的材料制作模型，满足 $\mu_\mathrm{m} = \mu_\mathrm{P}$ 和 $E_\mathrm{m} = E_\mathrm{P}$，这时 $S_\mu = S_E = 1$，所以

$$\sigma_\mathrm{m} = S_l \sigma_\mathrm{P}$$
$$f_\mathrm{m} = S_l^2 f_\mathrm{P}$$

当模型比例很小时，模型试验得到的应力和挠度比原型结构的应力和挠度要小得多，这样对试验量测就提出了更高的要求，必须提高模型试验的量测精度。

二、工程结构动力试验模型的相似条件

单自由度质点受地震作用强迫振动的微分方程为：

$$m\frac{\mathrm{d}^2 x}{\mathrm{d}t^2} + c\frac{\mathrm{d}x}{\mathrm{d}t} + kx = -m\frac{\mathrm{d}^2 x_g}{\mathrm{d}t^2} \tag{4-62}$$

工程结构动力试验模型要求质点动力平衡方程式相似。按照结构静力试验模型的方法，同样可求得动力模型的相似条件为

$$\frac{S_c S_t}{S_m} = 1 \tag{4-63}$$

$$\frac{S_k S_t^2}{S_m} = 1 \tag{4-64}$$

式中 S_m，S_k，S_c 和 S_t 分别为质量、刚度、阻尼和时间的相似常数。

同样可求得固有周期的相似常数

$$S_T = \sqrt{\frac{S_m}{S_k}} \tag{4-65}$$

对于动力模型，为了保证与原型结构的动力反应相似，除了两者运动方程和边界条件相似外，

还要求运动的初始条件相似,由此保证模型与原型结构的动力方程式的解满足相似要求。运动的初始条件包括质点的位移、速度和加速度的相似,即

$$S_x = S_l, \quad S_{\dot{x}} = \frac{S_x}{S_t} = \frac{S_l}{S_t}, \quad S_{\ddot{x}} = \frac{S_x}{S_t^2} = \frac{S_l}{S_t^2} \tag{4-66}$$

式中 S_x, $S_{\dot{x}}$, $S_{\ddot{x}}$ 分别为位移、速度和加速度的相似常数,反映了模型和原型结构是受同样的重力。

在设计动力模型时,除了将长度 L 和力 F 作为基本物理量以外,还要考虑时间 T 的因素。表 4-3 为工程结构动力模型试验的相似常数和相似关系。

表 4-3 工程结构动力模型试验的相似常数和相似关系

类 型	物 理 量	绝对系统量纲	相 似 关 系
材料特性	应力 σ	FL^{-2}	$S_\sigma = S_E$
	应变 ε	—	1
	弹性模量 E	FL^{-2}	S_E
	泊松比 ν	—	1
	密度 ρ	$FT^2 L^{-4}$	$S_\rho = S_E/S_l$
几何特性	长度 l	L	S_l
	线位移 x	L	$S_x = S_l$
	角位移 θ	—	1
	面积 A	L^2	$S_A = S_l^2$
	惯性矩 I	L^4	$S_I = S_l^4$
荷载	集中荷载 P	F	$S_P = S_E S_l^2$
	线荷载 ω	FL^{-1}	$S_\omega = S_E S_l$
	面荷载 q	FL^{-2}	$S_q = S_E$
	力矩 M	FL	$S_M = S_E S_l^3$
动力性能	质量 m	$FL^{-1}T^2$	$S_m = S_\rho S_l^3$
	刚度 k	FL^{-1}	$S_k = S_E S_l$
	阻尼 c	$FL^{-1}T$	$S_c = S_m/S_t$
	时间 t	T	S_t
	固有周期 T	T	$S_T = (S_m/S_k)^{1/2}$
	速度 $\dot{x}$	LT^{-1}	$S_{\dot{x}} = S_x/S_t$
	加速度 $\ddot{x}$	LT^{-2}	$S_{\ddot{x}} = S_x/S_t^2$

在结构抗震试验中,惯性力是作用在结构上的主要荷载,但结构动力模型和原型结构是在同样的重力加速度情况下进行试验的,因 $g_m = g_p$,所以 $S_g = 1$,这样在动力试验时要模拟惯性力、恢复力和重力等就产生困难。

模型试验时,材料弹性模量、密度、几何尺寸和重力加速度等物理量之间的相似关系为:

$$\frac{S_E}{S_g S_\rho} = S_l \tag{4-67}$$

由于 $S_g = 1$,则 $S_E/S_\rho = S_l$。在 $S_l < 1$ 的情况下,要求材料的弹性模量 $E_m < E_P$,密度 $\rho_m > \rho_P$,

这在模型设计选择材料时很难满足。如果模型采用与原型结构同样的材料 $S_E = S_\rho = 1$，这时要满足 $S_g = 1/S_l$，则要求 $g_m \leqslant g_P$，即 $S_g > 1$，对模型施加非常大的重力加速度，这在工程结构动力试验中存在困难。为满足 $S_E/S_l = S_\rho$ 的相似关系，实用上与静力模型试验一样，就是在模型上附加适当的分布质量，即采用高密度材料来增加结构上有效的模型材料的密度。

以上模型设计实例证明，参与研究对象各物理量的相似常数之间必须满足一定的组合关系。当相似常数的组合关系式等于 1 时，模型和原型相似，因此这种等于 1 的相似常数关系式即为模型的相似条件。人们可以由模型试验的结果，按照相似条件得到原型结构需要的数据和结果，这样求得模型结构的相似关系就成为模型设计的关键。

上述结构模型设计中表述各物理量之间关系的关系式均是无量纲的，它们均是在假定采用理想弹性材料的情况下推导求得的。实际上，在工程结构中较多的是钢筋混凝土或砌体结构，模型试验除了为获得弹性阶段应力分析的数据资料外，还要求能正确反映原型结构的非线性性能，要求能给出与原型结构相似的破坏形态、极限变形能力和承载能力，这对工程结构抗震试验尤为重要。为此，对于钢筋混凝土和砌体这类由复合材料组成的工程结构，模型材料的相似有更为严格的要求，同时也必须根据实际情况建立相似关系。

在钢筋混凝土结构中，要模拟它的全部非线性性能是很困难的。$S_\sigma = S_E$ 的关系说明，结构内任何部位的应力相似常数等于弹性模量相似常数，这就要求模型和原型结构的应力-应变关系曲线相似，如图 4-4 所示。事实上，这只有模型在选用与原型结构相同强度和变形的材料时才有可能，这时可满足表 4-4 中"实用模型"一栏的要求。

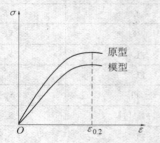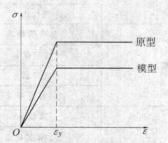

图 4-4　模型和原型应力-应变关系曲线相似图

表 4-4　钢筋混凝土结构静力模型试验的相似常数

类　型	物　理　量	量　纲	一　般　模　型	实　用　模　型
材料性能	混凝土应力 σ	FL^{-2}	S_σ	1
	混凝土应变 ε	—	1	1
	混凝土弹性模量 E	FL^{-2}	S_σ	1
	泊松比 υ	—	1	1
	密度 ρ	$FL^{-4}T^2$	S_σ/S_l	$1/S_l$
	钢筋应力 σ	FL^{-2}	S_σ	1
	钢筋应变 ε	—	1	1
	钢筋弹性模量 E	FL^{-2}	S_σ	1
	粘结应力 σ	FL^{-2}	S_σ	1

续上表

类　型	物　理　量	量　纲	一　般　模　型	实　用　模　型
几何特性	长度 l	L	S_l	S_l
	线位移 x	L	S_l	S_l
	角位移 θ	—	1	1
	钢筋面积 A	L^2	S_l^2	S_l^2
荷　载	集中荷载 P	F	$S_\sigma S_l^2$	S_l^2
	线荷载 ω	FL^{-1}	$S_\sigma S_l$	S_l
	面荷载 q	FL^{-2}	S_σ	1
	力矩 M	FL	$S_\sigma S_l^3$	S_l^3

对于砌体结构,由于它也是由块材(砖、砌体)和砂浆两种材料复合而成,除了在几何比例上要对块材作专门加工并给砌筑带来一定困难外,同样要求模型和原型有相似的应力-应变曲线,实际上就采用与原型结构相同的材料。砌体结构模型的相似常数见表4-5。以上要求在结构动力模型设计时也必须同时满足。

表 4-5　砌体结构模型试验相似常数

类　型	物　理　量	量　纲	一　般　模　型	实　用　模　型
材料性能	砌体应力 σ	FL^{-2}	S_σ	1
	砌体应变 ε	—	1	1
	砌体弹性模量 E	FL^{-2}	S_σ	1
	砌体泊松比 υ	—	1	1
	砌体密度 ρ	FL^{-4}T^2	S_σ/S_l	$1/S_l$
几何特性	长度 l	L	S_l	S_l
	线位移 x	L	S_l	S_l
	角位移 θ	—	1	1
	钢筋面积 A	L^2	S_l^2	S_l^2
荷　载	集中荷载 P	F	$S_\sigma S_l^2$	S_l^2
	线荷载 ω	FL^{-1}	$S_\sigma S_l$	S_l
	面荷载 q	FL^{-2}	S_σ	1
	力矩 M	FL	$S_\sigma S_l^3$	S_l^3

由模型设计的相似理论确定相似条件,可以采用方程式分析法和量纲分析法。当已知研究对象各参数与物理量之间的函数关系并可用明确的数学方程式表示时,可根据基本方程建立相似条件。

利用方程式分析法进行模型设计在工程结构模型试验中应用较为普通。当没有完全掌握研究对象的客观规律,不能用明确的方程式描述研究对象的各参数与物理量之间的函数关系时,可采用量纲分析法进行模型设计。

三、模型设计的步骤

模型设计一般按照下列程序进行：

1. 根据任务明确试验的具体目的，选择模型类型；

2. 在对研究对象进行理论分析和初步估算的基础上用方程分析法或量纲分析法确定相似条件；

3. 确定模型的几何尺寸，即定出长度相似常数 S_l；

4. 根据相似条件定出各相似常数；

5. 绘制模型施工图。

结构模型几何尺寸的变动范围很大，缩尺比例可以从几分之一到几百分之一，需要综合考虑各种因素（如模型的类型、模型材料、试验条件以及模型的制作等）才能确定出一个最优的几何尺寸。小模型所需的荷载小，但制作困难，加工精度要求高，对量测仪表要求也高；大模型所需荷载大，但制作方便，对量测仪表无特殊要求。一般来说，弹性模型的缩尺比例较小，而强度模型，尤其是钢筋混凝土结构的强度模型的缩尺比例较大，因模型的截面最小厚度、钢筋间距、保护层厚度等方面都受到制作可能性的限制，不可能取得太小。目前最小的钢丝水泥砂浆板壳模型厚度可做到 3 mm，最小的梁、柱截面边长可做到 6 mm。

几种模型结构常用的缩尺比例列于表 4-6 中。

表 4-6　模型常用的缩尺比例表

结 构 类 型	弹 性 模 型	强 度 模 型
壳体	1/200 ~ 1/50	1/30 ~ 1/10
桥梁	1/25	1/20 ~ 1/4
板结构	1/25	1/10 ~ 1/4
反应堆容器	1/100 ~ 1/50	1/20 ~ 1/4
坝	1/400	1/75
为研究风载用的结构	1/300 ~ 1/50	一般不用

下面举例说明静力模型设计的过程。

【**例题 4-3**】　设简支梁受静力集中荷载 P 作用（图 4-5），假定梁在弹性范围内工作，且时间因素对材料性能的影响（如时效、疲劳、徐变等）可忽略，同时也不考虑残余应力及温度应力的影响。下面按缩尺比例（几何相似常数 S_l）设计模型。

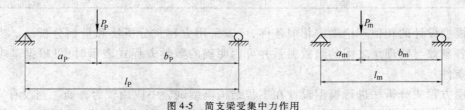

图 4-5　简支梁受集中力作用

【**解**】　根据材料力学，梁在集中荷载作用下作用点处边缘纤维应力、弯矩、挠度分别用下式表示：

$$\sigma = \frac{Pab}{Wl}$$
$$M = \frac{Pab}{l} \qquad\qquad (4-68)$$
$$f = \frac{Pa^2b^2}{3EIl}$$

考虑到模型和原型结构的静力现象相似,则对应的物理量纲应保持为常数,可得到下列关系式:

$$
\begin{aligned}
l_{\mathrm{m}} &= S_l l_{\mathrm{P}}, \quad a_{\mathrm{m}} = S_l a_{\mathrm{P}}, \quad b_{\mathrm{m}} = S_l b_{\mathrm{P}} \\
W_{\mathrm{m}} &= S_l^3 W_{\mathrm{P}}, \quad I_{\mathrm{m}} = S_l^4 I_{\mathrm{P}}, \quad \sigma_{\mathrm{m}} = S_\sigma \sigma_{\mathrm{P}} \\
M_{\mathrm{m}} &= S_M M_{\mathrm{P}}, \quad f_{\mathrm{m}} = S_f f_{\mathrm{P}}, \quad P_{\mathrm{m}} = S_P P_{\mathrm{P}}, \quad E_{\mathrm{m}} = S_E E_{\mathrm{P}}
\end{aligned}
\qquad (4-69)
$$

式中 $S_l, S_\sigma, S_M, S_f, S_P$ 和 S_E 分别为长度、应力、弯矩、挠度、荷载和弹性模量的相似常数。

将式(4-68)改写为:

$$
\begin{aligned}
\frac{Pab}{Wl\sigma} &= 1 \\
\frac{Pab}{Ml} &= 1 \\
\frac{Pa^2b^2}{EIlf} &= 3
\end{aligned}
\qquad (4-70)
$$

则它们均是无量纲比例常数,即相似准数。由此得出模型和原型有如下关系式成立:

$$
\begin{aligned}
\frac{P_{\mathrm{m}} a_{\mathrm{m}} b_{\mathrm{m}}}{W_{\mathrm{m}} l_{\mathrm{m}} \sigma_{\mathrm{m}}} &= \frac{P_{\mathrm{P}} a_{\mathrm{P}} b_{\mathrm{P}}}{W_{\mathrm{P}} l_{\mathrm{P}} \sigma_{\mathrm{P}}} \\
\frac{P_{\mathrm{m}} a_{\mathrm{m}} b_{\mathrm{m}}}{M_{\mathrm{m}} l_{\mathrm{m}}} &= \frac{P_{\mathrm{P}} a_{\mathrm{P}} b_{\mathrm{P}}}{M_{\mathrm{P}} l_{\mathrm{P}}} \\
\frac{P_{\mathrm{m}} a_{\mathrm{m}}^2 b_{\mathrm{m}}^2}{E_{\mathrm{m}} I_{\mathrm{m}} l_{\mathrm{m}} f_{\mathrm{m}}} &= \frac{P_{\mathrm{P}} a_{\mathrm{P}}^2 b_{\mathrm{P}}^2}{E_{\mathrm{P}} I_{\mathrm{P}} l_{\mathrm{P}} f_{\mathrm{P}}}
\end{aligned}
\qquad (4-71)
$$

将式(4-69)代入,则得到 3 个相似条件:

$$\frac{S_P}{S_l^2 S_\sigma} = 1, \quad \frac{S_P S_l}{S_M} = 1, \quad \frac{S_P}{S_E S_l S_f} = 1 \qquad (4-72)$$

这 3 个相似条件包含 6 个相似常数,即意味着有 3 个相似常数可任意选择,而另外 3 个相似常数则需由条件式推出。现在已知模型是按缩尺比例设计,故 S_l 已知。还有 2 个相似常数的选择则需根据试验目的、试验的条件确定。

第一种情况,若要使模型上反映的挠度、应力和原型结构一致,即 $S_\sigma = 1$ 和 $S_f = 1$,则模型设计需满足下述条件:

$$S_P = S_l^2, \quad S_M = S_l^3, \quad S_E = S_l$$

即试验的荷载是根据原型结构荷载按缩尺比例的平方缩小,模型材料也要求其弹性模量按缩尺比例减小。而只要上面两个条件满足, $S_M = S_l^3$ 也自然成立。

第二种情况,若模型材料与原型结构一致,而又要求模型的应力也一致,即 $S_\sigma = 1$ 和 $S_E = 1$,则有

$$S_P = S_l^2, \quad S_M = S_l^3, \quad S_f = S_l$$

该式的前两个条件与第一种情况相同,只是这时所测的挠度比原型结构挠度按缩尺比例缩小。考虑到量测精度,一般要求模型缩尺比例不宜过小。

在上面的讨论中,忽略了结构自重对于应力和挠度的影响。对于大跨度结构,自重是不应当忽略的,故应重新考虑。

第五节 动力模型设计

在做振动台试验时,为了使小比例模型能够很好地再现原型结构的动力特征,模型与原型结构的竖向压应变相似常数 S_ε 应该等于1,即竖向压应力相似常数 S_σ 应该等于弹性模量相似常数 S_E。为此,必须在模型上配置一定数量的人工质量——配重,以满足由量纲分析规定的相似条件,这样的模型才是具有与原型结构动力相似的完备模型。

以上各节给出了动力相似完备模型与原型结构之间的动力反应相似常数及其相似关系。但由于振动台承载能力的限制,许多试验模型难以满足对配重的要求,从而造成 $S_\varepsilon \neq 1$,导致模型失真。此时,以上各节所述各物理量之间的相似关系将发生变化,必须根据实际的模型参数推导模型与原型结构之间的动力反应关系,以便根据模型的试验结果正确地推算原型结构的动力性能。

下面将运用量纲分析法和动力方程法的结合,推导动力试验模型在任意配重条件下与原型结构的相似关系。

假设条件如下:竖向压应力对结构抗侧刚度无影响,由式(4-15)和式(4-18)可知,刚度相似常数 $S_k = S_E S_l$,各集中质量由竖向压应力乘以结构横截面面积求得,即质量相似常数 $S_m = S_\sigma S_l^2$。其中竖向压应力 σ 和弹性模量 E 的相似常数 S_σ 和 S_E 可分别依据模型配重后的实际质量和模型材料首先确定。

一、弹性阶段的动力相似关系

利用振型正交条件,将多自由度体系的运动方程解耦后,模型与原型结构对应自由度的动力反应关系由 Duhamel 积分求出:

$$\begin{aligned}
x_m &= \frac{1}{m_m \omega_m} \int_0^{t_m} P_m(\tau) \sin \omega_m(t_m - \tau_m) \, d\tau_m \\
&= \frac{1}{m_m \omega_m} \int_0^{t_m} m_m \ddot{x}_{gm}(\tau) \sin \omega_m(t_m - \tau_m) \, d\tau_m \\
&= \frac{S_{x_g}}{S_\omega^2} x_P
\end{aligned}$$

由此推导出弹性阶段的动力相似关系如表 4-7 所示。

在弹性阶段,如果拟定了输入的地震加速度峰值相似常数 S_{x_g},则可依据上述相似关系直接由模型试验结果分析原型结构的动力反应。实际应用中,通常取 $S_{x_g} = 1$。当模型与原型结构的材料和施工条件相同时,取 $S_E = 1$。值得注意的是,当配重不足,即 $S_\varepsilon \neq 1$ 或 $S_\sigma \neq S_E$ 时,因为模型与原型结构在输入相同的加速度峰值时具有不同的剪应变状态,故其开裂、屈服和破坏阶段的时程及加载、卸载历史不同,上述比例系数不能直接套用于弹塑性阶段。

表 4-7　动力模型在弹性阶段的动力相似关系

类　型	物　理　量	绝对系统量纲	相　似　关　系
材料特性	竖向压应力 σ	FL^{-2}	S_σ
	竖向压应变 ε	—	$S_\varepsilon = S_\sigma / S_E$
	弹性模量 E	FL^{-2}	S_E
	泊松比 υ	—	$S_\upsilon = 1$
	剪应力 τ	FL^{-2}	$S_\tau = S_V / S_l^2 = S_\sigma S_{x_g}$
	剪应变 γ	—	$S_\gamma = S_\tau / S_G = S_\sigma S_{x_g} / S_E$
	剪切模量 G	FL^{-2}	$S_G = S_E$
	密度 ρ	FT^2L^{-4}	$S_\rho = S_m / S_l^3 = S_\sigma / S_l$
几何特性	长度 l	L	S_l
	线位移 x	L	$S_x = S_{x_g} / S_f^2 = S_\sigma S_l S_{x_g} / S_E$
	角位移 θ	—	$S_\theta = S_x / S_l = S_\sigma S_{x_g} / S_E$
	面积 A	L^2	$S_A = S_l^2$
荷　载	地震作用 F	F	$S_F = S_m S_x = S_\sigma S_l^2 S_{x_g}$
	剪力 V	F	$S_V = S_F = S_\sigma S_l^2 S_{x_g}$
	弯矩 M	FL	$S_M = S_V S_l = S_\sigma S_l^3 S_{x_g}$
动力特性	质量 m	$FL^{-1}T^2$	$S_m = S_\sigma S_l^2$
	刚度 k	FL^{-1}	$S_k = S_E S_l$
	阻尼 c	$FL^{-1}T$	$S_c = S_m / S_t = (S_\sigma S_E)^{\frac{1}{2}} S_l^{\frac{3}{2}}$
	时间 t,固有周期 T	T	$S_t = S_T = (S_m / S_k)^{\frac{1}{2}} = (S_\sigma S_l / S_E)^{\frac{1}{2}}$
	频率 ω	T^{-1}	$S_\omega = 1 / S_T = (S_E / S_\sigma S_l)^{\frac{1}{2}}$
	输入加速度 x_g	LT^{-2}	S_{x_g}
	反应速度 $\dot{x}$	LT^{-1}	$S_{\dot{x}} = S_x S_T = S_{x_g} (S_\sigma S_l / S_E)^{\frac{1}{2}}$
	反应加速度 $\ddot{x}$	LT^{-2}	$S_{\ddot{x}} = S_{x_g}$

二、弹性及弹塑性阶段的动力相似关系

若拟定模型与原型结构的剪应变相同,即剪应变相似常数 $S_\gamma = 1$,则可由模型试验结果推算原型结构在与模型同样受力(剪应力相似常数 $S_\tau = S_E$)或破坏状态下所能承受的地震加速度峰值以及在该峰值加速度作用下原型结构的动力反应。

由剪应变相似常数 $S_\gamma = 1$,剪切模量相似常数 $S_G = S_E$,以及前述假设条件,可推导出弹性及弹塑性阶段的动力相似关系如表 4-8 所示。

按表 4-8 相似常数调整输入加速度峰值,使模型与原型结构的剪应变相同,即剪应变相似常数 $S_\gamma = 1$ 或剪应力相似常数 $S_\tau = S_E$,则相应的相似常数就给出了模型与原型结构在弹性和弹塑性阶段的动力相似关系。这样,就能够根据模型的破坏状态和动力反应确定原型结构在同样破坏状态时所能承受的地震加速度峰值(抗震能力)及相应的地震反应。

表 4-8　动力模型在弹性及弹塑性阶段的动力相似关系

类型	物理量	绝对系统量纲	相似关系
材料特性	竖向压应力 σ	FL^{-2}	S_σ
	竖向压应变 ε	—	$S_\varepsilon = S_\sigma / S_E$
	弹性模量 E	FL^{-2}	S_E
	泊松比 υ	—	$S_\upsilon = 1$
	剪应力 τ	FL^{-2}	$S_\tau = S_G S_\gamma = S_E$
	剪应变 γ	—	$S_\gamma = 1$
	剪切模量 G	FL^{-2}	$S_G = S_E$
	密度 ρ	$FT^2 L^{-4}$	$S_\rho = S_m / S_l^3 = S_\sigma / S_l$
几何特性	长度 l	L	S_l
	线位移 x	L	$S_x = S_V / S_k = S_l$
	角位移 θ	—	$S_\theta = S_x / S_l = 1$
	面积 A	L^2	$S_A = S_l^2$
荷载	地震作用 F	F	$S_F = S_V = S_E S_l^2$
	剪力 V	F	$S_V = S_\tau S_l^2 = S_E S_l^2$
	弯矩 M	FL	$S_M = S_V S_l = S_E S_l^3$
动力特性	质量 m	$FL^{-1}T^2$	$S_m = S_\sigma S_l^2$
	刚度 k	FL^{-1}	$S_k = S_E S_l$
	阻尼 c	$FL^{-1}T$	$S_c = S_m / S_t = (S_\sigma S_E)^{\frac{1}{2}} S_l^{\frac{3}{2}}$
	时间 t，固有周期 T	T	$S_t = S_T = (S_m / S_k)^{\frac{1}{2}} = (S_\sigma S_l / S_E)^{\frac{1}{2}}$
	频率 ω	T^{-1}	$S_\omega = 1 / S_T = (S_E / S_\sigma S_l)^{\frac{1}{2}}$
	输入加速度 $\ddot{x}_g$	LT^{-2}	$S_{\ddot{x}_g} = S_{\ddot{x}} = S_E / S_\sigma$
	反应速度 $\dot{x}$	LT^{-1}	$S_{\dot{x}} = S_x / S_t = (S_l / S_E S_\sigma)^{\frac{1}{2}}$
	反应加速度 $\ddot{x}$	LT^{-2}	$S_{\ddot{x}} = S_F / S_m = (S_E S_l / S_\sigma)^{\frac{1}{2}}$

　　表 4-7 和表 4-8 所示的两组相似关系是在相同条件下基于不同的基准参数推导出来的,故虽然形式不同,但具有相同的物理意义。如果将前者的加速度相似常数换成后者相应的加速度相似常数,则两组系数完全相同。

第六节　模型材料与选用

　　适用于制作模型的材料很多,但没有绝对理想的材料。因此,正确地了解材料的性能及其对试验结果的影响,对于顺利完成模型试验具有决定性意义。

一、模型试验对模型材料的基本要求

1. 保证相似要求

　　这是要求模型设计满足相似条件,以使模型试验结果可按相似准数及相似条件推算到原型结构上去。

2. 保证量测要求

这是要求模型材料在试验时能产生较大的变形,以便量测仪表能够精确地读数。因此,应选择弹性模量较低的模型材料,但也不宜过低以致影响试验结果。

3. 保证材料性能稳定,不因温度、湿度的变化而变化

一般模型结构尺寸较小,对环境变化很敏感,以致环境对它的影响远大于对原型结构的影响,因此材料性能稳定是很重要的。应保证材料的徐变小,由于徐变是时间、温度和应力的函数,故徐变对试验结果的影响很大,而真正的弹性变形不应该包括徐变。

4. 保证加工制作方便

选用的模型材料应易于加工制作,这对于降低模型试验费用是极其重要的。一般来讲,对于研究弹性阶段应力状态的模型试验,模型材料应尽可能与一般弹性理论的基本假定一致,即材料是匀质、各向同性、应力与应变呈线性变化,且有不变的泊松比系数。对于研究结构的全部特性(即弹性和非弹性以及破坏时的特性)的模型试验,通常要求模型材料与原型结构材料的特性较相似,最好是模型材料与原型结构材料一致。

二、常用的几种模型材料

模型设计中常采用的材料有金属、塑料、石膏、水泥砂浆以及细石混凝土材料等。

1. 金属

金属的力学特性大多符合弹性理论的基本假定。如果试验对量测的精度有严格要求,则它是最合适的材料。在金属中,常用的材料是钢材和铝合金。铝合金允许有较大的应变量,并有良好的导热性和较低的弹性模量,因此金属模型中铝合金用得较多。钢和铝合金的泊松比约为0.3,比较接近于混凝土材料。虽然用金属制作模型有许多优点,但它存在一个致命的弱点是加工困难,这就限制了金属模型的使用范围。此外金属模型的弹性模量较塑料和石膏都高,荷载模拟较为困难。

2. 塑料

塑料作为模型材料的最大优点是强度高而弹性模量低(约为金属弹性模量的0.1~0.2),且加工容易;缺点是徐变较大,弹性模量受温度变化影响也大,泊松比(约为0.35~0.5)比金属及混凝土都高,而且导热性差。可以用来制作模型的塑料有很多种,热固性塑料有环氧树脂、聚酯树脂,热塑性塑料有聚氯乙烯、聚乙烯、有机玻璃等,其中有机玻璃用得最多。

有机玻璃是一种各向同性的匀质材料,弹性模量为$(2.3\sim2.6)\times10^3$ MPa,泊松比为$0.33\sim0.35$,抗拉极限应力大于30 MPa。因为有机玻璃的徐变较大,试验时为了避免明显的徐变,应使材料中的应力不超过7 MPa,因为此时的应力已能产生2 000 $\mu\varepsilon$,对于一般应变量测已能保证足够的精度。

有机玻璃材料市场上有各种规格的板材、管材和棒材,给模型加工提供了方便。有机玻璃模型一般用木工工具就可以加工,用胶黏剂或热气焊接组合成型。通常采用的黏结剂是氯仿溶剂,将氯仿和有机玻璃粉屑拌而成黏结剂。由于材料是透明的,所以连接处的任何缺陷都能容易地检查出来。对于具有曲面的模型,可将有机玻璃板材加热到110℃软化,然后在模子上热压成曲面。

由于塑料具有加工容易的特点,故大量地用来制作板、壳、框架、剪力墙及形状复杂的结构模型。

3. 石膏

用石膏制作模型的优点是加工容易、成本较低、泊松比与混凝土十分接近,且石膏的弹性

模量可以改变;其缺点是抗拉强度低,且要获得均匀和准确的弹性特性比较困难。

　　纯石膏的弹性模量较高,而且很脆,凝结也快,故用作模型材料时,往往需要掺入一些掺和料(如硅藻土、塑料或其他有机物)并控制用水量来改善石膏的性能。一般石膏与硅藻土的配合比为2∶1,水与石膏的配合比为0.8~3.0之间,这样形成的材料弹性模量可在400~4 000 MPa之间任意调整。值得注意的是加入掺和料后的石膏在应力较低时是弹性的,而当应力超过破坏强度的50%时出现塑性。

　　制作石膏模型首先按原型结构的缩尺比例制作好模子,在浇筑石膏之前应仔细校核模子的尺寸,然后把调好的石膏浆注入模具成型。为了避免形成气泡,在搅拌石膏时应先将硅藻土和水调配好,待混合数小时后再加入石膏。石膏的养护一般存放在气温为35 ℃及相对湿度40%的空调室内进行,时间至少一个月。由于浇筑模型表面的弹性性能与内部不同,因此制作模型是先将石膏按模子浇筑成整体,然后再进行机械加工形成模型。

　　石膏广泛地用来制作弹性模型,也可大致模拟混凝土的塑性工作。配筋的石膏模型常用来模拟钢筋混凝土板壳的破坏(如塑性铰线的位置等)。

　　4. 水泥砂浆

　　水泥砂浆相对于上述几种材料而言比较接近于混凝土,但基本性能又无疑与含有大骨料的混凝土存在差别。所以,水泥砂浆主要是用于制作钢筋混凝土板壳等薄壁结构的模型,而采用的钢筋是细直径的各种钢丝及铅丝等。

　　值得注意的是未经退火的钢丝没有明显的屈服点。如果需要模拟热轧钢筋,应进行退火处理。细钢丝的退火处理必须防止金属表面氧化而减小断面面积。

　　5. 细石混凝土

　　用模型试验研究钢筋混凝土结构的弹塑性工作或极限承载能力,较理想的材料应是细石混凝土。小尺寸的混凝土结构与实际尺寸的混凝土结构虽然有差别(如骨料粒径的影响等),但这些差别在很多情况下是可以忽略的。

　　非弹性工作时的相似条件一般不容易满足,而小尺寸混凝土结构的力学性能的离散性也较大,因此混凝土结构模型的比例不宜太小,最好缩尺比例在1/2~1/25之间取值。目前模型的最小尺寸(如板厚)可做到3~5 mm,而要求的骨料最大粒径不应超过该尺寸的1/3。这些条件在选择模型材料和确定模型比例时应予考虑。

　　钢筋和混凝土之间黏结情况对结构非弹性阶段的荷载-变形性能以及裂缝的发生和发展有直接关系。尤其当结构承受反复荷载(如地震作用)时,结构的内力重分配受裂缝开展和分布的影响,所以黏结问题应予以充分重视。由于黏结问题本身的复杂性,细石混凝土结构模型很难完全模拟结构的实际黏结力情况。在已有的研究工作中,为了使模型的黏结情况与原型结构的黏结情况接近,通常是使模型上所用钢筋产生一定程度的锈蚀或用机械方法在模型钢筋表面压痕,使模型结构黏结力和裂缝分布情况比用光面钢丝更接近于原型结构的情况。

复习思考题

4-1　真型试验与模型试验有何不同?

4-2　结构模型分为哪几类?

4-3　简述模型试验的相似理论基础。

4-4　结构模型设计的步骤是什么?

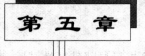

混凝土无损检测技术

第一节 概 述

一、混凝土无损检测技术的形成与发展

混凝土的无损检测技术,是指在不影响结构构件受力性能或其他使用功能的前提下,直接在构件上通过测定某些适当的物理量,推定混凝土的强度、均匀性、连续性、耐久性等一系列性能的检测方法。

早在20世纪30年代,人们就开始探索混凝土无损检测技术。1930年首先出现了表面压痕法。1948年瑞士人施密特研制成功回弹仪。1949年加拿大的莱斯利等运用超声脉冲法进行混凝土检测获得成功。60年代罗马尼亚的费格瓦洛提出超声-回弹综合法。随后,许多国家也相继开展了这方面的研究工作,制定了有关的技术标准。我国在20世纪50年代开始引进瑞士、英国、波兰等国的回探仪和超声仪,并结合工程应用展开了许多研究工作。经过几十年的研究和工程应用,我国研制了一系列的无损检测仪器设备,结合工程实践进行了大量的应用研究,逐步形成了《回弹法检测混凝土抗压强度技术规程》(JGJ/T 23—2011)、《超声回弹综合法检测混凝土强度技术规程》(CECS 02—2005)、《铁路工程结构混凝土强度检验规程》(TB 10426—2004)、《超声法检测混凝土缺陷技术规程》(CECS 21—2000)等技术规程,并由此解决了工程实践中的问题,产生了巨大的社会经济效益。

无损检测技术与常规的混凝土结构破坏试验相比,具有如下特点:

(1)不破坏被检测构件,不影响其使用性能,并且简便快速;

(2)可以在构件上直接进行表层或内部的全面检测,对新建工程和既有结构物均适用;

(3)能获得破坏试验不能获得的信息,如能检测混凝土内部的空洞、疏松、开裂、不均匀性、表层烧伤、冻害及化学腐蚀等;

(4)可在同一构件上进行连续测试和重复测试,使检测结果有良好的可比性;

(5)测试速度快,方便,费用低廉;

(6)由于是间接检测,检测结果要受到许多因素的影响,检测精度要差一些。

目前,混凝土无损检测技术主要用于既有构件的强度推定、施工质量检验、结构内部缺陷检测等方面。随着对混凝土制作全过程质量控制要求的不断提高,对既有结构物的维修养护日益重视,无损检测技术在工程建设中会发挥越来越重要的作用。

二、常用无损检测方法的分类和特点

由于混凝土无损检测技术不仅能推定混凝土强度,而且能够反映混凝土的均匀性、连续性等各项质量指标,因此在新建工程质量评价、已建工程的安全性评价等方面具有无可替代的作

用,越来越受到人们的重视。为了便于全面了解,按检测目的、基本原理分类如下。

1.混凝土强度的无损检测方法

混凝土强度的无损检测方法根据原理可分为 3 种。

(1)半破损法

半破损法是以不影响构件的承载能力为前提,在构件上直接进行局部破坏性试验,或直接钻取芯样进行破坏性试验。属于这类方法的有钻芯法、拔出法、射击法等。这类方法的特点是以局部破坏性试验获得混凝土强度,因而较为直接可靠。其缺点是造成结构物的局部破坏,需要进行修补,因而不宜用于大面积的全面检测。

钻芯法是利用专用钻机从结构混凝土中钻取芯样以检测混凝土强度或观察混凝土内部质量的方法。钻芯法检测混凝土强度具有直观准确的优点,但其缺点是对结构构件的损伤较大,检测成本较高。因此一般宜将钻芯法与其他非破损方法结合使用。

(2)非破损法

非破损法以混凝土强度与某些物理量之间的相关性为基础,检测时在不影响混凝土任何性能的前提下,测试这些物理量,然后根据相关关系推算被测混凝土的强度。属于这类方法的有回弹法、超声脉冲法、射线吸收雨伞法、成熟度法等。这类方法的特点是测试方便、费用低廉,但其测试结果的可靠性主要取决于混凝土的强度与所测试物理量之间的相关性。

回弹法是采用回弹仪进行混凝土强度测定,属于表面硬度法的一种。其原理是回弹仪中运动的重锤以一定冲击动能撞击顶在混凝土表面的冲击杆后,测出重锤被反弹回来的距离,以回弹值作为与强度相关的指标,来推定混凝土强度的一种方法。

超声波法检测混凝土强度的基本依据是超声波传播速度与混凝土弹性性质的密切关系。在实际检测中,超声声速又通过混凝土弹性模量与其力学强度的内在联系,与混凝土抗压强度建立相关关系并借以推定混凝土的强度。

成熟度法主要以"度时积"$M(t) = \sum (T_s - T_0)\Delta t$ 作为推定强度的依据(式中 $M(t)$ 为成熟度,T_0 为基准温度,T_s 为时间 Δt 区间内混凝土的平均温度)。主要用于现场测量控制混凝土早期强度发展状况,一般多作为施工质量控制手段。

射线法主要依据 γ 射线在混凝土中的穿透衰减或散射强度推算混凝土的密实度,并据此推定混凝土的强度。这种方法由于涉及射线防护问题,目前国内外应用较少。

(3)综合法

所谓综合法就是采用两种或两种以上的无损检测方法,获取多种物理参量,并建立强度与多项物理参量的综合相关关系,以便从不同角度综合评价混凝土的强度。由于综合法采用多项物理参数,能较全面反映构成混凝土的各种因素,并且还能抵消部分影响强度与物理量相关关系的因素,因而它比单一物理量的无损检测方法具有更高的准确性和可靠性。目前已被采用的综合法有超声回弹综合法、超声衰减综合法等,其中超声回弹综合法已在国内外获得广泛应用。

2.混凝土缺陷无损检测方法

所谓混凝土缺陷,是指那些在宏观材质不连续、性能参数有明显差异,而且对结构的承载能力和使用性能产生影响的区域。即使整个结构混凝土的普遍强度已达到设计要求,这些缺陷的存在也会使结构整体承载力严重下降,或影响结构的耐久性。因此,必须探明缺陷的部位、大小和性质,以便采取切实的处理措施,排除工程隐患。混凝土缺陷成因很复杂,检测要求也各不相同。混凝土缺陷现象大致有内部空洞、蜂窝麻面、疏松、断层(桩)、结合面不密实、裂缝、碳化、冻融、化学腐蚀等。

混凝土缺陷的无损检测方法主要有超声脉冲法、脉冲回波法、雷达扫描法、红外热谱法、声发射波法等。

超声脉冲法检测混凝土内部缺陷分为穿透法和反射法。穿透法是根据超声脉冲穿过混凝土时,在缺陷区的声时、波幅、波形、接收信号的频率等参数所发生的变化来判断缺陷,因此它只能在结构物的两个相对面上或在同一面上进行测试。目前超声脉冲穿透法比较成熟,并已经普遍用于工程实践,许多国家都已经编制了相应的技术规程。反射法则根据超声脉冲在缺陷表面产生反射波的现象进行缺陷判断,由于它不必像穿透法那样在两个测试面上进行,因此对某些只能在一个测试面上检测的结构物(如桩基、路面)具有特殊意义,也取得了广泛的工程应用。

脉冲回波法是采用落球、锤击等方法在被测物件中产生应力波,用传感器接收回波,然后采用时域或频域方法分析回波的反射位置,以判断混凝土中缺陷位置的方法。其特点是激励力足以产生较强的回波,因而可检测尺寸较大的构件,如深度达数十米的基桩或厚度较大的混凝土板等。

3. 混凝土其他性能的无损检测方法

除了强度和缺陷检测以外,混凝土还有许多其他性能可用无损检测方法予以测定。其他性能主要是指与结构物使用功能有关的各种性能,主要有碳化深度、保护层厚度、受冻层深度、含水率、钢筋位置与钢筋锈蚀状况、水泥含量等。现代工程结构物所处的环境越来越复杂,对其他性能的要求也越来越高,因此,其他性能的无损检测技术正引起重视。常用的监测方法主要有共振法、敲击法、磁测法、微波吸收法、中子散射法、中子活化法、渗透法等。

第二节　回弹法检测混凝土强度

回弹法检测混凝土强度就是采用回弹仪弹击混凝土表面,测得混凝土表面硬度(用回弹值表示)来推算其抗压强度,它是混凝土结构现场检测方法中常用的一种非破损试验方法。

一、回弹法的基本原理

1948 年,瑞士斯密特发明了回弹仪。发展至今,已经有数字显示和自动记录数据的回弹仪,并能按程序进行数据修正和处理。回弹法的基本原理是采用回弹仪的弹簧驱动仪器内的重锤,通过弹击杆(中心导杆)弹击混凝土表面,并测出重锤反弹回来的距离,以反弹距离与弹簧初始长度之比为回弹值 R,由 R 与混凝土强度的相关关系来推算混凝土抗压强度。回弹仪构造见图 5-1,原理示意见图 5-2 所示。

二、回弹仪的率定方法

回弹仪使用性能的检验方法,一般采用钢砧率定法,即在符合标准的钢砧上,将仪器垂直向下弹击,回弹值的平均值应为 80 ± 2,以此作为使用过程中是否需要调整的标准,如图 5-3 所示。

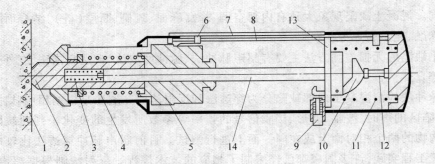

图 5-1　回弹仪构造图

1—试验构件表面;2—弹击杆;3—缓冲弹簧;4—拉力弹簧;5—锤;6—指针;7—刻度尺;
8—指针导杆;9—按钮;10—挂钩;11—压力弹簧;12—顶杆;13—导向法兰;14—导向杆

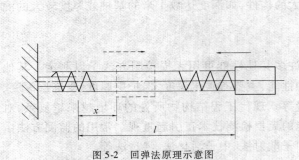

图 5-2　回弹法原理示意图

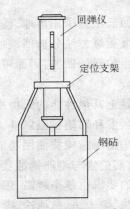

图 5-3　回弹仪率定示意图

回弹仪率定试验宜在干燥、室温为 5 ~ 35 ℃的条件下进行。率定时,钢砧应稳固地平放在刚度大的物体上。测定回弹值时,取连续向下弹击 3 次的稳固回弹值的平均值。弹击杆应分 4 次旋转,每次旋转宜为 90°,弹击杆每旋转一次的率定平均值应为 80 ± 2。

三、回弹仪的校验

回弹仪有下列情况之一时,应由法定部门按照国家现行标准《混凝土回弹仪检定规程》(JJG 817—93)对回弹仪进行校验。

1. 新回弹仪启用前;

2. 超过检定有效期限(有效期为半年);

3. 累计弹击次数超过 6 000 次;

4. 经常规保养后钢砧率定值不合格;

5. 遭受严重撞击或其他损害。

四、回弹法检测混凝土强度的原则

回弹法检测混凝土强度是对常规检验的一种补充,前提是混凝土结构内外质量一致,如混凝土遭受化学腐蚀、硬化期间冻融等或内部有缺陷,不能采用回弹法评定。

五、回弹法的测强曲线

回弹法测定混凝土强度的基本依据,是回弹值与混凝土强度间的相关性,这种相关性常以基准曲线或经验公式的形式予以确定。

基准曲线的制定办法,是在试验室内制作一定数量,考虑不同强度、不同原材料条件、不同龄期等各种因素的立方体试块,测定其回弹值、碳化深度及抗压强度等参数,然后进行回归分析,求得拟合程度最好、相关系数大的回归方程,作为经验公式或画出基准曲线。由于混凝土强度与回弹值、碳化深度的相关关系受很多因素影响,在制定曲线过程中,所考虑的影响因素越多,曲线的适应性和覆盖面越大,但其离散性也越大,推算混凝土强度的误差也越大。被测试结构混凝土的各种条件越接近制定基准曲线时所顾及的各种条件,测试误差越小。

回弹法的测强曲线目前有 3 种类型。

1. 专用测强曲线

针对某一工程、某一预制厂或商品混凝土供应区的原材料质量、成型和养护工艺、测试龄期而制定的基准曲线。由于专用曲线所考虑的条件可以较好地与被测混凝土相吻合,因此,影响因素的干扰较少,推算强度的误差也较小。

2. 地区测强曲线

针对某一省、市、自治区或条件较为相似的特定地区而制定的基准曲线。它适应于某一地区的情况,所涉及的影响因素比专用曲线广泛,因此,其误差也较大。

3. 通用测强曲线

为便于应用,在误差允许范围内,应尽量扩大基准曲线的覆盖面,为此我国制定了《回弹法评定混凝土抗压强度技术规程》,其回归方程为:

$$R_n = 0.025\ 0\overline{N}^{2.010\ 8} \times 10^{-0.035\ 8\overline{L}} \tag{5-1}$$

式中　R_n——测区混凝土的抗压强度(MPa),精确至 0.1 MPa;

　　　$\overline{N}$——测区混凝土平均回弹值,精确至 0.1;

　　　$\overline{L}$——混凝土的碳化深度(mm),精确至 0.1 mm。

4. 通用测强曲线适用条件

(1)符合普通混凝土用材料、拌和用水的质量标准;

(2)不掺加外加剂;

(3)采用普通成型工艺;

(4)自然养护或蒸汽养护出池后自然养护 7 d 以上,且表面干燥;

(5)龄期为 14 ~ 1 000 d;

(6)抗压强度为 10 ~ 50 MPa。

当有下列情况之一时,不得采用通用测强曲线推算混凝土强度,但可制定专用测强曲线或通过试验进行修正:

1)粗骨料最大粒径大于 60 mm;

2)特种成型工艺制作的混凝土;

3)检测部位曲率半径小于 250 mm;

4)潮湿或浸水混凝土。

六、检测方法

在正常情况下,混凝土强度的检验与评定应按现行国家标准《混凝土结构工程施工质量验收规范》(GB 50204—2002)及《混凝土强度检验评定标准》(GB/T 50107—2010)执行。但是当出现标准养护试件或同条件试件数量不足或未按规定制作试件时;当制作的标准试件或同条件试件与所成型的构件在材料用量、配合比、水灰比等方面有较大差异,已不能代表构件的混凝土质量时;当标准试件或同条件试件的试压结果,不符合现行标准、规范规定的对结构或构件的强度合格要求,并且对该结果持有怀疑时。总之,当结构中混凝土实际强度有检验要求时,可以考虑采用回弹法来检测,检验结果可作为处理混凝土质量的一个依据。其一般检测步骤如下。

1. 收集基本技术资料

收集的基本技术资料包括:

(1)工程名称及设计、施工、监理和建设单位名称。

(2)结构或构件名称、外形尺寸、数量及混凝土强度等级。

(3)水泥品种、强度等级、安定性、厂名;砂石种类、粒径;外加剂或掺和料品种、掺量;混凝土配合比等。

(4)施工时材料计量情况,模板、浇筑、养护情况及成型日期等。

(5)检测原因。

2. 选择符合下列规定的测区

(1)对长度不小于 3 m 的构件,测区数不少于 10 个,长度小于 3 m 且构件高度低于 0.6 m 的,测区数量不少于 5 个,同时要均匀分布在测面上并宜避开位于混凝土内保护层附近的钢筋和预埋铁件。

(2)相邻测区间距应控制在 2 m 以内,测区离构件边缘或施工缝边缘的距离不宜大于 0.5 m,且不宜小于 0.2 m。测区应使回弹仪水平。

(3)测区的大小以能容纳 16 个回弹测点为宜,一般面积应控制在 0.04 m^2。

(4)测点在测区内应均匀布置,相邻两测点的净距一般不小于 20 mm,测点距构件边缘或外露钢筋、铁件的距离不应小于 30 mm;测点不应在外露石子、气泡上;同一测点只能弹击一次,每一测区应记取 16 个回弹值,每一测点的回弹读数精确至 1。

(5)检测面应为原状混凝土面,并应清洁、平整,不应有疏松层和杂物,且不应有残留的粉末或碎屑。

(6)回弹值测量完毕后,应在有代表性的位置上测量碳化深度值,测点数不应少于构件测区的 30%,取其平均值为该构件每测区的碳化深度值。当碳化深度值大于 2.0 mm 时,应在每一测区测量碳化深度值。

(7)测量碳化深度时,在测区表面形成直径约 15 mm 的孔洞,其深度大于混凝土的碳化深度,清除孔内粉末及碎屑,不得用水冲洗;立即用浓度为 1% 的酚酞酒精溶液滴在孔洞内壁边缘处,再用深度测量工具测量已碳化与未碳化混凝土交界面到混凝土表面的垂直距离多次,取其平均值。该距离即为混凝土的碳化深度,每次读数精确至 0.5 mm。

(8)测区应选在使回弹仪处于水平方向,检测混凝土浇筑侧面,当不满足这一要求时,可选在使回弹仪处于非水平方向,检测混凝土浇筑侧面、表面或底面。

七、回弹值计算和测区混凝土强度的确定

1. 计算测区回弹值时,应从测区 16 个回弹值中剔除 3 个最大值、3 个最小值,然后将剩余的回弹值平均,计算公式如下:

$$R_{\mathrm{m}} = \frac{\sum\limits_{i=1}^{10} R_i}{10} \tag{5-2}$$

式中　R_{m}——测区平均回弹值,精确至 0.1;

　　　　R_i——第 i 个测点的回弹值。

2. 回弹仪非水平方向检测混凝土浇筑侧面时,应按如下公式修正:

$$R_{\mathrm{m}} = R_{\mathrm{ma}} + R_{\mathrm{aa}} \tag{5-3}$$

式中　R_{ma}——非水平状态检测时测区的平均回弹值,精确至 0.1;

　　　　R_{aa}——非水平状态检测时回弹值修正值,可由《回弹法检测混凝土抗压强度技术规程》或《铁路工程结构混凝土强度检验规程》查取。

3. 水平方向检测混凝土浇筑顶面或底面时,应按下列公式修正:

$$R_{\mathrm{m}} = R_{\mathrm{m}}^{\mathrm{t}} + R_{\mathrm{a}}^{\mathrm{t}} \tag{5-4}$$

$$R_{\mathrm{m}} = R_{\mathrm{m}}^{\mathrm{b}} + R_{\mathrm{a}}^{\mathrm{b}} \tag{5-5}$$

式中　$R_{\mathrm{m}}^{\mathrm{t}}$,$R_{\mathrm{m}}^{\mathrm{b}}$——水平方向检测混凝土浇筑表面、底面时,测区的平均回弹值,精确至 0.1;

　　　　$R_{\mathrm{a}}^{\mathrm{t}}$,$R_{\mathrm{a}}^{\mathrm{b}}$——混凝土浇筑表面、底面回弹值的修正值,应由《回弹法检测混凝土抗压强度技术规程》或《铁路工程结构混凝土强度检验规程》查取。

如果检测时仪器非水平方向且测试面非混凝土的浇筑侧面,则应先对回弹值进行角度修正,然后再对修正后的值进行浇筑面的修正。

4. 测区混凝土强度值的确定

结构或构件第 i 个测区混凝土强度换算值,根据每一测区的回弹平均值及碳化深度值,查阅全国统一测强曲线得出。当有地区测强曲线或专用测强曲线时,混凝土强度换算值应按地区测强曲线或专用测强曲线换算得出。表中未列入的测区强度值可用内插法求得。对于泵送混凝土还应符合下列规定:

(1)当碳化深度值小于 2.0 mm 时,每一测区混凝土强度换算值应按表 5-1 修正。

表 5-1　泵送混凝土测区混凝土强度换算值的修正值

碳化深度值(mm)	抗压强度值(MPa)			
0.0;0.5;1.0	$f_{\mathrm{cu}}^{\mathrm{c}}$(MPa)	≤40.0	45.0	50.0	55.0 ~ 60.0
	K(MPa)	+4.5	+3.0	+1.5	0.0
1.5;2.0	$f_{\mathrm{cu}}^{\mathrm{c}}$(MPa)	≤30.0	35.0	40.0 ~ 60.0	
	K(MPa)	+3.0	+1.5	0.0	

注:表中未列入的 $f_{\mathrm{cu},i}^{\mathrm{c}}$ 值可用内插法求得其修正值,精确至 0.1 MPa。

(2)当碳化深度大于 2.0 mm 时,可采用同条件试件或钻取混凝土芯样进行修正。

八、混凝土强度的推算

1. 结构或构件测区混凝土强度平均值可根据各测区的混凝土强度换算值计算。当测区数不少于 10 个时,还应计算强度标准差。平均值及标准差应按下列公式计算:

$$m_{f_{cu}^c} = \frac{\sum_{i=1}^{n} f_{cu,i}^c}{n} \qquad (5-6)$$

$$s_{f_{cu}^c} = \sqrt{\frac{\sum_{i=1}^{n} (f_{cu,i}^c)^2 - n \cdot (m_{f_{cu}^c})^2}{n-1}} \qquad (5-7)$$

式中　$m_{f_{cu}^c}$——构件测区混凝土强度平均值,精确到 0.1 MPa;

　　　　n——对于单个构件,取一个构件的测区数;对于批量检测构件,取被抽取构件测区数之和。

　　　　$s_{f_{cu}^c}$——构件强度标准差,精确到 0.01 MPa。

2.结构或构件混凝土强度推定值($f_{cu,e}$)的确定

(1)当该结构或构件的测区数少于 10 个时,应按下列公式计算:

$$f_{cu,e} = f_{cu,min}^c \qquad (5-8)$$

式中　$f_{cu,min}^c$——构件中最小的测区混凝土强度换算值。

(2)当该结构或构件的测区强度值中出现小于 10.0 MPa 时:

$$f_{cu,e} < 10.0 \text{ MPa} \qquad (5-9)$$

(3)当该结构或构件的测区数不少于 10 个或按批量检测时,应按下列公式计算:

$$f_{cu,e} = m_{f_{cu}^c} - 1.645 s_{f_{cu}^c} \qquad (5-10)$$

(4)对于按批量检测的构件,当该批构件混凝土强度标准差出现以下情况之一时,则该批构件应全部按单个构件检测:

1)当该批构件混凝土强度平均值小于 25 MPa 时:

$$s_{f_{cu}^c} > 4.5 \text{ MPa} \qquad (5-11)$$

2)当该批构件混凝土强度平均值大于 25 MPa 时:

$$s_{f_{cu}^c} > 5.5 \text{ MPa} \qquad (5-12)$$

第三节　超声法检测混凝土强度

结构混凝土的抗压强度与超声波在混凝土中的传播速度之间的相关关系是超声脉冲检测混凝土强度方法的理论基础。

一、超声法检测混凝土强度的基本原理

超声脉冲实质上是超声检测仪的高频电振荡激励仪器换能器中的压电晶体,由压电效应产生的机械振动发出的声波在介质中的传播(图 5-4)。混凝土强度越高,相应超声声速也越大,经试验归纳,这种相关性可以用反映统计相关规律的非线性数学模型来拟合,即通过试验建立混凝土强度与声速之间的关系曲线(f-v 曲线)或经

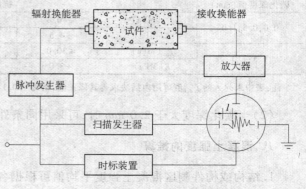

图 5-4　混凝土超声波检测系统

验公式得到 f_{cu}^c。目前常用的相关关系表达式有

$$指数函数方程 \qquad f_{cu}^c = Ae^{Bv} \qquad\qquad (5-13)$$

$$幂函数方程 \qquad f_{cu}^c = Av^B \qquad\qquad (5-14)$$

$$抛物线方程 \qquad f_{cu}^c = A + Bv + Cv^2 \qquad\qquad (5-15)$$

式中　f_{cu}^c——混凝土强度换算值；

　　　v——超声波在混凝土中的传播速度；

　A,B,C——常数项。

二、超声法的检测技术

当单个构件检测时,要求不少于 10 个测区,测区面积为 200 mm × 200 mm。如果对同批构件按抽样检测,抽样数应不少于同批构件数的 30 %,且不少于 4 个。同样每个构件测区数不少于 10 个。

测区应布置在构件混凝土浇筑方向的侧面;测区间距不宜大于 2 m;测区宜避开钢筋密集区和预埋铁件;测试面应清洁、平整、干燥、无缺陷和无饰面层,如有杂物粉尘应清除;测区应标明编号。

为了使构件混凝土检测条件和方法尽可能与建立率定曲线时的条件、方法一致,每个测区内应在相对测试面上对应布置 3 个(或 5 个)测点,相对面上对应的发射和接受换能器应在同一轴线上,使每对测点的测距最短。测试时必须保持换能器与被测混凝土表面有良好的耦合,并利用黄油或凡士林等耦合剂,以减少声能的反射损失。

测区声波传播速度

$$v = l/t_m \qquad\qquad (5-16)$$

$$t_m = \frac{t_1 + t_2 + t_3}{3} \qquad\qquad (5-17)$$

式中　v——测区声速值(km/s);

　　　l——超声测距(mm);

　　　t_m——测区平均声时值($\mu\varepsilon$);

t_1,t_2,t_3——测区中 3 个测点的声时值。

当在试件混凝土浇筑顶面或地面测试时,声速值应作修正。

$$v_a = \beta v \qquad\qquad (5-18)$$

式中　v_a——修正后的测区声速值;

　　　β——超声测试面修正系数。在混凝土浇筑顶面及底面测试时,$\beta = 1.034$;在混凝土侧面测试时,$\beta = 1$。

三、结构或构件混凝土强度的推定

由试验量测的声速,可按 f_{cu}^c-v 曲线求得混凝土的强度换算值。

混凝土的强度和超声波传播速度间的定量关系受混凝土的原材料性质及配合比的影响,影响因素有骨料的品种、粒径的大小、水泥的品种、用水量和水灰比、混凝土的龄期、测试时试件的温度和含水率等。鉴于混凝土强度与超声波传播速度的相应关系随各种技术条件的不同

而变化,所以对于各种类型的混凝土不可能有统一的 f_{cu}^c-v 曲线,只有考虑各种因素和条件建立各种专门曲线或采用针对性的检测方法,在使用时才能得到比较满意的精度。在具体操作中,我们可以根据具体情况,采取不同的检测方法,其检测方法主要有声速分级法、校正曲线法、修正系数法、水泥净浆声速换算法和水泥砂浆声速换算法等。

最后根据各测区超声波速度检测值,按率定的 f_{cu}^c-v 曲线取得对应测区的混凝土强度值,并推定结构混凝土的强度。

第四节　超声-回弹综合法检测混凝土强度

超声-回弹综合法是国际上 20 世纪 60 年代发展起来的一种非破损检测方法,由于精度高,已在我国混凝土工程中广泛使用。该法是以超声声速和回弹值综合反映混凝土强度。

一、超声-回弹综合法的工作原理

超声波检测混凝土强度的基本依据是超声波传播速度与混凝土弹性性质有密切的关系,而混凝土弹性性质与其力学强度存在内在联系,因此在实际检测中,可以建立超声声速与混凝土抗压强度相关关系并借以推定混凝土强度。超声测强以混凝土立方体试块 28 d 龄期抗压强度为基准,把混凝土当作弹性体来看待,通过大量试验研究原材料品种规格、配合比、施工工艺等因素对超声检测参数的影响,建立超声测强的经验公式,这样,通过测量超声波声速便可得出混凝土的抗压强度。目前国内外按统计方法建立的 f_{cu}^c-v 曲线基本采用以下两种非线性的数学表达式:

$$f_{cu}^c = Av^B \tag{5-19}$$

$$f_{cu}^c = Ae^{Bv} \tag{5-20}$$

式中　f_{cu}^c——混凝土强度换算值;

　　　v——超声波在混凝土中的传播速度;

　　A,B——经验系数。

结构混凝土强度的综合法检测,就是采用两种或两种以上的单一方法或单数(力学的、物理的或声学的等)联合测试混凝土强度的方法。由于综合法比单一法测试误差小、使用范围广,因此在混凝土的质量控制和检测中应用越来越多。超声-回弹综合法是指采用超声仪和回弹仪,在结构混凝土同一测区分别测量声时值和回弹值,然后利用建立起来的测强公式推算该测区混凝土强度的一种方法。所以说,超声-回弹综合法是建立在超声波传播速度和回弹值与混凝土抗压强度之间相互关系的基础上,以超声波波速和回弹值综合反映混凝土抗压强度的一种非破损检测方法。

超声-回弹综合法与单一法或超声法相比,具有以下特点:

1.减少混凝土龄期和含水率的影响。混凝土的龄期和含水率对超声波声速和回弹值的影响有着本质的不同:混凝土含水率越大,超声声速偏高而回弹值偏低;混凝土龄期长,超声声速的增长率下降,而回弹值则因混凝土的碳化程度增大而提高。因此,二者综合起来测定混凝土强度就可以部分减少龄期和含水率的影响。

2.可以弥补相互间的不足。一个物理参数只能从某一方面、在一定范围内反映混凝土的力学性能,超过一定范围,它可能不很敏感或不起作用。例如回弹值 R 主要以表层的弹性性能来反映混凝土强度,当构件截面尺寸较大或内外质量有较大差异时,就很难反映混凝土的实际强度。超声声速主要反映材料的弹性性质,同时,由于超声波穿过材料,因而也反映材料的内部信息,但对于强度较高的混凝土(一般认为大于 35 MPa),其 f_{cu}^c-v 相关性较差。因此采用超声-回弹综合法测定混凝土强度,既可内外结合,又能在较低或较高的强度区间相互弥补各自的不足,能够较确切地反映混凝土强度。

3.提高测试精度。由于综合法能减少一些因素的影响程度,较全面地反映整体混凝土质量,所以对提高无损检测混凝土强度的精度,具有明显的效果。

二、超声-回弹综合法测强的影响因素及测强曲线

1.综合法测强的影响因素

超声-回弹综合法测定混凝土强度的影响因素,比单一的超声法或回弹法要小得多。现将各影响因素及其修正方法汇总列于表 5-2 中。

表 5-2 超声-回弹综合法的影响因素

因 素	试验验证范围	影响程度	修 正 方 法
水泥品种及用量	普通水泥、矿渣水泥、粉煤灰水泥 250~450 kg/m³	不显著	不修正
细骨料品种及含砂率	山砂、特细砂、中砂:28%~40%	不显著	不修正
粗骨料品种及用量	卵石、碎石、骨灰比:1:4.5~1:5.5	显著	必须修正或制定不同的测强曲线
粗骨料粒径	0.5~2 cm;0.5~3.2 cm;0.5~4 cm	不显著	>4 cm 应修正
外加剂	木钙减水剂、硫酸钠、三乙醇胺	不显著	不修正
碳化深度		不显著	不修正
含水率		有影响	尽可能干燥状态
测试面	浇筑侧面与浇筑上表面混凝土及底面比较	有影响	对 v,R 分别进行修正

2.综合法测强曲线

用混凝土试块的抗压强度与非破损参数之间建立起来的相关关系曲线即为测强曲线。对于超声-回弹综合法来说,即先对试块进行超声测试,然后进行回弹测试,最后将试块抗压破坏,当取得超声声速 v、回弹值 R 和混凝土强度值 f_{cu}^c 之后,选择相应的数学模型来拟合它们之间的关系。综合法测强曲线按其适用范围分为以下 3 类。

(1)统一测强曲线

统一测强曲线的建立是以全国许多地区曲线为基础,经过大量的分析研究和计算汇总而成。该曲线以全国经常使用的有代表性的混凝土原材料、成型养护工艺和龄期为基本条件,适用于无地区测强曲线和专用测强曲线的单位,对全国大多数地区来说,具有一定的现场适应性,因此使用范围广,但精度稍差。

(2)地区(部门)测强曲线

以本地区或本部门通常使用的有代表性的混凝土原材料、成型养护工艺和龄期作为基本条件,制作相当数量的试块进行试验建立的测强曲线。这类测强曲线适用于无专用测强曲线的工程测试,充分反映了我国地域辽阔、各地材料差别较大的特点,因此,对本地区或本部门来说,其现场适应性和测试精度均优于统一测强曲线。

(3)专用测强曲线

以某一个具体工程为对象,采用与被测工程相同的材料、配合比、成型养护工艺和龄期,制作一定数量的试块,通过非破损或破损试验建立的测强曲线。这类曲线针对性强,测试精度较地区测强曲线高。

三、综合法检测混凝土强度技术

超声-回弹综合法检测混凝土强度技术,实质上就是超声法和回弹法两种单一测强方法的综合测试,因此应严格遵照《超声回弹综合法检测混凝土强度技术规程》(CECS 02:2005)的要求进行。

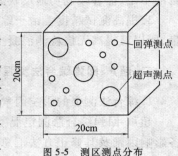

图 5-5 测区测点分布

回弹值的量测与计算和超声传播速度的量测与计算,均与前面所述规定相同,所不同的是不需要测量混凝土的碳化深度。超声-回弹综合法要求超声的测点应布置在同一测区的回弹值的测试面上,但测量声速的换能器的安装位置不宜与回弹仪的弹击测点相重叠,测点布置如图 5-5 所示。结构或构件的每一测区内,宜先进行回弹测试,然后进行超声测试。同时注意,只有同一测区内所测得的回弹值和声速值才能作为推算该测区混凝土强度的综合参数,不同测区的测量值不得混用。

四、结构或构件混凝土强度的推定

1.结构或构件第 i 个测区的混凝土强度换算值 $f_{cu,i}^c$ 应按检测修正后的回弹值 R_a 及修正后的声速值 v_a,优先采用专用或地区的测强曲线推定。当无该类测强曲线时,经验证后也可按《超声回弹综合法检测混凝土强度技术规程》(CECS 02:2005)的规定确定。

2.当结构所用材料与制定的测强曲线所用材料有较大差异时,需用同条件试块或从结构构件测区钻取的混凝土芯样进行修正,试件数量应不少于 3 个。此时,得到的测区混凝土强度换算值应乘以修正系数。修正系数可按下列公式计算:

有同条件立方体试块时

$$\eta = \frac{1}{n}\sum_{i=1}^{n} f_{cu,i}/f_{cu,i}^c \qquad (5-21)$$

有混凝土芯样试件时

$$\eta = \frac{1}{n}\sum_{i=1}^{n} f_{cor,i}/f_{cu,i}^c \qquad (5-22)$$

式中　η——修正系数;

$f_{cu,i}$——第 i 个混凝土立方体试块抗压强度值;

$f_{cu,i}^c$——对应于第 i 个立方体试块或芯样试件的混凝土强度换算值;

$f_{cor,i}$——第 i 个混凝土芯样试件抗压强度值;

n——试件数。

构件混凝土强度的推定与"回弹法检测混凝土强度"相同,这里就不再赘述了。

第五节　超声法检测混凝土缺陷

一、概　　述

混凝土结构的缺陷,是指那些在宏观材质不连续、性能参数有明显变异,而且对结构的承载能力和使用性能产生影响的区域。造成混凝土缺陷和损伤的原因多种多样,一般而言,主要有四个方面:其一是施工原因,例如振捣不足、钢筋网过密而骨料最大粒径选择不当、模板漏浆等造成的内部孔洞、不密实区蜂窝及保护层不足、钢筋外露等;其二是由于混凝土非外力作用形成的裂缝,例如在大体积混凝土中因水泥水化热积蓄过多、在凝固及散热过程中的不均匀收缩而造成的温度裂缝,混凝土干缩及碳化收缩所造成的裂缝;其三是长期在腐蚀介质或冻融作用下由表及里的层状疏松;其四是受外力作用所产生的裂缝,例如因龄期不足即进行吊装而产生的吊装裂缝等。这些缺陷和损伤往往会严重影响结构的承载能力和耐久性。采用简便有效的方法查明混凝土各种缺陷的性质、范围及大小,以便进行技术处理,是工程建设运营养护过程中一个重要问题。目前,在诸多混凝土缺陷的无损检测方法中,应用最广泛、最有效的是超声法检测。

1.超声法检测混凝土缺陷的基本原理

采用超声波检测混凝土缺陷的基本依据是:利用超声波在技术条件相同(指混凝土原材料、配合比、龄期和测试距离一致)的混凝土中传播的时间(或速度)、接收波的振幅和频率等声学参数的变化,来判定混凝土的缺陷。因为超声波传播速度的快慢与混凝土的密实程度有直接关系,对于技术条件相同的混凝土来说,声速高则混凝土密实,相反则混凝土不密实。当有空洞、裂缝等缺陷存在时,破坏了混凝土的整体性,由于空气的声阻抗率小于混凝土声阻抗率,超声波遇到蜂窝、空洞或裂缝等缺陷时,会在缺陷界面发生反射和散射,因此传播的路程会增大,测得声时会延长,声速会降低。其次,在缺陷界面超声波的声能被衰减,其中频率较高的部分衰减更快,因此接收信号的波幅明显降低,频率明显减小或频率谱中高频成分明显减少。再次,经缺陷反射或绕过缺陷传播的超声波信号与直达波信号之间存在相位差,叠加后互相干扰,致使接收信号的波形发生畸变。根据上述原理,在实际测试中,可以利用混凝土声学参数测量值和相对变化综合分析,判别混凝土缺陷的位置和范围,或者估算缺陷的尺寸。

2.超声法检测混凝土缺陷的方法

超声波检测混凝土缺陷技术一般根据被测结构的形状、尺寸及所处的环境,确定具体测试方法。常用的测试方法按照换能器的布置方式大致分为以下几种。

(1)平面测试(用厚度振动式换能器)

对测法:一对发射(T)和接收(R)换能器,分别置于被测结构相互平行的两个表面,且两个换能器的轴线位于同一条直线上,见图5-6(a);

斜测法:一对发射和接收换能器,分别置于被测结构相互平行的两个表面,且两个换能器的轴线不在同一条直线上,见图5-6(b);

单面平测法:一对发射和接收换能器,分别置于被测结构同一表面上进行测试,见图5-6(c)。

(2)测试孔测试(采用径向振动式换能器)

孔中对测:一对发射和接收换能器,分别置于两个对应测试孔中,位于同一高度进行测试;

孔中斜测:一对发射和接收换能器,分别置于两个对应测试孔中,但不在同一高度而是保持一定高程差的条件下进行测试;

孔中平测:一对发射和接收换能器,分别置于同一测试孔中,以一定的高程差同步移动进行测试。

本节将简述混凝土深、浅裂缝,混凝土匀质性,不密实和空洞区域,两次浇筑混凝土结合面

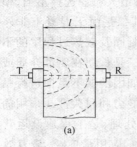

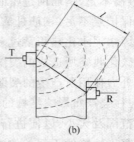

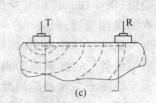

图 5-6 换能器的布置方式

等缺陷的超声波检测方法。

二、混凝土浅裂缝检测

所谓浅裂缝,是指局限于结构表层、开裂深度不大于 500 mm 的裂缝。实际检测时一般可根据结构物的断面尺寸和裂缝在结构表面的宽度,大致估计被测的是浅裂缝还是深裂缝。对一般工程结构中的梁、柱、板和机场跑道出现的裂缝,都属于浅裂缝。在测试时,根据被测结构的实际情况,浅裂缝可分为单面平测法和对穿斜测法。

1. 单面平测法

当结构的裂缝部位只具有一个表面可供检测时,可采用平测法进行裂缝深度检测。平测时应在裂缝的被测部位以不同的测距同时按跨缝和不跨缝布置测点进行声时测量,如图 5-7 所示。其测量步骤应为:

(1)不跨缝声时测量:将 T 和 R 换能器置于裂缝同一侧,并将 T 耦合好保持不动,以两个换能器内边缘间距(l_i')等于 100 mm,150 mm,200 mm,250 mm…分别读取声时值(t_i),绘制时-距坐标图,见图 5-8。或者用统计的方法求出两者的关系式。

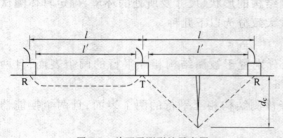

图 5-7 单面平测裂缝示意图

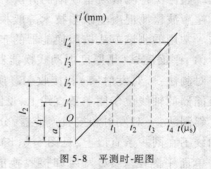

图 5-8 平测时-距图

$$l_i = a + bt_i \tag{5-23}$$

每测点超声波实际传播距离 l_i 为:

$$l_i = l_i' + |a| \tag{5-24}$$

式中 l_i——第 i 点的超声波实际传播距离(mm);

l_i'——第 i 点的 R、T 换能器内边缘间距(mm);

a——时-距图中 l' 轴的截距或回归直线方程的常数项(mm)。

不跨缝平测得混凝土声速值为:

$$v = (l_n' - l_1') / (t_n' - t_1') \quad (\text{km/s}) \tag{5-25}$$

或
$$v = b \quad (\text{km/s})$$
(5-26)

式中　l'_n, l'_1——第 n 点和第 1 点的测距(mm);

　　　t'_n, t'_1——第 n 点和第 1 点读取的声时值(μs);

　　　b——回归系数。

（2）跨缝声时测量:如图 5-9 所示。将 T、R 换能器分别置于以裂缝为轴线的对称两侧,两换能器中心连线垂直于裂缝走向,以 $l' = 100$ mm,150 mm,200 mm,250 mm,300 mm,…分别读声时值 t_i^0,同时观察首波相位的变化。

（3）平测法检测,裂缝深度按下式计算:

$$h_{ci} = \frac{l_i}{2}\sqrt{\left(\frac{t_i^0}{t_i}\right)^2 - 1}$$
(5-27)

$$m_{bc} = \frac{1}{n}\sum_{i=1}^{n} h_{ci}$$
(5-28)

式中　l_i——不跨缝平测时第 i 点的超声波实际传播距离(mm);

　　　h_{ci}——第 i 点计算裂缝深度值(mm);

　　　t_i^0——第 i 点跨缝平测的声时值(μs)。

以不同测距取得的 h_{ci} 的平均值作为该裂缝的深度值 h_c,如所得的 h_c 值大于原测距中任一个 l_i,则应该把该 l_i 距离的 h_{ci} 舍弃后重新计算 h_c 值。

以声时推算浅裂缝深度,是假定裂缝中充满空气,声波绕过裂缝末端传播。若裂缝中有水或泥浆,则声波经水介质耦合穿裂缝而过,不能反映裂缝的真实深度,因此检测时,裂缝中不得有填充水或泥浆。当有钢筋穿过裂缝且与 T、R 换能器的连线大致平行靠近时,则沿钢筋传播的超声波首先到达接收换能器,测试结果也不能反映裂缝的深度。因此,布置测点时应注意使 T、R 换能器的连线至少与该钢筋的轴线相距 1.5 倍的裂缝预计深度,如图 5-10 所示,应使 $a > 1.5h_c$。

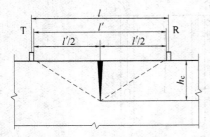

图 5-9　绕过裂缝示意图

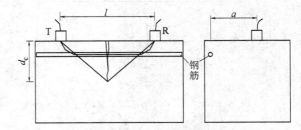

图 5-10　平测时避免钢筋的影响

2. 斜测法

当结构物的裂缝部位具有两个相互平行的测试表面时,可采用斜测法检测。可按图 5-11 所示方法布置换能器,保持 T、R 换能器的连线通过裂缝和不通过裂缝的测试距离相等、倾斜角一致的条件下,读取相应的声时、波幅和频率值。当 T、R 换能器的连线通过裂缝时,由于混凝土失去了连续性,超声波在裂缝界面上产生了很大衰减,接收到的首波信号很微弱,其波幅和频率与不通过裂缝的测点值比较有很大差异,据此便可判断裂缝的深度及是否在水平方向贯通。斜测法检测混凝土裂缝深度具有直观、可靠的特点,若条件许可宜优先采用。

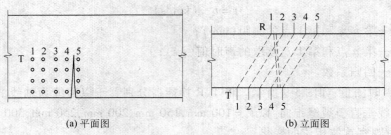

(a) 平面图   (b) 立面图

图 5-11 斜测法检测裂缝

三、混凝土深裂缝检测

所谓深裂缝,是指混凝土结构表面开裂深度在 500 mm 以上的裂缝。对于大坝、桥墩、大型设备基础等大体积混凝土结构,在浇筑混凝土过程中,由于水泥的水化热散失较慢,混凝土的内部温度比表面高,使结构断面形成较大的温差,当由此产生的拉应力大于混凝土抗拉强度时,便在混凝土中产生裂缝。

1. 测试方法

深裂缝的检测一般是在裂缝两侧钻测试孔,用径向振动式换能器置于测试孔中进行测试,如图 5-12 所示。在裂缝两侧分别钻孔 A、B,应在裂缝一侧多钻一个较浅的孔 C,测试无缝混凝土的声学参数,供对比判别之用。测试孔应满足下列要求:孔径应比换能器直径大 $5 \sim 10$ mm;孔深应至少比裂缝预计深度深 700 mm,经测试如浅于裂缝深度,则应加深测试孔;对应的两个测试孔,必须始终位于裂缝两侧,其轴线应保持平行;两个对应测试孔的间距宜为 2 m,同一结构的各对应测试孔间距应相同;孔中粉末碎屑应清理干净。

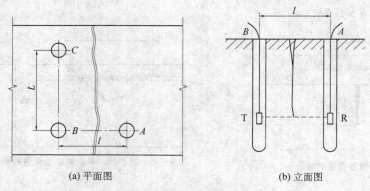

(a) 平面图   (b) 立面图

图 5-12 测试孔测裂缝深度

检测时应选用频率为 $20 \sim 40$ Hz 的径向振动式换能器,并在其线上做出等距离标志(一般间隔 $100 \sim 500$ mm)。测试前要先向测试孔中注满清水作为耦合剂,然后将 T、R 换能器分别置于裂缝两侧的对应孔中,以相同高程等间距从上至下同步移动,逐点读取声时、波幅和换能器所处的深度。

2. 裂缝深度判定

以换能器所处的深度 d 与对应的波幅值 A 绘制坐标图如图 5-13 所示。随着换能器位置的下移,波幅逐渐增大,当换能器下移至某一位置后,波幅达到最大并基本稳定,该位置所对应的深度便是裂缝深度 d。

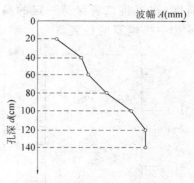

图 5-13　裂缝深度与波幅值的 d-A 图

四、混凝土不密实区和空洞检测

混凝土和钢筋混凝土结构物在施工中,有时因漏振、漏浆或因石子架空在钢筋骨架上,导致混凝土内部形成蜂窝状不密实区或空洞。这种结构物内部的隐蔽缺陷,应及时检查出并进行技术处理。

1.测试方法

混凝土内部的隐蔽缺陷情况,无法凭直觉判断,因此这类缺陷的测试区域,一般总大于所怀疑的有缺陷的区域,或者首先作大范围的粗测,根据粗测情况再着重对可疑区域进行细测。根据被测结构实际情况,可按下列方法布置换能器进行检测。

(1)平面对测

当结构被测部位具有两相互平行的表面时,可采用对测法,如图 5-14 所示。在测区的两对相互平行的测试面上,分别画出间距为 200~300 mm 的网格,并编号确定对应的测点位置,然后将 T、R 换能器分别置于对应测点上,逐点读取相应的声时 t_i、波幅 A_i 和频率 f_i,并量取测试距离 l_i。

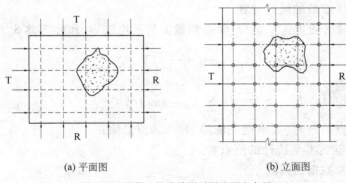

(a) 平面图　　　　　　　　　(b) 立面图

图 5-14　混凝土缺陷检测对测法测点布置

(2)平面斜测

结构中只有一对相互平行的测试面或被测部位处于结构的特殊位置,可采用对测和斜测相结合的方法进行检测,即在测区的两个相互平行的测试面上,分别画出交叉测试的两组测点位置。测点布置如图 5-15 所示。

(3)测试孔检测

当结构的测试距离较大时,为了提高测试灵敏度,可在测区适当位置钻一个或多个平行于侧面的测试孔。测试孔的直径一般为 45~50 mm,深度视检测需要而定。结构侧面采用厚度振动式换能器,一般用黄油耦合,测试孔中用径向振动式换能器,用清水作耦合剂。换能器布置如图 5-16 所示。检测时根据需要,可以将孔中和侧面的换能器置于同一高度,也可将二者保持一定的高度差,同步上下移动,逐点读取声时、波幅和频率值,并记下孔中换能器的位置。

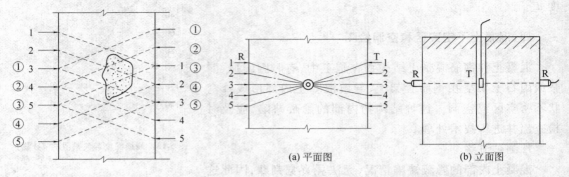

图 5-15 混凝土缺陷平面斜测法测点布置   图 5-16 测试孔检测法换能器布置示意图

2. 数据处理

由于混凝土本身的不均匀性,即使是没有缺陷的混凝土,测得的声时、波幅和频率等参数值也在一定范围内波动。因此,不可能有一个固定的临界指标作为判断缺陷的标准,一般都利用统计的方法进行判别。一个测区的混凝土如果不存在空洞、蜂窝区或其他缺陷,则可认为这个测区的混凝土质量基本符合正态分布。虽因混凝土质量的不均匀性,使声学参数测量值产生一定离散,但一般服从统计规律。若混凝土内部存在缺陷,则这部分混凝土与周围的正常混凝土不属于同一母体,其声学参数必然存在明显差异。

(1)混凝土声学参数的统计计算

测区混凝土声时(或声速)、波幅、频率测量值的平均值 m_x 和标准差 S_x 应按下式计算:

$$m_x = \frac{1}{n} \sum_{i=1}^{n} X_i \tag{5-29}$$

$$S_x = \sqrt{\left(\sum_{i=1}^{n} X_i^2 - nm_x^2 \right) / (n-1)} \tag{5-30}$$

式中 X_i——第 i 点的声时(或声速)、波幅、频率的测量值;

n——一个测区参与统计的测点数。

(2)测区中异常数据的判别

1)如果测得测区各测点的波幅、频率或声速值(由声时计算的),则将它们由大到小按顺序排列,即 $X_1 \geqslant X_2 \geqslant \cdots \geqslant X_n \geqslant X_{n+1} \geqslant \cdots$,将排在后面明显小的数据视为可疑值,再将这些可疑值中最大的一个(假定为 X_n)连同其前面的数据按式(5-29)和式(5-30)计算出 m_x 及 S_x 值,并代入式(5-31),计算出异常情况的判断值 X_0。

$$X_0 = m_x - \lambda_1 S_x \tag{5-31}$$

式中 λ_1——异常值判定系数,应按《超声法检测混凝土缺陷技术规程》(CECS 21—90)取值。

将判断值 X_0 与可疑数据的最大值 X_n 相比较,如 $X_n \leqslant X_0$,则 X_n 及排在其后的各数据均为异常值;当 $X_n > X_0$,应再将 X_{n+1} 放进去重新进行统计计算和判别。

2)当测区中出现异常测点时,可根据异常测点的分布情况,按下式进一步判别其相邻测点是否异常:

$$X_0 = m_x - \lambda_2 S_x \quad \text{或} \quad X_0 = m_x - \lambda_3 S_x \tag{5-32}$$

式中 λ_2、λ_3 按 CECS 21—90 取值。当测点布置为网格状时取 λ_2，当单排布置测点时(如在声测孔中检测)取 λ_3。

　　3. 不密实区和空洞范围的判定

　　当一个构件或一个测区中,某些测点的声时值(或声速值)、波幅值(或频率值)被判为异常时,可结合异常测点的分布及波形状况确定混凝土内部存在不密实区和空洞的范围。当判定缺陷为空洞时,其尺寸可按下面的方法估算。

表 5-3　空洞半径 r 与测区 l 的比值

$\begin{matrix}x \quad z\\ y\end{matrix}$	0.05	0.08	0.10	0.12	0.14	0.16	0.18	0.20	0.22	0.24	0.26	0.28	0.30
0.10(0.9)	1.42	3.77	6.26										
0.15(0.85)	1.00	2.56	4.06	5.96	8.39								
0.2(0.8)	0.78	2.02	3.17	4.62	6.36	8.44	10.9	13.9					
0.25(0.75)	0.67	1.72	2.69	3.90	5.34	7.03	8.98	11.2	13.8	16.8			
0.3(0.7)	0.60	1.53	2.40	3.46	4.73	6.21	7.91	9.38	12.0	14.4	17.1	20.1	23.6
0.35(0.65)	0.55	1.41	2.21	3.19	4.35	5.70	7.25	9.00	10.9	13.1	15.5	18.1	21.0
0.4(0.6)	0.52	1.34	2.09	3.03	4.12	5.39	6.84	10.3	12.3	14.5	16.9	19.6	19.8
0.45(0.55)	0.50	1.30	2.03	2.92	3.99	5.22	6.62	8.20	9.95	11.9	14.0	16.3	18.8
0.5	0.50	1.28	2.00	2.89	3.94	5.16	6.55	8.11	9.84	11.8	13.8	16.1	18.6

　　注:表中 $x = (t_h - m_{ta})/m_{ta} \times 100\%$;$y = l_h/l$;$z = r/l$。

　　如图 5-17 所示设检测距离为 l,空洞中心(在另一对测试面上,声时最长的测点位置)距一个测试面的垂直距离 l_h,声波在空洞附近无缺陷混凝土中传播的时间平均值为 m_{ta},绕空洞传播的时间(空洞处的最大声时)为 t_h,空洞半径为 r。

　　根据 l_h/l 值和 $(t_h - m_{ta})/m_{ta} \times 100\%$ 值,可由表 5-3 查得空洞半径 r 与测距 l 的比值,再计算空洞的大致尺寸 r。

　　如被测部位只有一对可供测试表面,空洞尺寸可用下式计算:

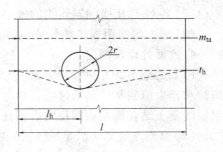

$$r = \frac{l}{2}\sqrt{\left(\frac{t_h}{m_{ta}}\right)^2 - 1} \qquad (5-33)$$

式中　r——空洞半径(mm);

　　　　l——T、R 换能器之间的距离(mm);

　　　　t_h——缺陷处的最大声时值(μs);

　　　　m_{ta}——无缺陷区的平均声时值(μs)。

图 5-17　空洞尺寸估算原理示意图

五、混凝土结合面质量检测

　　对于一些重要的混凝土和钢筋混凝土结构物,为保证其整体性,应该连续不间断地一次浇筑完混凝土。但有时因施工工艺的需要或意外情况,在混凝土浇筑的中途停顿时间超过 3 h 后再继续浇筑,或是已有的混凝土结构物因某些原因需要加固补强,进行第二次混凝土浇筑等。在同一构件上,两次浇筑的混凝土之间应保持良好的结合,使其成为一个整体,方能确保结构的安全使用。因此,一些结构构件新旧混凝土结合面质量的检测就显得非常必要,超声波检测技术的应用为其提供了有效途径。

1. 适用情况

需要了解前后两次浇筑混凝土之间接触面的质量,如施工缝、修补加固等。

2. 检测要求

(1)测试前应查明结合面的位置及走向,以正确确定被测部位及布置测点;

(2)结构的被测部位应具有使声波垂直或斜穿结合面的一对平行测试面;

(3)所布置的测点应避开平行声波传播方向的主筋和预埋铁件。

3. 检测方法

混凝土结合面质量检测采用对测法和斜测法,按图 5-18(a)或 5-18(b)布置测点,按布置好的测点分别测出各点的声时、波幅和频率值。

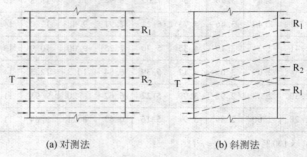

(a) 对测法　　　　　　　　　　(b) 斜测法

图 5-18　混凝土结合面质量检测示意图

布置测点时应注意以下几点:

(1)使测试范围覆盖全部结合面或有怀疑的部位;

(2)各对 T、R 换能器连线的倾角及测距应相等;

(3)测点的间距视结构尺寸和结合面外观质量情况而定,一般控制在 100～300 mm。

4. 数据处理及判定

(1)按式(5-29)、式(5-30)和式(5-31)对某一测区各测点的声时、波幅或频率值分别进行统计和异常值判断。当通过结合面的某测点的数据被判为异常,并查明无其他因素影响时,可判定混凝土结合面在该部位结合不良。

(2)当测点数无法满足统计法判断时,可按 $T-R_2$ 的声速、波幅等声学参数与 $T-R_1$ 进行比较,若 $T-R_2$ 的声学参数比 $T-R_1$ 显著低时,则该点可判为异常测点。

六、混凝土匀质性检测

所谓混凝土匀质性检测是对整个结构物或同一批构件的混凝土质量均匀性的检测。混凝土匀质性检测的传统方法是,在结构物浇筑混凝土现场取样制作混凝土标准试块,以其破坏强度的统计值来评价混凝土的匀质性。应该指出这种方法存在一定的局限性,例如,试块的数量有限;因结构的几何尺寸、成型方法等不同,结构物混凝土的密实程度与标准试块会存在较大差异。可以说标准试块的强度很难全面反映结构混凝土质量的均匀性。为克服这些缺点,通常采用超声脉冲法检测混凝土质量的均匀性。超声脉冲法直接在结构上进行检测,具有全面、直接、方便、数据代表性强的优点,是检测混凝土质量均匀性的一种有效的方法。

1. 测试方法

一般采用厚度振动式换能器进行穿透对测法检测结构混凝土的匀质性。要求被测结构应具备一对相互平行的测试表面,并保持平整、干净。先在两个测试面上分别画出等间距的网格,并编上对应的测点序号。测点应在被测部位上均匀布置,测点的间距大小取决于结构的种类和测试要求,一般为 200~500 mm。对于测距较小、质量要求较高的结构,测点间距宜小一些。测点布置时,应避开与超声波传播方向相一致的钢筋。

测试前用钢卷尺测量两个换能器之间的距离,测量误差不应大于 ±1%,应使换能器在对应的测点上保持良好的耦合状态,逐点读取声时值 t_i,并测量对应测点的距离 l_i 值。

2. 数据处理及判定

混凝土的声速值 v_i、混凝土声速平均值 m_v、混凝土声速标准差 s_v 及混凝土声速离差系数 c_v 分别按下列公式计算:

$$v_i = \frac{l_i}{t_i} \tag{5-34}$$

$$m_v = \frac{1}{n}\sum_{i=1}^{n} v_i \tag{5-35}$$

$$s_v = \sqrt{\frac{\sum v_i^2 - n m_v^2}{n-1}} \tag{5-36}$$

$$c_v = \frac{s_v}{m_v} \tag{5-37}$$

式中 v_i——第 i 点混凝土声速值(km/s);

l_i——第 i 点测距值(mm);

t_i——第 i 点混凝土声时值(μs);

n——测点数。

根据声速的标准差和离差系数的大小,可以相对比较相同测距的同类结构或各部位混凝土质量均匀性的优劣。

七、混凝土表面损伤层检测

混凝土和钢筋混凝土结构物,在施工和使用过程中,其表面层会在物理和化学因素的作用下受到损害,如火灾,冻害和化学侵蚀等。从工程实测结果来看,一般总是最外层损伤程度较为严重,越向内部深入,损伤程度越轻。在这种情况下,混凝土强度和超声声速的分布应该是连续的,如图 5-19 所示。但为了计算方便,在进行混凝土表面损伤层厚度的超声波检测时,把损伤层与未损伤部分简单地分为两层来考虑,计算模型如图 5-20所示。

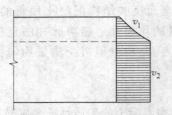

图 5-19 实际混凝土声速分布

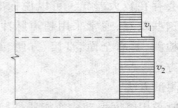

图 5-20 假设混凝土声速分布

1. 测试方法

超声法检测混凝土表面层厚度宜选用频率低的厚度振动式换能器,采用平测法检测,如图 5-21 所示。将发射换能器 T 置于测试面某一点保持不变,再将接收换能器 R 以测距 l_i = 100 mm,150 mm,200 mm…,依次置于各点,读取相应的声时值 t_i。R 换能器每次移动的距离不宜大于 100 mm,每一测区的测点数不得少于 6 个。

检测时测区测点的布置应满足以下要求:

(1)根据结构的损伤情况和外观质量选取有代表性的部位布置测区;

(2)结构被测表面应平整并处于自然干燥状态,且无接缝和饰面层;

(3)测点布置时应避免 T、R 换能器的连线方向与附近主钢筋的轴线平行。

2. 数据处理及判定(损伤层厚度判定)

以各测点的声时值 t_i 和相应测距值 l_i 绘制时-距坐标图,如图 5-22 所示。两条直线的交点 B 所对应的测距定为 l_0,直线 AB 的斜率便是损伤层混凝土的声速 v_1,直线 BC 的斜率便是未损伤层混凝土的声速 v_2,则

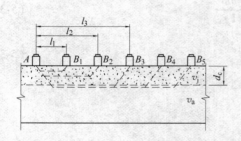

图 5-21 平测法检测混凝土表层损伤厚度原理示意图

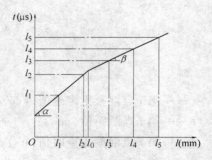

图 5-22 混凝土表层损伤检测时时-距坐标图

$$v_1 = \cot \alpha = \frac{l_2 - l_1}{t_2 - t_1} \qquad (5-38)$$

$$v_1 = \cot \beta = \frac{l_5 - l_3}{t_5 - t_3} \qquad (5-39)$$

损伤层厚度计算公式为:

$$d = \frac{l_0}{2}\sqrt{\frac{v_2 - v_1}{v_2 + v_1}} \qquad (5-40)$$

式中 d——损伤层厚度(mm);

l_0——声速产生突变时的测距(mm);

v_1——损伤层混凝土的声速(km/s);

v_2——未损伤层混凝土的声速(km/s)。

第六节　局部破损检测方法

局部破损检测方法,是以不影响构件的承载能力为前提,在构件上直接进行局部破坏性试验,或直接钻取芯样、拔出混凝土锥体等手段检测混凝土强度或缺陷的方法。属于这类方法的有钻芯法、拔出法、射击法、拔脱法、就地嵌注试件法等。这类方法的优点是以局部破坏性试验获得混凝土性能指标,因而较为可靠,缺点是造成结构物的局部破坏,需要进行修补,因而不宜用于大面积的检测。

在我国,钻取芯样法应用已比较广泛,故本节仅对该方法进行简介。

混凝土结构的强度等级通常以立方体的抗压强度评定,当对某一方面的检验内容产生怀疑时,如构件的强度离散较大、强度不足、振捣不密实或资料不全时,通常需要进行专项强度检验。

钻芯取样法检验混凝土强度指从已施工完成的混凝土结构中,用钻机或冲击钻钻出芯样,对芯样进行处理,通过芯样测定混凝土的劈裂抗拉强度或抗压强度,是一种比较直观准确的方法。用钻芯法还可以检测混凝土的裂缝、接缝、分层、孔洞或离析等缺陷,具有直观、精度高等特点,因而广泛应用于土木工程中混凝土或构筑物的质量检测。

1.适用情况

(1)对试块抗压强度的测试结果有怀疑时;

(2)因材料、施工或养护不良而发生混凝土质量问题时;

(3)混凝土受冻害、火灾、化学侵蚀或其他损害时;

(4)需检测经多年使用的建筑结构或构筑物中混凝土强度时。

2.钻取芯样

(1)钻前准备资料

1)工程名称及设计、施工、建设单位名称;

2)结构或构件种类、外形尺寸及数量;

3)设计采用的混凝土等级;

4)成型日期、原材料和混凝土试块抗压强度试验报告;

5)结构或构件质量状况和施工中存在的问题记录;

6)有关的结构设计图和施工图等。

(2)钻取芯样部位

1)钻取芯样的位置应尽量避免在结构主要受力部位,避免在靠近结构边缘、接缝处取样;

2)混凝土强度质量具有代表性的部位;

3)便于钻芯机安放和操作的部位;

4)避开主筋、预埋件和管线的位置,并尽量避开其他钢筋;

5)钻出的每个芯样应立即清楚地标注记号,并记录芯样在混凝土结构中钻取的位置。

3.芯样要求

(1)芯样数量

1)按单个构件检验时,每个构件钻取芯样数不少于3个,对较小构件不少于2个;

2)对构件局部区域检验时,应由要求检验的单位确定取芯位置及数量。

（2）芯样直径

芯样直径一般不宜小于混凝土骨料最大粒径的 3 倍,一般为 100 mm 或 150 mm,在任何情况下不得小于骨料最大粒径的 2 倍。

（3）芯样高度

抗压试验用的试件高度（端部加工完毕后）不小于直径,也不大于直径的 2 倍,端面必须平整,必要时应磨平或用抹顶处理。

（4）芯样外观检查

对钻出的芯样应详细进行外观检查,详细描述有关裂缝、分层、麻面或离析等,检查并记录存在的气孔位置、尺寸、分布等,必要时进行拍照。

（5）芯样测量

1）平均直径:用游标卡尺测量芯样中部及两端 1/4 处,按两个垂直方向测量三对数据值确定芯样的平均直径,精确至 0.5 mm。

2）芯样高度:用钢卷尺或钢尺进行测量芯样直径两端侧面钻取后芯样的高度及端面加工后的高度,其尺寸误差应在 0.25 mm 以内,取平均值作为试件平均高度,精确至 0.5 mm。

3）垂直度:用游标量角器测两个端面与母线的夹角,精确至 0.1°。

4）平整度:用钢板尺或角尺紧靠芯样端面上,一面转动钢板尺,一面用塞尺测量与芯样端面之间的缝隙。

芯样尺寸测量如图 5-23 所示。

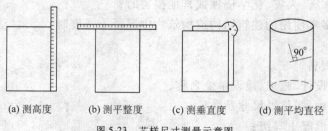

(a) 测高度 (b) 测平整度 (c) 测垂直度 (d) 测平均直径

图 5-23 芯样尺寸测量示意图

（6）芯样端面补平方法

当锯切后芯样端面的不平整度在 100 mm 长度内超过 0.1 mm、芯样端面与轴线的不垂直度超过 2°时,宜采用在磨平机上磨平或在专用不平装置上补平的方法进行端面加工。

1）硫磺胶泥（或硫磺）补平

① 补平前先将芯样端面污物清除干净,然后将芯样垂直地夹持在补平器的夹具中,并提升到一定高度,如图 5-24 所示。

② 在补平器底盘上涂上一层很薄的矿物油或其他脱模剂,以防硫磺胶泥与底盘黏结。

③ 将硫磺胶泥放于容器中加热熔化。待硫磺胶泥溶液由黄色变成棕色时,倒入补平器底盘中,然后转动手轮使芯样下移并与底盘接触。待硫磺胶泥凝固后,反向转动手轮,把芯样提起,打开夹具取出芯样。按上述步骤补平该芯样的另一端面。

2）用水泥砂浆补平

① 补平前先将芯样端面污物清除干净,然后将端面用水湿润。

② 在平整度为每长 100 mm 不超过 0.05 mm 的钢板上涂一薄层矿物油或其他脱模剂,然后倒上适量水泥砂浆摊成薄层,稍许用力将芯样压入水泥砂浆中,并应保持芯样与钢板垂直。待 2 h 后,再补另一端面。仔细清除侧面多余水泥砂浆,在室内静放一昼夜后送入养护室内养护。待补平材料强度不低于芯样强度时,方能进行抗压试验,如图 5-25 所示。

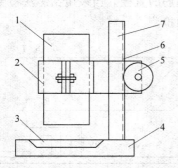

图 5-24　硫磺胶泥补平示意图
1—芯样;2—夹具;3—硫磺胶液体;
4—底盘;5—手轮;6—齿条;7—立柱

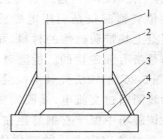

图 5-25　水泥砂浆补平示意图
1—芯样;2—套模;3—支架;
4—水泥砂浆;5—钢板

4. 抗压强度试验

（1）芯样试件宜在与被测结构或构件混凝土湿度基本一致的条件下进行抗压试验。如果结构工作条件比较干燥,芯样试件应以自然干燥状态进行试验;如果结构工作条件比较潮湿,芯样试件应以潮湿状态进行试验。

（2）按自然干燥状态进行试验时,芯样试件在受压前应在室内自然干燥 3 d,按潮湿状态进行试验时,芯样试件应在 20 ℃ ±5 ℃ 的清水中浸泡 40 ~ 48 h,从水中取出后立即进行抗压试验。

5. 芯样抗压强度计算公式

芯样试件的混凝土强度换算值是指用钻芯法测得的芯样强度,换算成相应于测试龄期的边长为 150 mm 的立方体试块的抗压强度值。芯样试件的混凝土强度换算值,应按下列公式计算:

$$f_{cu}^{c} = \alpha \cdot \frac{F}{A} = \alpha \cdot \frac{4F}{\pi d^2} \tag{5-41}$$

式中　f_{cu}^{c}——芯样试件混凝土强度换算值(MPa),精确至 0.1 MPa;

$\quad\quad$ F——芯样试件抗压试验测得的最大压力(N);

$\quad\quad$ d——芯样试件平均直径(mm);

$\quad\quad$ α——不同高径比的芯样试件混凝土强度换算系数,按表 5-4 选用。

表 5-4　芯样试件混凝土强度换算系数

h/d	1.0	1.1	1.2	1.3	1.4	1.5	1.6	1.7	1.8	1.9	2.0
α	1.00	1.04	1.07	1.10	1.13	1.15	1.17	1.19	1.21	1.22	1.24

第七节　混凝土内钢筋位置和钢筋锈蚀的检测技术

一、钢筋位置检测

对已建混凝土结构作可靠性诊断和对新建混凝土结构施工质量进行鉴定时,要求确定钢筋位置、布筋情况,正确测量混凝土保护层厚度和估测钢筋的直径。当采用钻芯法检测混凝土强度时,为了在取芯部位避开钢筋,也需要作钢筋位置的检测。

钢筋位置检测仪是利用电磁感应原理制成的。混凝土是带弱磁性的材料,而结构内配置的钢筋是带有强磁性的。检测时,钢筋位置检测仪(图 5-26)的探头接触结构混凝土表面,探头中的线圈通过交流电,线圈周围就产生交流磁场。该磁场中由于有钢筋存在,线圈中产生感应电压。该感应电压的变化值是钢筋与探头的距离和钢筋直径的函数。钢筋愈靠近探头、钢筋直径愈大时,感应强度变化也愈大。

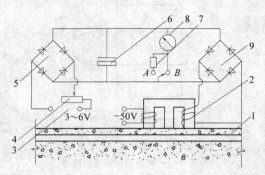

图 5-26　钢筋位置检测仪工工作原理
1—试件;2—探头;3—平衡电源;4—可变电阻;5—平衡整流器;6—电解电容;7—分档电阻;8—电流表;9—整流器

钢筋位置和保护层厚度的测定可采用磁感仪,目前常用的为数字显示磁感仪或成像显示磁感仪。

二、钢筋锈蚀的检测

已建结构钢筋的锈蚀常导致混凝土保护层胀裂、剥落,钢筋有效截面削弱等结构破坏现象,直接影响结构承载能力和使用寿命。当对于已建结构进行结构鉴定和可靠性诊断时,必须对钢筋锈蚀进行检测。

钢筋锈蚀状况的检测可根据测试条件和测试要求选择剔凿检测方法、电化学测定方法或综合分析判定方法。剔凿检测方法是剔凿出钢筋直接测定钢筋的剩余直径。电化学测定方法和综合分析判定方法宜配合剔凿检测方法进行验证。电化学测定可采用极化电极原理的检测方法,测定钢筋锈蚀电流和测定混凝土的电阻率,也可采用半电池原理的检测方法测定钢筋的电位。综合分析判定方法,检测的参数包括裂缝宽度、混凝土保护层厚度、混凝土强度、混凝土碳化深度、混凝土中有害物质含量以及混凝土含水率等,根据综合情况判定钢筋的锈蚀情况。

电化学测定方法的测区及测点布置应根据构件的环境差异及外观检查的结果来确定,测区应能代表不同环境条件和不同的锈蚀外观表征,每种条件的测区数量不宜少于 3 个。在测区上布置测试网格,网格节点为测点,网格间距可为 200 mm × 200 mm,300 mm × 300 mm 或 200 mm × 100 mm 等,根据尺寸和仪器功能而定。测区中的测点数不宜少于 20 个。测点与构件边缘的距离应大于 50 mm。测区应统一编号,注明位置,并描述其外观情况。

电化学检测操作应遵守所使用检测仪器的操作规定,并应注意电极铜棒应清洁、无明显缺陷;混凝土表面应清洁,无涂料、浮浆、污物或尘土等,测点处混凝土应湿润;保证仪器连接点钢筋与测点钢筋连通;测点读数应稳定,电位读数变动不超过 2 mV;同一测点同一参考电极重复读数差异不超过 10 mV,统一测点不同参考电极重复读数差异不超过 20 mV;并应避免各种电磁场的干扰以及注意环境温度对测试结果的影响,必要时应进行修正。

　　电化学测试结果的表达应按一定的比例绘出测区平面图,标出相应测点位置的钢筋锈蚀电位,得到数据阵列,并绘出电位等值线图,通过数值相等的各点或内插各等值点绘出等值线,等值线差值宜为 100 mV。

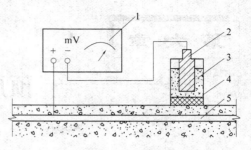

图 5-27　钢筋锈蚀测试仪原理图
1—毫伏表;2—铜棒电极;3—硫酸铜饱和溶液;
4—多孔接头;5—混凝土中钢筋

　　钢筋锈蚀测试仪工作原理如图 5-27 所示。它是利用钢筋锈蚀将引起腐蚀电流,从而使电位发生变化的原理。检测时采用铜-硫酸铜作为参考电极,另一端与被测钢筋连接,中间连接一毫伏表,测量钢筋与参考电极之间的电位差,利用钢筋锈蚀程度于测量电位间建立的一定关系,可以判断钢筋锈蚀的可能性及其锈蚀程度。试验证明:电位差为正值,钢筋无锈蚀;电位差为负值,钢筋有锈蚀可能,负值越大,表明钢筋锈蚀程度越严重。钢筋电位与钢筋锈蚀状况的判定见表 5-5。

表 5-5　钢筋电位与钢筋锈蚀状况判别

序　　号	钢筋电位状(mV)	钢筋锈蚀状况判别
1	-350 ~ -500	钢筋发生锈蚀的概率为 95%
2	-200 ~ -350	钢筋发生锈蚀的概率为 50%,可能存在坑蚀现象
3	-200 或高于 -200	无锈蚀活动性或锈蚀活动性不确定,锈蚀概率 5%

复习思考题

5-1　简述混凝土无损检测的主要方法及其工作原理。

5-2　回弹法的测强曲线有哪些?

5-3　简述超声法检测温凝土缺陷的基本原理及方法。

5-4　混凝土浅裂缝检测与深裂缝检测有何区别?

5-5　混凝土不密实区和空洞的检测方法有哪些?

5-6　简述钻芯法检测混凝土强度的方法。

5-7　简述混凝土内钢筋位置和钢筋锈蚀的检测方法。

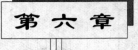

第六章

预应力混凝土结构试验检测

第一节　预应力混凝土结构基本知识

现代混凝土结构发展的总趋势,是通过不断改进设计、施工方法和采用高强、高性能的轻质材料建造更为经济合理的结构。高强、高性能轻质材料的发展,对加筋混凝土结构来说尤为重要。然而,混凝土是一种抗压强度高、抗拉强度低的结构材料,它的抗拉强度不仅很低,只有抗压强度的 1/10 ~ 1/15,而且还很不可靠;它的抗拉变形能力也很小,脆性破坏没有明显预兆。钢筋混凝土结构利用钢筋来承受混凝土的拉应力,如果假设不允许混凝土开裂,则钢筋的拉应力只能达到 20 ~ 30 MPa 左右;而将裂缝宽度限制在容许 0.2 ~ 0.25 mm 以内,钢筋的拉应力也只能达到 150 ~ 250 MPa。

钢筋混凝土虽然改善了混凝土抗拉强度太低的缺点,但仍存在两个不能解决的问题:一是在有裂缝的情况下,裂缝的存在不仅造成受拉区混凝土不能充分利用、结构刚度下降和自重比例上升,而且限制了它的使用范围;二是从保证结构耐久性的要求出发,必须限制混凝土裂缝开展的宽度,这就使高强度钢筋无法在钢筋混凝土结构中充分发挥其作用,相应地也不可能使高强混凝土的作用发挥出来。因此,当荷载或跨度增加时,钢筋混凝土结构只有靠增加其构件的截面尺寸或增加钢筋用量的方法来控制裂缝和变形。显然,这种做法既不经济又必然增加结构的自重,因而使钢筋混凝土结构的使用范围受到很大限制。为了使钢筋混凝土结构能得到进一步发展,就必须解决混凝土抗拉性能弱这一缺陷。预应力混凝土结构就是为克服钢筋混凝土结构的缺点、经人们长期实践而创造出来的一种具有广泛发展潜力、性能优良的结构。

一、预应力混凝土的概念

在预应力原理和技术运用最广泛的预应力混凝土结构中,通常是以预拉的高强钢筋的弹性回缩力对混凝土结构施加一个预设的应力状态,使混凝土在荷载作用下以最适合的应力状态工作,从而克服混凝土性能的弱点,充分发挥材料强度,达到结构轻型、大跨、高强、耐久的目的。

1. 预应力混凝土原理的三种概念

对于采用高强钢材作配筋的预应力混凝土,可以用三种不同的概念或从三个不同的角度来理解和分析其性状。设计者同时理解这三种概念及其相应的计算方法是十分重要的,只有这样才能更灵活有效地去选择和设计预应力混凝土结构。

（1）第一种概念——预加应力能使混凝土在使用状态下成为弹性材料

这一概念把经过预压混凝土从原先抗拉弱、抗压强的脆性材料变为一种既能抗压又能抗拉的弹性材料,由此,混凝土被看作承受两个力系,即内部预应力和外部荷载。若预应力所产生的压应力将外荷载所产生的拉应力全部抵消,则在正常使用状态下混凝土没有裂缝甚至不出现拉应力。在这两个力系的作用下,混凝土构件的应力、应变及变形均可按材料力学公式计算,并在需要时采用叠加原理。

如图 6-1 所示,在一根混凝土梁轴线以下偏心距 e 处预留孔道,穿以高强钢筋后将其张拉并锚固在梁端,其给梁施加的预加力为 N_p。在预加力 N_p 的作用下,混凝土截面的正应力(应力以压为正)为:

$$\sigma_c = \frac{N_p}{A_c} + \frac{N_p ey}{I_c}$$ (6-1)

外荷载弯矩 M(包括梁自重)产生的混凝土截面正应力为:

$$\sigma_c = -\frac{My}{I_c}$$ (6-2)

混凝土截面的最终正应力为:

$$\sigma_c = \frac{N_p}{A_c} + \frac{N_p ey}{I_c} - \frac{My}{I_c}$$ (6-3)

式中　A_c,I_c——混凝土截面面积和抗弯惯性矩;
　　　　y——应力计算点至截面形心轴的距离,在截面形心轴以下取正。

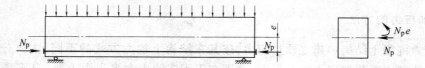

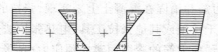

图 6-1　偏心预加力和外荷载作用下的应力分布

(2)第二种概念——预加应力能使高强钢材和混凝土共同工作并发挥两者的潜力

这种概念是将预应力混凝土看作高强钢材和混凝土两种材料的一种协调结合。在混凝土构件中采用高强钢筋,要使高强钢筋的强度充分发挥,必须使其有很大的伸长变形。如果高强钢筋只是简单地浇筑在混凝土体内,那么在使用荷载作用下混凝土势必严重开裂,构件将出现不能允许的宽裂缝和大挠度。预应力混凝土构件中的高强钢筋只有在与混凝土结合之前预先张拉,才能使在使用荷载作用下受拉的混凝土预压,储备抗拉能力,受拉的高强钢筋的强度才会进一步发挥。因此,预加应力是一种充分利用高强钢材的能力改变混凝土工作状态的有效手段,预应力混凝土可看作钢筋混凝土应用的扩展。但也应明确,预应力混凝土不能超越材料本身的强度极限。

(3)第三种概念——预加应力实现荷载平衡

预加应力的作用可以认为是对混凝土构件预先施加与使用荷载(外力)方向相反的荷载,用以抵消部分和全部使用荷载效应的一种方法。预应力筋位置的调整可对混凝土构件造成横向力。以采用抛物线形的预应力筋为例,预应力筋对混凝土梁的作用可近似为梁端的集中力 N_p 和方向向上、沿水平方向集度为 q 的均布荷载,如图 6-2 所示。

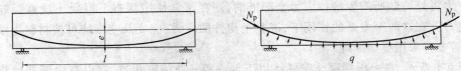

图 6-2   采用抛物线形配筋的预应力混凝土梁

$$q = \frac{8N_p e}{l^2} \tag{6-4}$$

如果在梁上作用方向向下、集度为 q 的外荷载,那么,两种荷载对梁产生的弯曲效应相互抵消,即梁不发生挠曲也不产生反拱,成为仅受轴力 N_p 的状态。如果外荷载超过预加力所产生的反向荷载效应,则可用荷载差值来计算梁截面增加的应力。这种把预加力看成实现荷载平衡的概念是由林同炎教授提出的。

预应力混凝土三个不同的概念,是从不同的角度来解释预应力混凝土的原理。第一种概念是预应力混凝土弹性分析的依据,指出了预应力混凝土的主要工作状态;第二种概念反映了预加应力对发挥高强钢材和混凝土潜力的必要性,也指出了预应力混凝土的强度界限;第三种概念则在揭示预加力和外荷载效应相互关系的同时,也为预应力混凝土结构设计与分析提供了一种简洁的方法。

二、预加应力的方法

在预应力混凝土结构中建立预加应力,按其在结构上加力方式的不同,主要分两大类:外部预加应力法和内部预加应力法。目前,我国在工程实践中大多采用内部(自平衡)预加应力法,即预应力筋与混凝土结构构成一个整体。

内部预加应力法主要通过张拉预应力筋并锚固在混凝土上来实现,张拉的方式有机械法、电热法、自张法等。机械张拉法一般采用千斤顶或其他张拉工具;电热张拉法是将低压强电流通过预应力筋使其发热伸长,锚固后利用预应力筋的冷缩而建立预应力;自张法是利用膨胀水泥带动预应力筋一起伸长的张拉方法。预应力混凝土结构主要采用机械法。根据张拉预应力筋与浇筑构件混凝土的先后次序,可分为先张法和后张法两种。

1. 先张法

先张法指采用永久和临时台座在构件混凝土浇筑之前施张预应力筋,待混凝土达到设计

强度和龄期后,将施加在预应力筋上的拉力逐渐释放,在预应力筋回缩的过程中利用其与混凝土之间的黏结握裹力,对混凝土施加预应力,如图 6-3 所示。

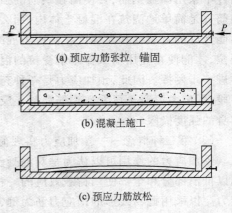

(a) 预应力筋张拉、锚固

(b) 混凝土施工

(c) 预应力筋放松

图 6-3   先张法预应力混凝土工艺

按设计要求张拉预应力筋由专用锚具临时固定在台座上(此时预应力筋的反作用力由台座承受),然后浇筑构件混凝土,待混凝土养护结硬到一定强度(一般应不低于混凝土设计强度的 75%,以及混凝土龄期不小于 7 d,以保证具有足够的黏结力和避免徐变值过大,简称混凝土强度和龄期双控制)后,放松预应力筋,利用预应力筋的回缩力及其与混凝

土之间的黏结作用使混凝土获得预压应力。

先张法依靠预应力筋回缩力和其与混凝土之间的黏结力形成预应力体系。

一般先张法所用的预应力筋为高强钢丝、直径较小的钢绞线和小直径的冷拉钢筋等。

先张法的工艺简单、工序少、效率高、质量易保证,且能省去锚固预应力筋所用的永久锚具。但需要专门的张拉台座,基建投资较大,还须考虑交通运输条件。预应力筋一般采用直线或折线布置,适宜于预制大批生产的中小型构件。

2. 后张法

后张法指在混凝土构件浇筑、养护和强度达到设计值后,利用预设在混凝土构件内的孔道穿入预应力筋,以混凝土构件本身为支承采用千斤顶张拉预应力筋,然后用特制锚具将预应力筋锚固形成永久预加力,最后在预应力筋孔道内压注水泥浆防锈,并使预应力筋和混凝土黏结成整体,如图 6-4 所示。

这种施工工艺的要点为:首先,在构件混凝土浇筑之前按预应力筋的设计位置预留孔道(或明槽),待混凝土养护结硬到一定强度(一般不应低于混凝土设计强度的 75%,混凝土龄期不宜小于7 d)后,再将预应力筋穿入预留孔道内;然后,以

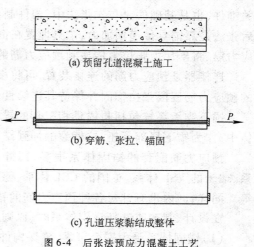

(a) 预留孔道混凝土施工

(b) 穿筋、张拉、锚固

(c) 孔道压浆黏结成整体

图 6-4　后张法预应力混凝土工艺

混凝土构件本身作为支承件,张拉预应力筋使混凝土构件压缩,待张拉力达到设计值后,用特制的锚具将预应力筋锚固于混凝土构件上,从而使混凝土获得永久的预压应力;最后,在预留孔道内压注水泥浆,以保护预应力筋并使其与混凝土黏结成整体。

后张法是通过锚具锚固预应力筋从而保持预加力的预应力体系,因而,后张法适用性较大,可以是预制构件,也可以是施工现场按设计要求在支架上施工的混凝土构件等。但后张法施工工艺相对比较复杂,锚具耗钢量较大。

后张法混凝土构件的预留孔道是由制孔器来形成的。常用的制孔器的型式有两类:

(1)抽拔式制孔器,即在预应力混凝土构件中根据设计要求预埋制孔器具,在混凝土初凝后抽拔出制孔器具,从而形成预留孔道。最常用的橡胶抽拔管的工艺为:在钢丝网加劲的胶管内穿入钢筋(称芯棒),再将胶管(连同芯棒)放入构件模板内,待浇筑混凝土结硬到一定强度(一般为初凝期)后,抽掉芯棒再拔出胶管,从而形成预留孔道。

(2)埋入式制孔器,即在预应力混凝土构件中根据设计要求永久埋置制孔器(管道),从而形成预留孔道。通常可采用铁皮管、螺旋波纹铁皮管和特制的塑料管作为制孔器。这种预埋管道的构件,在混凝土达到设计强度后,即可直接张拉管道内的预应力筋。

我国现在一般都采用预埋波纹管方式制孔。

在后张法预应力混凝土构件中,为了防止预应力筋的锈蚀和使预应力筋与梁体混凝土结合成一个整体,一般在预应力筋张拉完毕之后,需向预留孔道内压注水泥浆。为了减少水泥浆结硬过程中的收缩,保证孔道内水泥浆密实,可在水泥浆中加入少量的铝粉,使水泥浆在硬化过程中膨胀,但应控制其膨胀率不大于 5%。水泥浆的水灰比一般取 0.4 ~ 0.45 为宜。水泥浆的标号不低于构件混凝土强度的 80%,且不低于 C30。详细可以参考我国相应的预应力混

凝土施工技术规范。

三、锚固体系

预应力锚固体系是预应力混凝土结构成套技术的重要组成部分,完善的锚固体系通常包括锚具、夹具、连接器及锚下支承系统等。

锚具和夹具是预应力混凝土构件锚固与夹持预应力筋的装置,它是预应力锚固体系中的关键件,也是基础件。在先张法中,构件制成后锚具可取下重复使用,通常称为夹具或工具锚;后张法是靠锚具传递预加力,锚具埋置在混凝土构件内不再取下,夹具或工具锚是临时锚固预应力筋、将千斤顶张拉力传递到预应力筋的装置。

连接器是预应力筋的连接装置,可将多段预应力筋连接成一条完整的长束,能使分段施工的预应力筋逐段张拉锚固并保持其连续性。

锚下支承系统包括与锚具相配套的锚垫板、螺旋筋或钢筋网片等,布置在锚固区的混凝土体中,作为锚下局部承压、抗劈裂的加强结构。

预应力筋配套的锚固体系很多,国外主要的锚固体系有法国的弗奈西奈(Freyssinet)体系、瑞士的 VSL 体系、英国的 CCL 体系、德国的地伟达(DYWIDAG)体系及瑞士的 BBRV 体系等。同样,国内也有针对各种预应力筋的锚固体系。

在设计、制造或选择锚固体系时,原则上应注意满足下列要求:

(1)锚固体系受力安全可靠,确保构件的预应力要求;

(2)引起的预应力损失和在锚具附近的局部压应力小;

(3)构造简单,加工制作方便,重量轻,节约钢材;

(4)根据设计取用的预应力筋种类、预压力大小及布束的需要选择锚具体系;

(5)预应力筋张拉操作方便,设备简单。

第二节　预应力锚具、夹具及连接器检测

一、定义与分类

1.定义

预应力锚具、夹具和连接器,是锚固和连接预应力筋的一种装置。

锚具:在后张法预应力结构和构件中,为保持预应力并将其传递到混凝土上所用的永久性锚固装置,称为锚具。

夹具:在先张法结构或构件施工时,为保持预应力筋的拉力并将其固定在张拉台座(或设备)上的临时性锚固装置,或者在后张法结构或构件施工时,能将千斤顶(或其他张拉设备)的张拉力传递到预应力筋的临时性锚固装置(又称工具锚)。

连接器:用于连接预应力筋之间的装置。

2.产品分类

锚具、夹具和连接器按锚固方式不同,可分为支承式、夹片式、锥塞式和握裹式 4 种。它们的产品标记由四部分组成:第一部分由两个汉语拼音字母组成,第一个字母为预应力体系代号,由研制单位选定,第二个为锚具、夹具和连接器代号,分别为 M,J 和 L;第二部分为预应力筋的直径(mm);第三部分为预应力筋的根数;第四部分为锚固方式代号,对支承式锚中的螺

纹锚和镦头锚代号分别为 L 和 D,对夹片锚、锥塞锚和握裹锚代号分别为 J,Z 和 W。如锚固 21 根直径为 5 mm 钢丝的镦头锚具可以标记为 M5-21D。

二、性能要求

1. 锚具

（1）静载锚固性能

1）锚具的静载锚固性能,由预应力筋-锚具组装件静载锚固试验测定的锚固效率系数 η_a 和达到实测极限拉力时预应力筋总应变 ε_{apu} 确定。锚具效率系数 η_a 按下式计算:

$$\eta_a = \frac{F_{apu}}{\eta_p F_{pm}} \tag{6-5}$$

式中　F_{apu}——预应力筋-锚具组装件的实测极限拉力;

F_{pm}——预应力筋-锚具组装件中各根预应力筋计算极限拉力之和;

η_p——预应力筋的效率系数。

2）在预应力筋强度等级已经确定的条件下,锚具的静载锚固性能应同时符合下列要求:

$$\eta_a \geqslant 0.95 \tag{6-6}$$

$$\varepsilon_{apu} \geqslant 2.0\% \tag{6-7}$$

3）预应力筋-锚具组装件中各根预应力筋计算极限拉力之和 F_{pm} 按下式计算:

$$F_{pm} = f_{ptm} A_p \tag{6-8}$$

式中　f_{ptm}——预应力钢材中抽取的试件极限抗拉强度的平均值;

A_p——预应力筋-锚具组装件中预应力筋截面积之和。

4）预应力筋的效率系数 η_p 按下列规定取用:

预应力筋-锚具组装件中预应力钢材为 1～5 根时,$\eta_p = 1$;6～12 根时,$\eta_p = 0.99$;13～19 根时,$\eta_p = 0.98$;20 根以上时,$\eta_p = 0.97$。

5）当预应力筋－锚具组装件达到实测极限拉力时,应由预应力钢材的断裂（逐根或多根同时断裂）,而不应是由锚具的失效而导致试验中止,预应力筋拉应力未超过 $0.8f_{ptk}$ 时,锚具主要受力零件应在弹性阶段工作,脆性零件不得断裂。

（2）疲劳荷载性能

1）预应力筋-锚具组装件,除应满足静载锚固性能外,尚应满足循环次数为 200 万次的疲劳性能试验要求。

2）试件经受 200 万次循环荷载后,锚具零件不应疲劳破坏,预应力筋因锚具夹持作用发生疲劳破断的截面面积不应大于试件总面积的 5%。

（3）周期荷载性能

1）用于抗震结构中的锚具,还应满足循环次数为 50 次的周期荷载试验。

2）试件经受 50 次周期荷载试验后,预应力筋在锚具夹持区域不应发生破断、滑移和夹片松脱现象。

（4）辅助性能要求

新研制的锚具应进行本项试验。进行型式试验的产品,可选择部分或全部项目试验,并根据试验所测定的平均内缩量和锚固端预应力摩阻损失与设计规范的对比结果,对施工张拉力进行适当修正。

组装件中组成预应力筋的各根钢材应等长平行、初应力均匀,其受力长度不宜小于 3 m。单根钢绞线的组装件试件,不包括夹持部位的受力长度不应小于 0.8 m;其他单根预应力钢材的组装件最小长度可按照试验设备确定。

(2)试验用预应力钢材可由检测单位或受检单位提供,同时还应提供该批钢材的质量合格证明书。所选用的预应力钢材,其直径公差应在受检锚具、夹具或连接器设计的容许范围之内。试验用预应力钢材应先在有代表性的部位取不少于 3 根试件进行母材力学性能试验,试验结果必须符合国家现行标准的规定,并且其实测抗拉强度平均值 f_{ptm} 应符合工程选定的强度等级,超过上一个等级时不应采用。

(3)生产厂的型式检验和新产品试验所用的试件,应选用同一品种、同一规格中最高强度级别的预应力钢材。用于多品种预应力钢材的锚具、夹具或连接器,应对每个品种进行试验。

(4)试验用的测力系统,其不确定度不得大于 1%;测量总应变的量具,其标距的不确定度不得大于标距的 0.2%,其指示应变的不确定度不得大于 0.1%。试验台座的承载力应大于组装件中各预应力筋计算极限拉力之和的 1.5 倍;千斤顶额定张拉力和测力传感器的额定压力应大于组装件中各预应力筋计算极限拉力之和;试验设备及仪器每年至少标定一次。

2. 静载试验

(1)试验装置

对于先安装锚具、夹具或连接器再张拉预应力筋的预应力体系,可直接用试验台座或试验机加载。先锚固后张拉式预应力锚具组装件应按图 6-5 所示的试验装置进行静载试验;预应力筋-连接器组装件应按图 6-6 所示的试验装置进行静载试验。

对于先张拉预应力筋再进行锚固的预应力体系,静载试验装置如图 6-7 所示。

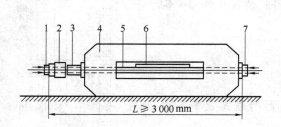

图 6-5　先锚固后张拉式预应力筋-锚具组装件静载试验装置
1—张拉端试验锚具;2—千斤顶;3—荷载传感器;
4—承力台座;5—预应力筋;6—位移传感器;
7—固定端试验锚具

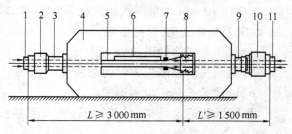

图 6-6　预应力筋-连接器组装件静载试验装置
1—张拉端试验锚具;2—Ⅰ号加荷用千斤顶;3—荷载传感器;4—承力台座;5—预应力筋;6—位移传感器;7—转向钢环;8—连接器;9—固定端试验锚具;10—Ⅱ号千斤顶(预紧锚固后卸去);11—工具锚

(2)试验加荷步骤

1)对于先安装锚具、夹具或连接器再张拉预应力筋的预应力体系,可直接用试验台座或试验机加载。加荷之前应将各种仪表安装调试正确,各根预应力钢材的初应力调匀,初应力可取钢材抗拉强度标准值的 10%。加荷步骤可按预应力钢材抗拉强度标准值的 20%,40%,60%,80%分 4 级等速加载,加载速度宜为 100 MPa/min。达到 80%后,持荷 1 h,随后逐渐加

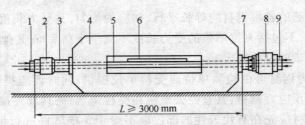

图 6-7   先张拉后锚固式预应力筋-锚具组装件静载试验装置

1,7—试验锚具;2—Ⅰ号加荷用千斤顶;3—荷载传感器;4—承力台座;

5—预应力筋;6—位移传感器;8—Ⅱ号加荷用千斤顶

(施工用型号);9—工具锚

载至完全破坏。

2)对于先张拉预应力筋再进行锚固的预应力体系,在不安装Ⅱ号千斤顶的情况下用与1)同样的办法调匀初应力,然后用Ⅱ号千斤顶(施工用的张拉设备)按预应力钢材抗拉强度标准值的 20 %,40 %,60 %,80 %分 4 级等速加载,加载速度宜为 100 MPa/min。达到 80 %后,松开Ⅱ号千斤顶,完成 7 号件的锚固,持荷 1 h,再用Ⅰ号千斤顶逐步加载至完全破坏。如果能证明预应力钢材在张拉后锚固对静载锚固性能无影响时,也可按1)加载步骤进行加载试验。

(3)试验测量项目

试验过程中观测和测量项目应包括:

1)各根预应力筋与锚具、夹具或连接器之间的相对位移 Δa,如图 6-8 所示。

2)锚具、夹具或连接器各零件之间的相对位移 Δb,如图 6-8 所示。

3)在达到预应力筋标准抗拉强度的 80 %后,在持荷的 1 h 期间,每 20 ~ 30 min 测量一次相对位移(Δa 和 Δb)。持荷期间 Δa 和 Δb 均应无明显变化,保持稳定。

4)试件的实测极限拉力 F_{apu}。

5)达到实测极限应力时的总应变 ε_{apu}。

6)试件的破坏部位和形式。

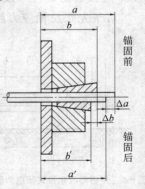

图 6-8   内缩量计算图

根据试验记录结果,计算锚具、夹具和连接器的锚固效率系数 η_a 和 η_g,编写试验报告。

(4)试验方法

1)对于图 6-5 所示的钢绞线锚具组装件静载试验,先用张拉设备加载至钢绞线抗拉强度标准值的 10 %,将各根预应力钢材的初应力调匀,测量组装件中钢绞线的标距 L_0 及千斤顶活塞初始行程 L_1,测量图 6-8 中所示的 a、b 值,并作记录。

2)按 100 MPa/min 的加载速度分 4 级加载至钢绞线抗拉强度标准值的 20 %、40 %、60 %、80 %。张拉到钢绞线抗拉强度标准值的 80 %后锚固,保持荷 1 h,逐步加大荷载至破坏。

3)试验过程中测量记录项目包括:钢绞线锚具(或连接器)组装件的内缩量 Δa,锚具(或连接器)各零件间的相对位移 Δb,荷载达到钢绞线抗拉强度标准值的 80 %后及持荷 1 h 时锚具(或连接器)的变形,试件实测极限拉力 F_{apu},并对试件破坏进行观察描述,达到极限拉力时的总应变 ε_{apu}。静载试验记录用表 6-1 表示。

表 6-1 静载试验记录

锚具型号			钢绞线	规格		计算极限拉力之和(kN)		
千斤顶型号				强度级别(MPa)		实测极限拉力(kN)		
传感器型号			L(mm)			破断情况		
序号	加载量(kN)	夹片位移量 Δb(mm)		内缩量 Δa(mm)		千斤顶活塞行程(mm)	破断时	Δa(mm)
		固定端	张拉端	固定端	张拉端			Δb(mm)
持荷时间								
持荷后								
破断时								

参加人：   日期：

(5)静载试验结果

静载试验应连续进行三个组装件的试验,全部试验结果均应作出记录,并据此按式(6-5)和式(6-9)确定锚具、夹具或连接器的锚固系数。其中锚具组装件的总应变 可参照我国交通部行业标准《公路桥梁预应力钢绞线用锚具、夹具及连接器》(JT 329.2—2010)的规定计算如下:

1)采用直接测量标距时,按下式计算:

$$\varepsilon_{apu} = \frac{\Delta L_1 + \Delta L_2}{L_1} \times 100\% \qquad (6\text{-}10a)$$

式中 ΔL_1——位移传感器从张拉至钢绞线抗拉强度标准值 f_{ptk} 的 10%加载到极限应力时的位移增量;

ΔL_2——从 0 到张拉至钢绞线抗拉强度标准值的 10%的伸长量理论计算值(标距内);

L_1——张拉至钢绞线抗拉强度标准值 f_{ptk} 的 10%时位移传感器的标距。

2)采用测量加荷千斤顶活塞伸长量,按下式计算:

$$\varepsilon_{apu} = \frac{\Delta L_1 + \Delta L_2 - \Delta a}{L} \times 100\% \qquad (6-10b)$$

式中 ΔL_1——从张拉至钢绞线抗拉强度标准值 f_{ptk} 的 10%到极限应力时的活塞伸长量;

ΔL_2——从 0 到张拉至钢绞线抗拉强度标准值的 10%的伸长量理论计算值(夹持计算长度内);

Δa——钢绞线相对试验锚具(连接器)的实测位移量;

L——钢绞线夹持计算长度,即两端锚具(连接器)的端头起夹点之间距离。

静载试验的结果由表 6-2 给出,三个组装件的试验结果均应满足中华人民共和国国家标准 GB/T 14370—2007 中的规定,不得平均。

表 6-2　静载试验结果

试件编号	锚具型号	钢绞线根数	钢绞线计算极限拉力之和（kN）	钢绞线锚具组装件实测极限拉力（kN）	锚具效率系数	总应变（%）	破坏情况			
							破断丝数	颈缩丝数	斜切口断丝数	其　他

试验者：　　　　　　　计算者：　　　　　　　委托单位：　　　　　　备注：

校对者：　　　　　　　审核者：　　　　　　　生产厂家：

试验单位：　　　　　　试验日期：　　　　　　监检单位：

3. 疲劳试验

（1）疲劳试验方法

预应力锚具组装件在进行疲劳试验时,根据预应力筋种类不同选取试验应力上限和应力幅度：预应力筋为钢丝、钢绞线或热处理钢筋时,试验应力上限取预应力钢材抗拉强度标准值的 65 %,应力幅度取 80 MPa；预应力钢筋为精轧螺纹钢筋时,试验应力上限取预应力钢材屈服强度的 80 %,应力幅度取 80 MPa。试验选用的疲劳试验机（一般采用脉冲千斤顶）的脉冲频率不应超过 500 次/min。当疲劳试验机的能力不够时,只要试验结果有代表性,在不改变试件中各根预应力钢材受力的条件下,可以将预应力筋的根数适当减少,或用较小规格的试件,但最少不得低于实际预应力钢筋根数的 1/10。为了保证试验结果有代表性,直线形及有转折（如果锚具有斜孔时）的预应力钢材都应包括在试验用组装件中。试验台的长度应不小于 3 m,承载力应满足试验要求。

疲劳试验时以约 100 MPa/min 的速度加荷至试验应力上限值,在调节应力幅值达到规定值后,开始记录循环次数。试验过程中观察记录锚具和连接器部件与钢绞线疲劳损伤情况及变形情况,疲劳的钢绞线的断裂位置、数量和相应的疲劳次数。

（2）疲劳试验结果

疲劳试验结果用表 6-3 表示。

表 6-3　疲劳试验结果

试验编号	锚具型号	预应力筋抗拉强度标准值（MPa）	预应力筋截面面积（mm²）	试验荷载（kN）		频率（次/min）	疲劳次数（10^4 次）	试件情况
				上限	下限			

试验者：　　　　　　　计算者：　　　　　　　委托单位：　　　　　　备注：

校对者：　　　　　　　审核者：　　　　　　　生产厂家：

试验单位：　　　　　　试验日期：　　　　　　监检单位：

4. 周期荷载试验

预应力筋-锚具或连接器组装件的周期荷载试验可以在疲劳试验机或承力台座上进行。在进行周期荷载试验时,预应力筋为钢丝、钢绞线或热处理钢筋时,试验应力上限取预应力钢材抗拉强度标准值的 80%,下限取预应力钢材抗拉强度标准值的 40%;预应力钢筋为精轧螺纹钢筋时,试验应力上限取预应力钢材屈服强度的 90%,下限取预应力钢材抗拉强度标准值的 40%。周期荷载试验的锚具组装形式与静载试验相同。

组装好试件后,以约 100 MPa/min 的速度加荷至试验应力上限值,再卸载至试验应力下限值为第一周期,然后荷载自下限值经上限值再回复到下限值为第二个周期,重复 50 个周期。荷载试验结果用表 6-4 记录。

表 6-4　周期荷载试验结果

试验编号	锚具型号	预应力筋抗拉强度标准值(MPa)	预应力筋截面面积(mm²)	试验荷载(kN)		试验次数(次)	试件情况
				上限	下限		

试验者：　　　　　　计算者：　　　　　　委托单位：　　　　　　备注：

校对者：　　　　　　审核者：　　　　　　生产厂家：

试验单位：　　　　　试验日期：　　　　　监检单位：

5.辅助性试验

对于新型锚具、夹具和连接器应进行辅助性试验,包括锚具和夹具的内缩量试验、锚口和锚垫板摩阻损失试验和张拉锚固工艺试验。

(1)锚具和夹具的内缩量试验

内缩量试验需在不小于 5 m 长的台座或构件上张拉和放张,内缩量试验使用的设备、仪器及试件安装与静载试验相同,试验施加的张拉力为按有关规范规定的最大张拉控制应力,内缩量可用测量锚固处预应力筋的相对位移(以 mm 计)的方法直接测出。用传感器测量锚固前后预应力筋拉力的差值,也可计算求得回缩量。试件组装后测量图 6-8 中每根预应力筋的 a_i 值,用试验设备张拉试件至预应力筋张拉控制应力后锚固,测量每根预应力筋的 a_i' 值,计算出每根预应力筋的内缩量 Δa_i 和锚具组装件的内缩量的 Δa:

$$\Delta a_i = a_i - a_i' \tag{6-11}$$

$$\Delta a = \frac{1}{n} \sum_{i=1}^{n} \Delta a_i \tag{6-12}$$

式中　n——锚具组装件中预应力筋的根数。

内缩量试验试件不少于 3 个,试验结果取平均值,并用表 6-5 记录。

(2)锚口和锚垫板摩阻损失试验

锚口和锚垫板摩阻损失试验可在混凝土试件或张拉台座(长度均不小于 4 m)上进行,混凝土试件锚固区配筋及构造按结构设计要求布置,锚垫板及螺旋筋应安装齐备,试件内管道应顺直。锚口和锚垫板摩阻损失使用的试验设备、仪器及试件安装也与静载试验相同,试件安装可参考图 6-9。试件两端安装千斤顶及传感器,试件安装好后,用试验设备张拉组装件至预应力筋张拉控制应力,进行锚固,用两端传感器测出锚具和锚垫板前后拉力差值即为锚具的锚口摩阻和锚垫板摩阻损失之和,以张拉力的百分率计。

表 6-5　内缩量试验结果

试 验 编 号	锚 具 型 号	预应力筋抗拉强度 标准值(MPa)	预应力筋截面 面积(mm²)	内缩量 Δa_i(mm)	内缩量(平均值) Δa(mm)

试验者：　　　　　　　　计算者：　　　　　　　　委托单位：　　　　　　备注：
校对者：　　　　　　　　审核者：　　　　　　　　生产厂家：
试验单位：　　　　　　　试验日期：　　　　　　　监检单位：

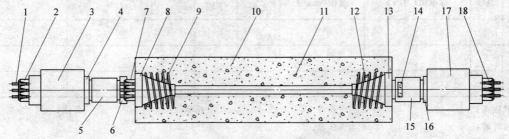

图 6-9　锚口和锚垫板摩阻损失试验装置示意图

1—预应力筋;2,18—工具锚;3—主动端千斤顶;4,16—对中垫圈;5—主动端传感器;
6—限位板;7—工作锚;8,13—锚垫板;9,12—螺旋筋;10—混凝土试件;11—预埋管道;
14—钢质约束环(内径与管道直径一致,以避免预应力筋在固定端锚垫板处产生摩阻);
15—固定端传感器;17—固定端千斤顶

锚口和锚垫板摩阻损失试验具体测试步骤如下：

1)两端同时充油,油表读数值均保持 4 MPa,然后将甲端封闭作为被动端、乙端作为主动端,张拉至控制吨位。设乙端压力传感器读数为 N_z 时,甲端压力传感器的相应读数为 N_b,则锚口和锚垫板摩阻损失为：

$$\Delta N = N_z - N_b \tag{6-13}$$

以张拉力的百分率表示的锚口和锚垫板摩阻损失为：

$$\eta = \frac{\Delta N}{N_z} \times 100\% \tag{6-14}$$

2)乙端封闭,甲端张拉,同样按上述方法进行 3 次,取平均值;

3)两次的 ΔN 和 η 平均值,再予以平均,即为测定值,按表 6-6 记录。

表 6-6　锚口和锚垫板摩阻损失测试表

试件编号	锚具型号	预应力筋抗拉强度 标准值(MPa)	锚固前后预应力筋 拉力差值(kN)	锚口和锚垫板摩 阻损失(%)	锚口和锚垫板摩阻 损失平均值(%)

试验者：　　　　　　　　计算者：　　　　　　　　委托单位：　　　　　　备注：
校对者：　　　　　　　　审核者：　　　　　　　　生产厂家：
试验单位：　　　　　　　试验日期：　　　　　　　监检单位：

（3）张拉锚固工艺试验

张拉锚固工艺试验可在混凝土模拟试件或张拉台座上进行,混凝土模拟试件中应包含锚垫板、弯曲或直线管道。试验设备、仪器及试件安装也与静载试验相同,用试验设备按预应力筋最大张拉控制应力的25%、50%、75%和100%分4级张拉锚具组装件,每张拉1级荷载锚固1次,张拉完毕后放松张拉应力。通过张拉锚固工艺试验观察:

1）预应力体系具有分级张拉或因张拉设备倒换行程需要临时锚固的可能性;

2）经过多次张拉锚固后,同一束内各根预应力筋受力仍是均匀的;

3）在张拉发生故障时,有将预应力筋全部放松的措施。

四、试件抽样及检验判定

一般使用单位材料进场和生产厂家产品出厂对预应力锚具、夹具和连接器抽样进行外观、硬度检验和静载试验。生产厂家对新产品或采用新工艺生产的锚具、夹具和连接器的形式检验需进行外观、硬度检验,静载试验、疲劳试验、周期荷载试验及辅助性试验。

对于同类型、同一批原材料和同一工艺生产的锚具、夹具或连接器作为一批验收。进场验收时,每个检验批的锚具不超过2 000套,每个检验批的夹具不超过500套,每个检验批的连接器不超过500套。获得第三方独立认证的产品,其检验批量可扩大1倍。外观检查抽取5%,且不少于10套;对其中有硬度要求的零件作硬度检验,硬度检验抽取3%,且不少于5套;静载试验、疲劳试验、周期荷载试验各抽取3套试件。

1.外观检查

从每批中抽取5%但不少于10套锚具检查其外观和尺寸,受检样品的外形尺寸和外观质量应符合设计图纸要求。如有一套尺寸超过允许偏差,则应取双倍数量重作检验,如仍有一套不符合要求,则应逐套检查,合格者方可使用。全部样品均不得有裂纹出现,如有一套表面有裂纹时,则本批应逐套检查,合格者方可使用。

2.硬度检验

从每批中抽取3%但不少于5套锚具,对其中有硬度要求的零件做硬度试验(多孔夹片式锚具的夹片,每套至少抽取6片)。每个零件测试3点,其硬度应在设计要求的范围内。如有1个零件不合格时,则应另取双倍数量的零件重作检验;如仍有1个零件不合格时,则应对本批产品逐个检验,合格者方可使用。

3.静载锚固性能试验

经过上述两项试验合格后,应从同批中抽取6套锚具(夹具或连接器),组成3个预应力筋-锚具(夹具或连接器)组装件,进行静载锚固性能试验。如有1个试件不符合要求时,则应取双倍数量的试件重做试验,如全部试件合格,即可判定本批产品合格;如仍有1个试件不合格,则该批产品应视为不合格品。

锚具(夹具或连接器)的静载锚固性能试验,对于一般工程,也可由生产厂家提供试验报告。对预应力夹具和先张法预应力筋连接器的进场验收,只做静载锚固性能试验。对连接器的静载锚固性能,可从同批中抽取3套3个预应力筋-连接器组装件进行试验。

第三节　张拉设备校验

一、张拉设备的分类及工作原理

桥梁工程中通常采用液压拉伸机作为预应力的张拉设备,它由油压千斤顶和配套的高压油泵、压力表及外接油管等组成。液压拉伸机的千斤顶按其构造可分为台座式(普通油压千斤顶)、穿心式、锥锚式和拉杆式。

1.穿心式千斤顶

穿心式千斤顶是利用双液压缸张拉预应力筋和顶压锚具的双作用千斤顶,适用于张拉带 JM 型锚具、XM 型锚具的钢筋,配上撑脚与拉杆后,也可作为拉杆式千斤顶张拉带螺母锚具和镦头锚具的预应力筋。图 6-10 为 JM 型锚具和 YC60 型千斤顶的安装示意图。系列产品有 YC20D,YC60 与 YC120 型千斤顶。

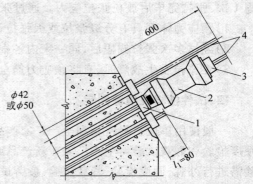

图 6-10　JM 型锚具和 YC60 型千斤顶的安装(单位:mm)
1—工作锚;2—YC60 型千斤顶;3—工具锚;4—预应力筋

图 6-11 为 YC60 型千斤顶构造图,主要由张拉油缸、顶压油缸、顶压活塞、穿心套、保护套、端盖堵头、连接套、撑套、回弹弹簧和动、静密封圈等组成。该千斤顶具有双作用,即张拉与顶锚两个作用。其工作原理是:张拉预应力筋时,张拉缸油嘴进油、顶压缸油嘴回油,顶压油缸、连接套和撑套连成一体右移顶住锚环,张拉油缸、端盖螺母及堵头和穿心套连成一体带动工具锚左移张拉预应力筋;顶压锚固时,在保持张拉力稳定的条件下,顶压缸油嘴进油,顶压活塞、保护套和顶压头连成一体右移将夹片强力顶入锚环内,此时张拉缸油嘴回油、顶压缸油嘴进

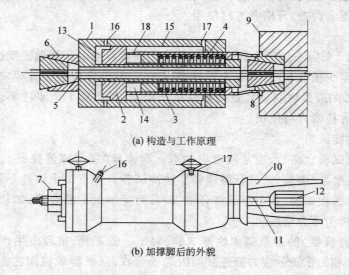

(a) 构造与工作原理

(b) 加撑脚后的外貌

图 6-11　YC60 型千斤顶
1—张拉油缸;2—顶压油缸(即张拉活塞);3—顶压活塞;4—弹簧;5—预应力筋;6—工具锚;
7—螺帽;8—锚环;9—构件;10—撑脚;11—张拉杆;12—连接器;13—张拉工作油室;
14—顶压工作油室;15—张拉回程油室;16—张拉缸油嘴;17—顶压缸油嘴;18—油孔

油、张拉缸液压回程。最后,张拉缸、顶压缸油嘴同时回油,顶压活塞在弹簧力作用下回程复位。大跨度结构、长钢丝束等引伸量大的,用穿心式千斤顶为宜。

　　2. 锥锚式千斤顶

　　锥锚式千斤顶是具有张拉、顶锚和退楔功能的千斤顶,用于张拉带锥形锚具的钢丝束。系列产品有 YZ38、YZ60 和 YZ85 型千斤顶。

　　锥锚式千斤顶由张拉油缸、顶压油缸、退楔装置、楔形卡环、退楔翼片等组成,如图 6-12 所示。其工作原理是当张拉油缸进油时,张拉缸被压移,使固定在其上的钢筋被张拉。钢筋张拉后,改由顶压油缸进油,随即由副缸活塞将锚塞顶入锚圈中。张拉缸、顶压缸同时回油,则在弹簧力的作用下复位。

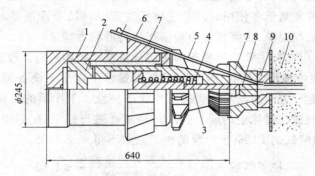

图 6-12　锥锚式千斤顶(mm)

1—张拉油缸;2—顶压油缸(张拉活塞);3—顶压活塞;4—弹簧;
5—预应力筋;6—楔块;7—对中套;8—锚塞;9—锚环;10—构件

　　3. 拉杆式千斤顶

　　拉杆式千斤顶用于螺母锚具、锥形螺杆锚具、钢丝镦头锚具等,它由主油缸、主缸活塞、回油缸、回油活塞、连接器、传力架、活塞拉杆等组成。图 6-13 是用拉杆式千斤顶张拉时的工作示意图。张拉前,先将连接器旋在预应力的螺丝端杆上,相互连接牢固,千斤顶由传力架支承在构件端部的钢板上。张拉时,高压油进入主油缸,推动主缸活塞及拉杆,通过连接器和螺丝端杆,预应力筋被拉伸。千斤顶拉力的大小可由油泵压力表的读数直接显示。当张拉力达到规定值时,拧紧螺丝端杆上的螺母,此时张拉完成的预应力筋被锚固在构件的端部。锚固后回油缸进油,推动回油活塞工作,千斤顶脱离构件,主缸活塞、拉杆和连接器回到原始位置。最后将连接器从螺丝端杆上卸掉,卸下千斤顶,张拉结束。

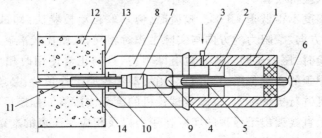

图 6-13　拉杆式千斤顶张拉原理

1—主油缸;2—主缸活塞;3—进油孔;4—回油缸;5—回油活塞;6—回油孔;7—连接器;
8—传力架;9—拉杆;10—螺母;11—预应力筋;12—混凝土构件;13—预埋铁板;14—螺丝端杆

目前常用的一种千斤顶是 YL60 型拉杆式千斤顶。另外，还有 YL400 型和 YL500 型千斤顶，其张拉力分别为 4000 kN 和 5000 kN，主要用于张拉力较大的钢筋张拉。

二、张拉设备的校验

油压千斤顶的作用力一般用油压表测定和控制。油压表上的指示读数为油缸内的单位油压，在理论上将其乘以活塞面积即为千斤顶的作用力。但由于油缸与活塞之间有一定的摩阻力，此项摩阻力抵消一部分作用力，因此实际作用力要比理论值小。为正确控制张拉力，一般均用校验标定的方法测定油压千斤顶的实际作用力与油表读数的关系。由于每台千斤顶液压配合面实际尺寸和表面粗糙度不同，密封圈和防尘圈的松紧程度不同，造成千斤顶内摩擦阻力不同，而且摩阻要随油压高低和使用时间的变化而改变，所以，千斤顶要进行定期标定且要进行配套校验，以减少累积误差，提高预应力控制张拉力的测力精度。

张拉设备的校验应在经主管部门授权的法定计量技术机构进行。校验用的标准仪器精度不得低于 1%，压力表的精度不宜低于 1.5 级，最大量程不宜小于设备额定张拉力的 1.3 倍。校验时，千斤顶活塞运行方向应与实际张拉工作状态一致。千斤顶的校验可以根据现场实际情况，采用压力试验机或已经标定的压力（拉力）传感器进行标定；配套校正时，分级校正的吨位不得超过最大控制荷载的 10%；千斤顶的校正系数不得大于 1.05。

$$校正系数 = \frac{油压表读数 \times 活塞面积}{压力机读数值} \leq 1.05$$

张拉设备的标定期限不宜超过 6 个月。当发生下列情况之一时，应对张拉设备重新校验：

1. 新千斤顶初次使用前；
2. 油压表指针不能退回零点；
3. 千斤顶、油压表和油管进行过更换或维修后；
4. 张拉 200 次或连续张拉 2 个月后；
5. 张拉中预应力筋出现多根破断事故或张拉伸长值误差较大；
6. 停放 3 个月不用后，重新使用之前；
7. 油压表受到摔碰等大的冲击。

三、校验方法

液压千斤顶与配套使用的油泵、油压表应一起配套标定，常用的校验方法有以下 3 种。

1. 用长柱压力试验机校验

压力试验机的精度不得低于 ±1%。校验时，应采取被动校验法，即试验时用千斤顶顶试验机，这样活塞运行方向、摩阻力的方向与实际工作时相同，校验比较准确。

在进行被动校验时，压力试验机本身也有摩阻力，且与正常使用时相反，故试验机表盘读数反映的也不是千斤顶的实际作用力。因此，用被动法校验千斤顶时，必须事先用足够吨位的标准测力计对试验机进行被动标定，以确定试验机的度盘读数值。标定后在校验千斤顶时，就可以从试验机度盘上直接读出千斤顶的实际作用力以及相应油压表的准确读数。

用压力试验机校验的步骤如下。

（1）千斤顶就位

当校验穿心式千斤顶时，如图 6-14（a）所示，将千斤顶放在试验机台面上，千斤顶活塞面或撑套与试验机压板紧密接触,并使千斤顶与试验机的受力中心线重合。

当校验拉杆式千斤顶时,如图 6-14(b)所示,先把千斤顶的活塞杆推出,取下封尾板,在缸体内放入一根厚壁无缝钢管,然后将千斤顶两脚向下立于试验机的中心线部位。放好后,调整试验机,使钢管的上端与试验机上压板接紧,下端与缸体内活塞面接紧,并对准缸体中心线。

(2)校验千斤顶

开动油泵,千斤顶进油,使活塞杆上升,顶试验机上压板。在千斤顶顶试验机的平缓增加负荷载的过程中(此时不得用试验机压下千斤顶),自零位到最大吨位,将试验机被动标定的结果逐点标定到千斤顶的油压表上。标定点应

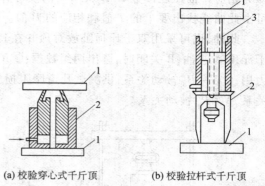

(a)校验穿心式千斤顶 　　　　(b)校验拉杆式千斤顶

图 6-14　用压力试验机校验拉伸机

1—试验机上、下压板;2—拉伸机;3—无缝钢管

均匀地分布在整个测量范围内,且不少于 5 点。当采用最小二乘法回归分析千斤顶的标定试验公式时需 10～20 点。各标定点重复标定 3 次,取平均值,并且只测读进程,不得读回程。

(3)对千斤顶校验数值按表 6-7 记录,并可根据校验结果绘制千斤顶校验曲线供预应力筋张拉时使用,亦可采用最小二乘法求出千斤顶校验的经验公式,供预应力筋张拉时使用。

表 6-7　张拉设备校验记录表

		名　　　称	型号规格	精度等级	制　造　厂	出厂编号
张拉设备	油压千斤顶					
	高压油泵					
	油压表					
检定吨位(kN)		油压表校验读数				
		(一)	(二)	(三)	平　　均	
试验机	型号规格					
	精度等级					
	制造厂					
	出厂编号					
备　　注						

送检单位:　　　　　　　　检定日期:　　　　　　　　检定时室温:

检定地点:　　　　　　　　有效期至:　　　　　　　　检定单位(盖章)

2.用标准测力计校验

用水银压力计、测力环、弹簧拉力计等标准测力计校验千斤顶,是一种简单可靠的方法。校验穿心式千斤顶时的装置如图 6-15 所示(校验拉杆式千斤顶的附件装置与压力试验机校验时相同)。校验时,开动油泵,千斤顶进油,活塞杆推出,顶压测力计。当测力计达到一定吨位

T_1 时,立即读出千斤顶油压表相应读数 P_1,同样方法可得 T_2,P_2 与 T_3,$P_3\cdots$,此时 T_1,T_2,$T_3\cdots$ 即为相应于油压表读数 P_1,P_2,$P_3\cdots$ 的实际作用力。将测得的各值绘成曲线,实际使用时,即可由此曲线找出要求的 T 值和相应的 P 值。

此外,也可采用双千斤顶卧放对顶并在其连接处装标准测力计进行标定,如图6-16所示。千斤顶 A 进油,B 关闭时,读出两组数据:①$N-P_a$ 主动关系,供张拉预应力筋时确定张拉端拉力用;②$N-P_b$ 被动关系,供测试孔道摩阻损失时确定固定端拉力用。反之,可得 $N-P_b$ 主动关系,$N-P_a$ 被动关系。

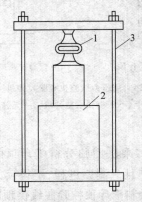

图 6-15　标准测力计校验千斤顶装置
1—标准测力计;2—千斤顶;3—框架

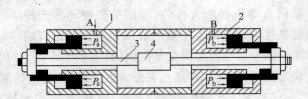

图 6-16　千斤顶卧放对顶标定
1—千斤顶 A;2—千斤顶 B;3—拉杆;4—测力计

3. 用电测传感器校验

传感器是在金属弹性元件表面贴上电阻应变片所组成的一个测力装置。当金属元件受外力作用变形后,电阻片也相应变形而改变其电阻值。改变的电阻值通过电阻应变仪测定出来,即可从预先标定的数据中查出外力的大小。将此数据再标定到千斤顶油表上,即可用以进行作用力的控制。

电测传感器校验千斤顶的装置如图6-17。横梁与传感器间应设置可转动的球铰,横梁宜设球座。

4. 千斤顶校验结果的回归计算

千斤顶的作用力 T 和油缸的油压 P 的关系是线性关系,考虑活塞和油缸之间的摩阻力后,它们的关系可以表示为:

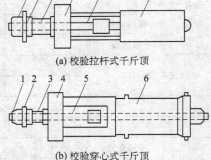

(a) 校验拉杆式千斤顶

(b) 校验穿心式千斤顶

图 6-17　用传感器校验千斤顶装置
1—螺母;2—垫板;3—传感器;4—横梁;
5—张拉杆;6—千斤顶

$$T = AP + B \tag{6-15}$$

可以利用千斤顶检验测得的作用力和油压 (T_1,P_1),(T_2,P_2),$\cdots$,(T_n,P_n) 对式(6-15)进行线性回归,利用最小二乘原理求式(6-16)的回归值:

$$T = \hat{A}P + \hat{B} \tag{6-16}$$

式中

$$\left.\begin{array}{l} \hat{A} = L_{PT}/L_{PP} \\ \hat{B} = \overline{T} - \hat{A}\overline{P} \end{array}\right\} \tag{6-17}$$

$$\overline{P} = \frac{1}{n}\sum_{i=1}^{n} P_i, \quad \overline{T} = \frac{1}{n}\sum_{i=1}^{n} T_i$$

$$L_{PP} = \sum_{i=1}^{n} P_i^2 - \frac{1}{n}\left(\sum_{i=1}^{n} P_i\right)^2, \quad L_{PT} = \sum_{i=1}^{n} P_i T_i - \frac{1}{n}\left(\sum_{i=1}^{n} P_i\right)\left(\sum_{i=1}^{n} T_i\right)$$

如某 YQ-500 型千斤顶校验后得到的校正方程为：$T = 68.62P - 23$，式中 P 的单位为 MPa，T 的单位为 kN。利用式(6-16)可以通过测量油压 P 对张拉力 T 进行控制。

第四节　后张预应力混凝土梁孔道摩阻测试

一、孔道摩阻测试的意义

孔道摩阻损失是后张预应力混凝土梁的预应力损失的主要部分之一，对它的准确估计将关系到有效预应力是否能满足梁使用要求，影响着梁体的预拱变形，在某些情况下将影响着桥梁的整体外观等。过高的估计会使得预应力张拉过度，导致梁端混凝土局部破坏或梁体预拉区开裂，且梁体延性会降低；过低的估计则不能施加足够的预应力，进而影响桥梁的承载能力、变形和抗裂度等。

预应力孔道摩阻损失与孔道材料性质、力筋束种类以及张拉工艺等有关，相差较大，最大可达 45%。工程中对预应力孔道摩阻损失采用摩阻系数 μ 和孔道偏差系数 k 来表征，虽然设计规范给出了一些建议的取值范围，但基于对实际工程质量保证和施工控制的需要，以及在不同工程中其孔道摩阻系数差别较大的事实，在预应力张拉前，需要对同一工地、同一施工条件下的孔道摩阻系数进行实际测定，从而为张拉时张拉力、伸长量以及预拱度等的控制提供依据。

摩阻测试的主要目的：一是可以检验设计所取计算参数是否正确，防止计算预应力损失偏小，给结构带来安全隐患；二是为施工提供可靠依据，以便更准确地确定张拉控制应力和力筋伸长量；三是可检验管道及张拉工艺的施工质量；四是通过大量现场测试，在统计的基础上，为规范的修改提供科学依据。

二、孔道摩阻的测试方法

孔道摩阻常规测试方法以主被动千斤顶法为主，该方法主要存在测试不够准确和测试工艺等问题。其一，由于千斤顶内部存在摩擦阻力，虽然主被动端交替测试可消除大部分影响，但仍存在一定的影响；其二，千斤顶主动和被动张拉的油表读数是不同的，需要在测试前进行现场标定被动张拉曲线；其三，在测试工艺上，力筋从喇叭口到千斤顶张拉端的长度不足，使得力筋和喇叭口有接触，产生一定的摩擦阻力，也使得测试数据包含了该部分的影响。测试时采用一端张拉另一端固定的方式进行，试验装置如图 6-18 所示。为保证测试数据的准确，在张拉端和固定端分别安装经过标定的穿心式压力传感器，利用张拉千斤顶逐级张拉至设计张拉力为止。使用压力传感器测取张拉端和被张拉端的压力，不再使用千斤顶油表读取数据的方法。为保证所测数据准确反映孔道部分的摩阻影响，在传感器外采用约束垫板的测试工艺。在张拉过程中，分别读取两端力传感器的示值，分别代表各级张拉力时未受损失的张拉力 N_z 和受损失后的力 N_b。

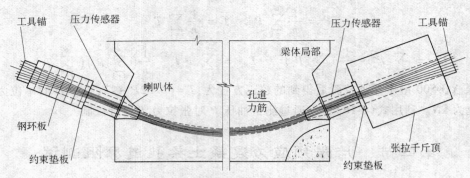

图 6-18　孔道摩阻测试原理

采用该试验装置,由于力传感器直接作用在工具锚或千斤顶与梁体之间,因此各种压缩变形等影响因素在张拉中予以及时补偿,同时测试的时间历程比较短,避免了收缩与徐变等问题,因而两端力的差值即为孔道的摩阻损失。

另外,为减少测试误差,采用固定端和张拉端交替张拉的方式进行,即测试过程中完成一端张拉后进行另一端的张拉测试,重复进行 3 次,每束力筋共进行 6 次张拉测试,取其平均结果。测试试验过程中应均匀连续地张拉预应力筋,中途不宜停止,防止预应力筋回缩引起的误差。传感器以及千斤顶安装时应确保其中轴线与预应力筋的中轴线重合。

该测试方法与常规测试方法比较主要特点如下:

(1)测试原理正确:图 6-18 中约束垫板的圆孔直径与孔道直径基本相等,如此可使力筋以直线形式穿过喇叭口和压力传感器,力筋与二者没有接触,所测数据仅包括孔道摩阻力,保证了孔道摩阻损失测试的正确性。而常规测试中所测摩阻力包括了喇叭口的摩阻力,测试原理上存在缺陷。

(2)数据准确可靠:采用穿心式压力传感器提高了测试数据的可靠性和准确性,不受张拉千斤顶的影响。

(3)安装简单,拆卸方便:实测中仅使用一个千斤顶,被动端不再安装千斤顶,使得测试安装工作量大为减小。实测时预先将千斤顶油缸略加顶出,以便拆卸张拉端夹片。被动端夹片的拆卸待张拉千斤顶回油后,摇晃力筋即可。

(4)力筋可正常使用:从喇叭口到压力传感器外端,力筋与二者没有接触,不会对这部分力筋造成损伤,即两个工作锚之间的力筋没有损伤,可以正常使用。

(5)对于较长的预应力钢束,如果千斤顶的行程不足时,为避免重复倒顶引起预应力钢筋回缩造成的误差,可以采取两种方法进行解决。一种是在固定端将钢环板更换为 1 台千斤顶,测试前利用该千斤顶将预应力筋张拉到一定的荷载后锁紧该千斤顶的油阀,从另一张拉端开始张拉测试。另一种方法是张拉端采用 2 台千斤顶串联后同时张拉。

三、孔道摩阻测试步骤

测定某一孔道摩阻损失时,具体测试步骤如下:

1. 千斤顶充油,保持一定数值(约 4 MPa)。

2. 甲端封闭,乙端张拉。张拉时分级升压,直至张拉控制应力。记录乙端压力传感器的读数 N_z,甲端压力传感器的读数 N_b,如此反复进行 3 次,取 3 次测试的平均值分别记为 $\overline{N}_z$

和 $\overline{N}_b$。

3. 仍按上述方法，但乙端封闭，甲端张拉，分级张拉至控制应力。记录甲端压力传感器的读数 N'_z，乙端压力传感器的读数 N'_b，如此反复进行 3 次，取 3 次测试的平均值分别记为 $\overline{N}'_z$ 和 $\overline{N}'_b$。

4. 将上述 $\overline{N}_z$ 和 $\overline{N}'_z$ 进行平均记为 $\hat{N}_z$，$\overline{N}_b$ 和 $\overline{N}'_b$ 进行平均记为 $\hat{N}_b$。则 $\hat{N}_z$ 和 $\hat{N}_b$ 即为该孔道的张拉端和被动端压力。

四、孔道摩阻参数识别

1. 摩阻损失的组成

后张梁张拉时，由于力筋与孔道壁接触并沿孔道滑动而产生摩擦阻力，摩阻损失可分为弯道影响和孔道走动影响两部分。理论上讲，直线孔道无摩擦损失，但孔道在施工时因震动等原因走动而变成波形，并非理想顺直，加之力筋因自重而下垂，力筋与孔道实际上有接触，故当有相对滑动时就会产生摩阻力，此项称为孔道走动影响（或偏差影响、长度影响）。对于孔道弯转影响除了孔道走动影响之外，还有力筋对孔道内壁的径向压力所产生的摩阻力，该部分称为弯道影响，随力筋弯曲角度的增加而增加。直线孔道的摩阻损失较小，而曲线孔道的摩擦损失由两部分影响组成，因此比直线孔道大得多。

2. 摩阻损失的计算公式

平面曲线和空间曲线力筋的孔道摩阻损失的计算公式统一为：

$$\sigma_{s4} = \sigma_k \left[1 - e^{-(\mu\theta + kx)} \right] \tag{6-18}$$

式中　θ——力筋张拉端曲线的切线与计算截面曲线的切线之间的夹角，称为曲线包角；

　　　x——从张拉端至计算截面的孔道长度，一般可取在水平面上的投影长度；

　　　μ——力筋与孔道壁之间的摩擦系数；

　　　k——考虑孔道对其设计位置的偏差系数。

曲线包角的实用计算以综合法的计算精度较好，其表达式为：

$$\theta = \sqrt{\theta_H^2 + \theta_V^2} \tag{6-19}$$

式中　θ_H——空间曲线在水平面内投影的切线角之和；

　　　θ_V——空间曲线在圆柱面内展开的竖向切线角之和。

3. 摩阻参数识别

根据图 6-18 的测试原理，设张拉端压力传感器测试值为 N_z，被动端压力传感器测试值为 N_b，此时 θ 为孔道全长的曲线包角，将式（6-18）两边同乘以预应力钢筋的有效面积，则式（6-18）可写为：

$$N_b = N_z e^{-(\mu\theta + kx)} \tag{6-20}$$

将式（6-20）两边取自然对数，令 $\xi = \ln(N_z/N_b)$，经整理可得：

$$(\mu\theta + kx) - \xi = 0 \tag{6-21}$$

在已知 θ,x 和 ξ 时，需要进行识别的孔道摩阻参数为 μ 值和 k 值。理论上仅需要两组试验结果就可以确定，但是实际的测试试验中的误差是不可避免的，利用实测结果，上式中的右边应为一个误差量 Δ_i 与之对应，即

$$(\mu\theta_i + kx_i) - \xi_i = \Delta_i \tag{6-22}$$

为减小误差进行了多次测试试验，对多组的试验结果采用线性最小二乘法进行摩阻系数的参数识别。根据最小二乘法的极值原理，对于同一工地的同一成孔方法和同一材质的孔道，

存在一组 μ 值和 k 值使得式(6-22)中的误差 Δ_i 的平方和最小,即使得

$$\Omega = \Delta_i^2 = \sum_{i=1}^n (\mu\theta_i + kx_i - \xi_i)^2 \tag{6-23}$$

最小。此时应有:

$$\frac{\partial \Omega}{\partial \mu} = 0; \quad \frac{\partial \Omega}{\partial k} = 0 \tag{6-24}$$

将式(6-23)代入式(6-24)得:

$$\begin{cases} \mu\sum_{i=1}^n \theta_i^2 + k\sum_{i=1}^n \theta_i l_i = \sum_{i=1}^n \xi_i\theta_i \\ \mu\sum_{i=1}^n \theta_i l_i + k\sum_{i=1}^n l_i^2 = \sum_{i=1}^n \xi_i l_i \end{cases} \tag{6-25}$$

式中　　ξ_i——第 i 个孔道对应的 $\ln(N_z/N_b)$ 值;

　　　　l_i——第 i 个孔道对应力筋的水平投影长度(m);

　　　　θ_i——第 i 个孔道对应力筋的空间曲线包角(rad);

　　　　n——实际测试的孔道数目,且不同线形的力筋数目不小于 2。

这样,利用式(6-25)将各孔道的试验结果转换成关于 μ 和 k 的二元一次方程组,求解得到孔道摩阻系数 μ 和孔道偏差系数 k。

第五节　成品梁试验

为了检验钢筋混凝土和预应力混凝土单片成品梁的实际承载能力,以及校核在设计荷载下梁的强度、刚度及抗裂性能,需要进行单片梁的静载试验。

一、试验梁的选择

试验梁的选择方法有随意抽样和典型抽样两种。随意抽样适用于大批量生产的梁(做鉴定性试验),抽样数量一般占每批产量的 1% ~ 5%。抽样是任意选择的,这样抽样试验的结果可以反映出梁在设计与施工中的普遍问题,具有较好的代表性。典型抽样适用于生产数量不多、施工质量差别较大的情况,一般选择质量最差的一片梁进行试验,若该片梁合格,则其余片梁就可以认为合格了。此外,对于存在某些重大缺陷的梁,按规定进行补救以后,也应进行试验以检验其承载能力。

试验梁选定后,应将各试验梁的设计与施工资料收集好。设计资料主要是指设计图纸、设计计算书等。施工资料包括材料试验报告、钢筋骨架验收记录及各项施工记录等。在收集和分析试验梁的各项资料的同时,还应对梁体的几何尺寸、材料状况、施工质量、表面缺陷等进行认真细致的检查。对梁体在试验中可能产生的问题应事先考虑周到,以免试验中发生故障而影响试验的进行。

二、试验荷载

试验荷载的确定包括荷载图式、荷载大小和加载程序 3 个方面。

1. 试验荷载图式最好能与设计计算的荷载图式相同,这样就可使试验梁的工作情况与设计相符。但在试验中荷载量较大时,为了简化试验装置及便于试验的进行,有时也采用与设计

不同的荷载图式。但是这种荷载图式必须与设计荷载图式等效,才能保证不会因荷载图式的改变而影响梁的工作和试验结果的分析。

2. 荷载的大小,应根据试验目的来确定。非破坏性试验的荷载量可按控制设计的弯矩值推算,若需进行超载试验时,可乘以适当的超载系数。对于预应力混凝土梁,还要考虑试验时尚未完成的预应力损失对梁体构成的抵抗力矩的作用。若进行破坏性试验时,则在加载量达到设计吨位后,仍应继续加载到梁体破坏或不能再使用时为止。

例如:预应力混凝土试验梁的跨径为 L,采用 2 个千斤顶施加集中荷载,加载点距跨中 2.0 m,荷载图式如图 6-19 所示,试换算每个千斤顶的加载量 P。

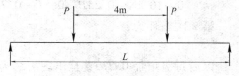

图 6-19 试验梁荷载图式

根据荷载图式,梁的跨中加载弯矩应为:

$$M_{加载} = P \cdot \frac{L}{2} - 2P = P\left(\frac{L}{2} - 2\right) \quad (6\text{-}26)$$

若在设计计算中梁的控制设计的荷载弯矩为 $M_{设}$,梁的自重弯矩为 $M_{自}$,尚未完成的后期预应力损失产生的抵抗力矩一般采用设计预应力损失弯矩的一半,即$M_{损失}/2$,那么,试验梁的加载弯矩应为:

$$M_{加载} = M_{设} - M_{自} + \frac{M_{损失}}{2} \quad (6\text{-}27)$$

由此换算出试验梁的设计加载量 P:

$$P = \frac{2M_{加载}}{L-4} = \frac{2\left(M_{设} - M_{自} + \dfrac{M_{损失}}{2}\right)}{L-4} \quad (6\text{-}28)$$

若超载试验时的超载系数为 $K_{超}$,则超载试验的加载量 $P_{超}$ 为:

$$P_{超} = K_{超} \cdot P \quad (6\text{-}29)$$

一般情况下 $K_{超}$ 不小于 1.25。

3. 加载程序是指试验中荷载与时间的关系,如加载速度、间歇时间、分级荷载量的大小及加卸载循环次数等。只有正确地确定荷载程序,才能正确反映梁的承载能力与变形性质。

由于混凝土在首次受力时的变形与荷载关系是不稳定的,所以在正式试验前,必须通过预载使结构进入正常工作状态。同时通过预载,还可对整个试验装置进行检验,以保证试验的正常进行。预载的最大加载量可与设计加载量相同。

一般试验中加卸载分级进行。加载时每级量可取总加载量的 20%~30%,卸载时每级量可取 50%,也可一次卸载。每级荷载间应有足够的间歇时间,以便正确测定梁在各级荷载下的变形情况。钢筋混凝土梁的荷载间歇时间一般不少于 10 min。在保持恒载比较困难的情况下,为避免仪器指针不稳定,间歇时间可以缩短,但不宜少于 3 min。当加载量达到设计加载量后,应有足够的满载时间,一般应不少于 30 min。若达到规定满载间歇时间时,梁的变形仍有较显著的发展,则应延长满载间歇时间至变形稳定为止。若在 3 倍的满载间歇时间后,变形仍有较显著的发展,则认为该梁不合格。为了正确测定梁的残余变形,卸载后应有足够的零载时间,然后观测残余变形。零载时间可取 1.5 倍的满载间歇时间,为了解变形的恢复情况,在零载时间内也应经常观测读数。

综上所述,加载可分 3 个阶段进行:

1）预载阶段加载程序为：

$$0 \rightarrow 10 \text{ kN} \rightarrow 0.5P \rightarrow P \rightarrow 0$$

2）设计荷载阶段加载程序为：

$$0 \rightarrow 10 \text{ kN} \rightarrow 0.2P \rightarrow 0.4P \rightarrow 0.6P \rightarrow 0.8P \rightarrow P \rightarrow 0.5P \rightarrow 0$$

循环次数不少于两次。

3）开裂荷载阶段加载程序为：

$$0 \rightarrow 10 \text{ kN} \rightarrow 0.25P \rightarrow 0.5P \rightarrow 0.75P \rightarrow P \rightarrow (P_{裂} - 30 \text{ kN}) \rightarrow P_{裂} \rightarrow P \rightarrow 0.5P \rightarrow 0$$

第 2 次循环为：

$$0 \rightarrow 10 \text{ kN} \rightarrow P \rightarrow P_{裂} \rightarrow 0$$

以后每级增加 $0.2P$ 直至出现裂缝为止。

三、观测项目及量测仪器

预应力混凝土简支梁静载试验的观测项目主要有以下几项：

1.挠度

梁在各级荷载下的挠度,不仅可以反映出梁的刚度和弹性变形,而且还能反映出梁体在荷载下的整体工作状况。挠度观测是梁的静载试验的主要观测项目。在缺乏必要的量测仪器的情况下,梁的静载试验也可仅取挠度观测这一项。

梁的挠度可用精密水准仪和百分表测定。测点一般可设置在跨中、支点和四分点处,对较大跨径的梁在八分点处应增设测点。

试验时,应量测构件跨中的位移和支座沉陷。对宽度较大的构件,应在每一量测截面的两边或两肋布置测点,并取其量测结果的平均值作为该处的位移。

2.跨中断面沿梁高混凝土应变的测定

在荷载作用下,简支梁跨中断面沿梁高混凝土正应变的分布情况,是验证设计计算的合理性与正确性的重要指标。测点可沿梁高等距离布置,也可按图 6-20 所示的外密里疏,以便比较准确地测定较大的应力应变。

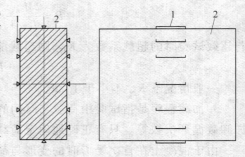

图 6-20　梁体混凝土应变测点布置
1—应变计;2—梁体混凝土

测定梁体混凝土应变的测点数,一般不少于 5 ~ 7 点,梁的高度较大时,测点还应增加。因为有了较多的测点,就能较准确地测定出中性轴的位置。

引伸仪的标距不宜太小,一般要大于混凝土粗骨料粒径的 2 倍。一般引伸仪的标距为 15 ~ 20 cm。

3.裂缝出现的观测

梁体混凝土在荷载作用下出现的裂纹能直接反映出梁的抗裂性能。将第一条裂纹出现时的开裂荷载与设计的抗裂荷载加以比较,就可知道梁的抗裂安全度的大小。因此,及时发现受拉区出现的第一条裂纹时的开裂荷载是十分重要的。

监视裂纹出现的可靠办法,是在梁可能开裂的区段上,连续布置相当数量的应变计,如图 6-21 所示。

如在试验过程中,某处应变计的示值跳跃式地增长,表示梁体混凝土在该处开裂,与此同时,相邻的应变计示值往往会下降。

观察裂缝出现可采用放大镜。若试验中未能及时观察到正截面裂缝的出现,也可取荷载-挠度曲线上转折点(取曲线第一弯转段两端点切线的交点)的荷载值作为梁体的开裂荷载实测值。

4. 裂缝宽度观测

裂缝宽度可采用精度为 0.05 mm 的刻度放大镜等仪器进行观测,裂缝的测量一般只需测出几条严重的裂缝尺寸。

对正截面裂缝,应量测受拉主筋处的最大裂缝宽度;对斜截面裂缝,应量测腹部斜裂缝的最大裂缝宽度。当确定受拉主筋处的裂缝宽度时,应在梁侧面量测。

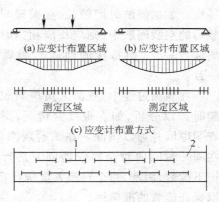

(a) 应变计布置区域　(b) 应变计布置区域

测定区域　　　测定区域

(c) 应变计布置方式

图 6-21　梁体混凝土裂纹的测定
1—应变计;2—梁体混凝土

四、加载装置

良好的试验装置可以保证试验的顺利进行。加载装置的不完善,不仅会导致试验的失败,而且还会造成事故,因此必须慎重对待。

梁的静载试验中所采用的加载装载主要有重力荷载和千斤顶荷载两种。

1. 重力荷载加载

重力荷载是利用物体的重力对梁产生作用力,其装置比较简单,如利用铁块、石块、混凝土预制块等加载,也可以用水箱装水加载。重力荷载一般适用于施加均布荷载或较小的集中荷载。用作加载的物体,要求选用比重大、重力恒定、在试验期间内不会有明显变化、形状规则(以便堆放)的物体。

重力荷载加载宜用于均布加荷试验。荷载块应按区格成垛堆放如图 6-22 所示,垛与垛之间间隙不宜小于 50 mm,以免形成拱作用。

2. 千斤顶荷载加载

千斤顶荷载是利用千斤顶对梁施加作用力的,一般采用手动油压千斤顶。千斤顶荷载装置主要包括千斤顶、反力梁及测力仪三部分。由于千斤顶的型号很多,起重量从几吨至几百吨不等,工作压力达 40～50 MPa,活塞行程为 200～300 mm,因此,可根据梁的加载量大小选用。

反力梁是限制千斤顶活塞运动而对梁施加作用力时所用的设备。反力梁的强度和刚度均应大于试验梁,这样才能保证在试验过程中不仅不会损坏,而且变形也很小,其设计计算可根据一般结构设计规范进行。

千斤顶的加荷值宜采用荷载传感器量测,亦可采用油压表量测,其加荷装置见图 6-23。

五、试验测试

试验测试的目的在于收集和积累试验梁的资料,它是整个试验工作的中心环节,通过对梁体施加荷载,

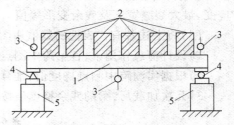

图 6-22　均布加荷
1—试验梁;2—荷重块垛;3—百分表或位移传感器;
4—支座;5—支墩

观测梁的工作状况。

　　观测过程要与荷载程序密切配合。观
测时间一般在荷载过程中的恒载时间内选
定。每加完一级荷载马上就进行一次观测
读数，到下一级荷载加上去之前再观测读数
一次。如果间歇时间较长，在满载间歇或卸
载后的空载间歇中，则应每隔相当时间就观
测读数一次，而每次的间隔时间要尽可能
一致。

　　在观测过程中，观测人员应对观测结果
随时加以分析，如发现反常情况，则应及时
查明原因并加以消除。在试验观测中，要求
在同一时间内对全部仪器同时进行观测并

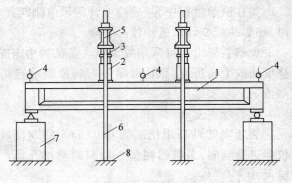

图 6-23　千斤顶加荷

1—试验梁；2—千斤顶；3—荷载传感器；
4—百分表或位移传感器；　5—横梁；
6—拉杆；7—支墩；8—试验台座或地锚

记下读数，因此，每个观测人员所看管的仪器不宜过多。在测点很多时，应多分几组进行观察，
以保证读数的准确性。

　　梁的静载试验多半是露天试验。刮风下雨的情况不仅会影响到观测结果的准确性，而且
往往会因此造成事故，所以在天气恶劣时不得进行试验。在试验过程中，要求气温基本上保持
恒定并应在 0℃ 以上。

　　在整个试验过程中，对每项试验项目都应当有正式记录，其中包括文字记录、插图和照片
等。在试验结束后，对梁体应作一次全面检查，并应将检查结果列入正式记录中备查。

六、试验结果分析

　　通过试验观测可获得大量各项原始记录试验资料。由于它是在分析梁的工作状况与作出
技术结论时的最重要、最可靠的依据，因此必须加以重视。但原始资料十分繁杂，所以在试验
结束后，对原始资料要认真地进行整理和加工。应当去伪存真，凡无参考价值的资料一律剔
除，从而使试验资料能更集中、明确地反映出试验的真正结果。根据这些资料不难对梁的工作
状况作出正确的结论。

　　试验资料的整理和试验结果的分析可按下列步骤进行：

　　(1)根据原始记录整理或计算出观测项目的各相应值。

　　(2)找出各项观测项目的有代表性的数值。如控制设计荷载作用下梁的挠度、最大应力
应变、最大裂缝宽度及残余变形等值。

　　(3)将上述各有代表性的数值用图或表的形式列出，并与理论计算值进行比较，包括：

　　1)设计荷载作用下，各梁跨中测点实测挠度与计算挠度的比较。

　　2)根据实测跨中测点挠度值，推算出混凝土实际弹性模量。

　　3)几次加载后，梁的残余挠度值按表 6-8 格式列出，并在备注中说明梁的弹性恢复性能。

表 6-8　试验梁残余挠度表

梁　　号	最大荷载(kN)	循环次数(次)	残余挠度(mm)	备　　注

4）绘制梁的挠度-荷载关系曲线图,就可以推断梁在各级荷载作用下的工作状况。通过梁的实测最大挠度与跨径的比值,就可以鉴定出梁的刚度是否能满足设计要求。

5）绘制梁在各加载阶段跨中断面的荷载-混凝土正应变关系曲线。找出梁截面实测中性轴位置,分析梁的工作状况,并通过实测各点应变与计算应力换算应变的比较,说明梁的强度是否满足设计要求。

6）试验过程中,将观测到的梁在各级荷载作用下各测点的挠度连成曲线,得出梁在各级荷载作用下的挠度曲线。

7）在裂缝观测记录中,找出梁的实测开裂荷载(第一条裂缝出现时的荷载),并算出实际抗裂弯矩 $M_{抗裂}$。梁体的实测抗裂安全度用下式计算:

$$K_{实测} = \frac{M_{抗裂}}{M_{设计}} \tag{6-30}$$

式中　$K_{实测}$——梁体实测抗裂安全度;

　　　$M_{抗裂}$——梁的实测抗裂弯矩;

　　　$M_{设计}$——梁的设计抗裂弯矩。

梁的实测安全度若≥设计安全度,说明梁的抗裂安全度满足设计要求,反之则不安全。

8）对允许出现裂缝的构件,其裂缝宽度的检验结果应符合下式的要求:

$$W_{s,max}^{0} \leq [W_{max}] \tag{6-31}$$

式中　$W_{s,max}^{0}$——在正常使用的长期荷载检验值下,受拉主筋处最大裂缝宽度实测值(mm);

　　　$[W_{max}]$——梁检验的最大裂缝宽度允许值(mm)。

（4）根据以上各项试验结果的分析和比较,对试验梁作出符合实际的技术结论。

（5）写出试验报告,报告的内容有:

1）试验的原因和目的;

2）梁在试验前的状况;

3）试验方法;

4）梁在试验后的状况;

5）试验结果及其整理分析;

6）技术结论;

7）附录,包括试验方案、全部试验资料和原始记录等。

复习思考题

6-1　简述后张预应力结构的工作原理。

6-2　什么是先张法预应力结构?什么是后张法预应力结构?

6-3　简述千斤顶的工作原理。

6-4　简述张拉千斤顶标定的原因。

6-5　什么情况下要对张拉千斤顶进行校验?

6-6　预应力锚具、夹具的性能要求是什么?

6-7　简述后张预应力混凝土孔道摩阻的测试原理及方法。

钢结构试验检测

第一节　构件焊接质量检验

桥梁建造过程中许多构件需焊接加工,其焊接质量的好坏直接影响着构件的质量,故钢结构构件焊接质量的检验工作是确保产品质量的重要措施。根据焊接工序的特点,检验工作贯穿焊接始终,一般分成 3 个阶段,即焊前检验、焊接过程中检验和焊后成品的检验。

一、焊前检验

焊前检验是指焊接实施之前准备工作的检验,包括原材料的检验、焊接结构设计的鉴定及其他可能影响焊接质量因素的检验(如焊工考试、电源的质量、工具和电缆的检查)。检验应根据图纸要求和相应的国家标准及行业标准进行。

二、焊接过程中的检验

在焊接过程中主要检验焊接规范、焊缝尺寸和结构装配质量。

1. 焊接规范的检验

焊接规范是指焊接过程中的工艺参数,如焊接电流,焊接电压,焊接速度,焊条(焊丝)直径,焊接的道数、层数,焊接顺序,能源的种类和极性等。正确的规范是在焊前进行试验总结取得的。有了正确的规范,还要在焊接过程中严格执行才能保证接头质量的优良和稳定。对焊接规范的检查,不同的焊接方法有不同的内容和要求。

(1)手工焊规范的检验

一方面检验焊条的直径和焊接电流是否符合要求,另一方面要求焊工严格执行焊接工艺规定的焊接顺序、焊接道数、电弧长度等。

(2)埋弧自动焊和半自动焊焊接规范的检验

除了检查焊接电流、电弧电压、焊丝直径、送丝速度、焊接速度(对自动焊而言)外,还要认真检查焊剂的牌号、颗粒度、焊丝伸出长度等。

(3)接触焊规范的检验

对于对焊,主要检查夹头的输出功率、通电时间、顶锻量、工作伸出长度、工作焊接表面的接触情况、夹头的夹紧力和工件与夹头的导电情况等。电阻对焊时还要注意焊接电流、加热时间和顶锻力之间的相互配合。压力正常但加热不足或加热正确而压力不足都会形成未焊透。电流过大或通电时间过长会使接头过热,降低其机械性能。闪光对焊时,特别要注意检查烧化时间和顶锻速度。若焊接时顶锻力不足,焊件断头表面可能因氧化物未被挤出而形成未焊透或白斑等缺陷。对于点焊,要检查焊接电流、通电时间、初压力以及加热后的压力、电极表面及工件被焊处表面的情况等是否符合工艺规范要求。对焊接电流、通电时间、加热后的压力三者之间配合是否恰当要认真检查,否则会产生缺陷。如加热后的压力过大会使工件表面显著凹陷和部分金属被挤出,压力不足会造成未焊透;电流过大或通电时间过长会引起金属飞溅和焊点缩孔。对于缝焊,要检查焊接电流、滚轮压力和通电时间是否符合工艺规范。通电时间过少会形成焊点不连续,电流过大或压力不足会使焊缝区过烧。

（4）气焊规范的检验

要检查焊丝的牌号、直径、焊嘴的号码,并检查可燃气体的纯度和火焰的性质。如果选用过大的焊嘴会使焊件烧坏,过小的焊嘴会形成未焊透,使用过分的还原性火焰会使金属渗碳,而氧化焰会使金属激烈氧化,这些都会使焊缝金属机械性能降低。

2.焊缝尺寸的检查

焊缝尺寸的检查应根据工艺或行业标准所规定的要求进行。一般采用特制的量规和样板来测量。图7-1和图7-2是普通样板和万能量规测量的示意图。

3.结构装配质量的检验

在焊接之前进行装配质量检验是保证结构焊成后符合图纸要求的重要措施。对装配结构应作如下几项检查:

（1）按图纸检查各部分尺寸、基准线及相对位置是否正确,是否留有焊接收缩余量和机械加工余量;

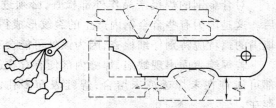

图7-1　样板及其对焊缝的测量

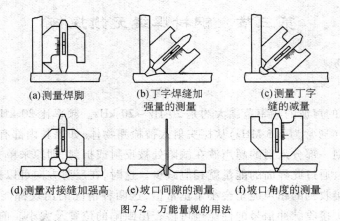

(a)测量焊脚　　(b)丁字焊缝加　　(c)测量丁字
　　　　　　　　强量的测量　　　缝的减量

(d)测量对接缝加强高　(e)坡口间隙的测量　(f)坡口角度的测量

图7-2　万能量规的用法

（2）检查焊接接头的坡口型式及尺寸是否正确;

（3）检查点固焊的焊缝布置是否恰当,能否起到固定作用,是否会给焊后带来过大的内应力,并检查点固焊缝的缺陷;

（4）检查焊接处是否清洁,有无缺陷(如裂缝、凹陷、夹层)。

第二节　焊后成品的检验

焊接产品虽然在焊前和焊接过程中进行了检查,但由于制造过程中外界因素的变化,如操作规范的不稳定、能源的波动等都有可能引起缺陷的产生。为了保证产品的质量,对成品必须进行质量检验。钢结构构件一般用外观检测法检测表面缺陷,内部缺陷用超声波探伤和射线探伤检测。下面先介绍外观检测方法,其他探伤原理和方法将作专门介绍。

焊接接头的外观检测是一种手续简便而应用广泛的经验方法,是成品检验的一项重要内容。这种方法有时亦使用于焊接过程中,如厚壁焊件作多层焊时,每焊完一层焊道便采用这种方法进行检查,以防止前道焊层的缺陷被带到下一层焊道中去。

外观检查主要是发现焊缝表面的缺陷和尺寸上的偏差。这种检查一般是通过肉眼观察,借助标准样板、量规和放大镜等工具进行检测,故有肉眼观察法或目视法之称。

检查之前,必须将焊缝附近 10～20 mm 基本金属上所有飞溅及其他污物清除干净。在清除焊渣时,要注意焊渣覆盖的情况。一般来说,根据熔渣覆盖的特征和飞溅的分布情况,可粗略地预料在该处会出现什么缺陷。例如,贴焊缝面的熔渣表面有裂纹痕迹,往往在焊缝中也有裂纹;若发现有飞溅成线状集结在一起,则可能因电流产生磁场磁化工件后,金属微粒堆积在裂纹上,因此,应在该处仔细地检查是否有裂纹。

对合金钢的焊接产品作外部检查,必须进行 2 次,即紧接着焊接之后和经过 15～30 d 以后。这是因为有些合金钢内产生的裂纹形成得很慢,以致在第二次检查时才发现裂缝。对未填满的弧坑应特别仔细检查,因为该处可能会有星形散射状裂纹。

若焊缝表面出现缺陷,焊缝内部便有存在缺陷的可能。如焊缝表面出现咬边或满溢,则内部可能存在未焊透或未熔合;焊缝表面多孔,则焊缝内部亦可能会有气孔或非金属夹杂物存在。

焊缝尺寸的检查可采用前面介绍的量规和样板进行。

第三节　钢材焊缝无损探伤

一、超声波探伤

1. 探伤原理

人耳可听得见的声波的频率范围大约是 20 Hz～20 kHz。频率比 20 kHz 更高的声波叫超声波。超声波脉冲(通常为 1.5 MHz)从探头射入被检测物体,如果其内部有缺陷,缺陷与材料之间便存在界面,则一部分入射的超声波在缺陷处被反射或折射,即原来单方向传播的超声能量有一部分被反射,通过此界面的能量就相应减少。这时,在反射方向可以接到此缺陷处的反射波,在传播方向接收到的超声能量会小于正常值,这两种情况的出现都能证明缺陷的存在。在探伤中,利用探头接收脉冲信号的性能也可检查出缺陷的位置及大小。前者称为反射法,后者称为穿透法。

2. 探伤方法

(1)脉冲反射法

脉冲反射法探伤由探头、脉冲发生器、接收放大器等部分组成。图 7-3 为用单探头(一个探头兼作反射和接受)探伤的原理图。

图 7-3 中脉冲发生器所产生的高频电脉冲激励探头的压电晶片振动,使之产生超声波。超声波垂直入射到工件中,当通过界面 A、缺陷 F 和底面 B 时,均有部分超声波反射回来,这些反射波各自经历了不同的往返路程回到探头上,探头又重新将其转变为电脉冲,经接收放大器放大后,即可在荧光屏上显现出来。其对应各点的波型分别称为始波 A'、缺陷波 F' 和底波 B'。

当被测工件中无缺陷存在时,则在荧光屏上只能见到始波 A' 和底波 B'。缺陷的位置(深度 AF)可根据各波型之间的间距之比等于所对应的工件中的长度之比求出,即

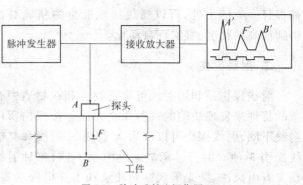

$$AF = \frac{AB}{A'B'} \times A'F' \qquad (7\text{-}1)$$

式中　AB——工件的厚度,可以测出。

　　$A'B'$ 和 $A'F'$ 可从荧光屏上读出。

图 7-3　脉冲反射法探伤原理

　　缺陷的大小可用当量法确定,这种探伤方法叫纵波探伤或直探头探伤。振动方向与传播方向相同的波称纵波,相垂直的波称横波。

　　当入射角不等于零的超声波入射到固体介质中,且超声波在此介质中纵波和横波的传播速度均大于在入射介质中的传播速度时,则同时产生纵波和横波。又由于材料的弹性模量 E 总是大于剪切模量 G,因而纵波传播速度总是大于横波的传播速度。根据几何光学的折射规律,纵波折射角也总是大于横波折射角。当入射角取得足够大时,可以使纵波折射角等于或大于90°,从而使纵波在工件中消失,这时工件中就得到了单一的横波。图 7-4 表示单探头横波探伤的情况。横波入射工件后,遇到缺陷时便有一部分被反射回来,即可以从荧光屏上见到脉冲信号,如图 7-4(a)所示;若探头离工件端面很近,会有端面反射,如图 7-4(b)所示,因此应该注意与缺陷区分;若探

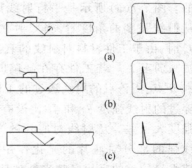

图 7-4　横波脉冲反射法波型示意图

头离工件端面很远且横波又没有遇到缺陷,有可能由于过度衰减而出现如图 7-4(c)的单波情况(超声波在传播中存在衰减)。

　　横波探伤的定位在生产中采用标准试块调节或三角试块比较法。缺陷的大小同样用当量法确定。

　　钢结构构件焊缝的超声波探伤必须由持证专业人员按 GB 11345—89 进行,并根据图纸技术要求和行业标准确定验收。

　　(2)穿透法

　　穿透法是根据超声波能量变化情况来判断工件内部状况的,它是将发射探头和接收探头分别置于工件的两相对表面。发射探头发射的超声波能量是一定的,在工件不存在缺陷时,超声波穿透一定工件厚度后,在接收探头上所接收到的能量也是一定的。而工件存在缺陷时,由于缺陷的反射使接收到的能量减小,从而断定工件存在缺陷。

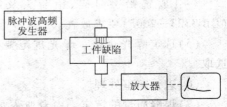

　　根据发射波的不同种类,穿透法有脉冲波探伤法和连续波探伤法两种,分别如图 7-5 和图 7-6 所示。

　　穿透法探伤的灵敏度不如脉冲反射法高,且受工件形状的影响较大,但较适宜检查成批生产的工件,

图 7-5　脉冲波穿透探伤法示意图

如板材一类的工件,可以通过接收能量的精确对比而得到较高的精度,宜实现自动化。

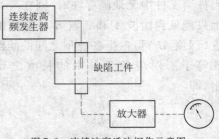

图 7-6　连续波穿透法探伤示意图

二、射线探伤

射线探伤是利用射线可穿透物质和在物质中有衰减的特性来发现缺陷的一种探伤方法。按探伤所用的射线不同,射线探伤可以分为 X 射线、γ 射线和高能射线探伤 3 种。由于显示缺陷的方法不同,每种射线探伤又有电离法、荧光屏观察照相法和工业电视法等几种。运用最广的是 X 射线照相法,下面介绍其探伤原理和过程。

1. X 射线照相法的探伤原理

照相法探伤是利用射线在物质中的衰减规律和对某些物质产生的光化及荧光作用为基础进行探伤的。图 7-7(a)所示是平行射线束透过工件的情况。从射线强度的角度看,当照射在工件上射线强度为 J_0 时,由于工件材料对射线的衰减,穿过工件的射线被减弱至 J_c。若工件存在缺陷时,见图 7-7(a)的 A 和 B 点,因该点的射线透过的工件实际厚度减少,则穿过的射线强度 J_a 和 J_b 比没有缺陷的 C 点的射线强度大一些。从射线对底片的光化作用角度看,射线强的部分对底片的光化作用强烈,即感光量大。感光量较大的底片经暗室处理后变得较黑,如图 7-7(b)中 A 点和 B 点比 C 点黑。因此,工件中的缺陷通过射线在底片上产生黑色的影迹,这就是射线探伤照相法的探伤原理。

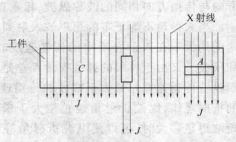

(a)射线透视有缺陷的工件的强度变化情况

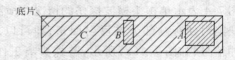

(b)不同射线强度对底片作用的黑度变化情况

图 7-7　射线透过工件的情况和与底片作用的情况

2. X 射线探伤照相法的工序

(1)确定产品的探伤位置和对探伤位置进行编号。在探伤工作中,抽查的焊缝位置一般选在:①可能或常出现缺陷的位置;②危险断面或受力最大的焊缝部位;③应力集中的位置。

对选定的焊缝探伤位置必须按一定的顺序和规律进行编号,以便容易找出翻修位置。

(2)选取软片、增感屏和增感方式。探伤用的软片一般要求反差高、清晰度高和灰雾少。增感屏和增感方式可根据软片或探伤要求选择。

(3)选取焦点、焦距和照射方向。照射方向尤其重要,一定选择最佳透照角度。

(4)放置铅字号码、铅箭头及象质计。一定《按金属熔化焊焊接接头射线照相》(GB 3323—2005)要求放置。

(5)选定曝光规范。曝光规范要根据探伤机型事先作出,探伤时按工件的厚度和材质选取。

(6)进行暗室处理。

(7)焊缝质量的评定。由专业人员按 GB 3323—2005 进行评定,射线探伤必须由持证的专业人员按 GB 3323 进行,根据图纸中的技术要求或行业标准进行验收。

第四节　高强螺栓及组合件力学性能试验

一、扭剪型高强螺栓连接副预拉力复验方法

1.复验用的螺栓应在施工现场待安装的螺栓批中随机抽取,每批应抽取 5 套连接副进行复验。

2.连接副预拉力可采用各类轴力计进行测试。

3.试验用的电测轴力计、油压轴力计、电阻应变仪、扭矩扳手等计量器具,应在试验前进行标定,其误差不得超过 2 %。

4.采用轴力计方法复验连接副预拉力时,应将螺栓直接插入轴力计。紧固螺栓分初拧、终拧两次进行。初拧应采用手动扭矩扳手或专用定扭电动扳手,初拧值应为预拉力标准值的 50 %左右;终拧应采用专用电动扳手,至尾部梅花头拧掉时,读出预拉力值。

5.每套连接副只应做一次试验,不得重复使用。在紧固中垫圈发生转动时,应更换连接副,重新试验。

6.复验螺栓连接副的预拉力平均值应符合表 7-1 的规定,其变异系数应符合下列计算并应 ≤10 %。

表 7-1　扭剪型高强度螺栓紧固预拉力(kN)

螺栓直径(mm)	16	20	(22)	24
每批紧固预拉力	≤120	≤186	≤231	≤270
的平均值 $\overline{P}$	≥99	≥154	≥191	≥222

$$\delta = \frac{\sigma_P}{\overline{P}} \times 100 \% \tag{7-2}$$

式中　δ——紧固预拉力的变异系数;

　　　σ_p——紧固预拉力的标准差;

　　　$\overline{P}$——该批螺栓预拉力平均值(kN)。

二、高强度大六角头螺栓连接副扭矩系数的复验方法

1.复验用螺栓应在施工现场待安装的螺栓批中随机抽取,每批应抽取 8 套连接副进行复验。

2.连接副扭矩系数复验用的计量器具应在试验前进行标定,误差不得超过 2 %。

3.每套连接副只应做一次试验,不得重复使用。

4.连接副扭矩系数的复验应将螺栓穿入轴力计,在测出螺栓预拉力 P 的同时,应测定施加于螺母上的施拧扭矩值 T,并应按下式计算扭矩系数 K。

$$K = \frac{T}{Pd} \tag{7-3}$$

式中　T——施拧扭矩(N·m);

　　　d——高强度螺栓的螺纹规格(螺纹大径)(mm);

　　　P——螺栓预拉力(kN)。

5. 进行连接副扭矩系数试验时,螺栓预拉力值应符合表 7-2 的规定。

表 7-2　螺栓预拉力值范围(kN)

螺栓规格(mm)	M12	M16	M20	M24	M27
P	≤59	≤113	≤117	≤250	≤324
	≥49	≥93	≥142	≥206	≥265

三、高强度螺栓连接抗滑移系数试验方法

1. 基本要求

(1)制造厂和安装单位应分别以钢结构制造批为单位进行抗滑移系数试验。制造批可按单位工程划分规定的工程量每 2 000 t 为一批,不足 2 000 t 的可视为一批。选用两种及两种以上表面处理工艺时,每种处理工艺应单独检验。每批 3 组试件。

(2)抗滑移系数试验应采用双摩擦面的二栓或三栓拼接的拉力试件,如图 7-8 所示。

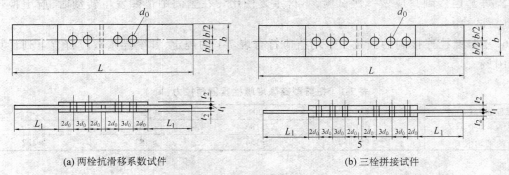

(a) 两栓抗滑移系数试件　　　　　(b) 三栓拼接试件

图 7-8　抗滑移系数试件的型式和尺寸

(3)抗滑移系数试验用的试件应由金属结构厂或有关制造厂加工,试件与所代表的钢结构应为同一材质、同批制作、采用同一摩擦面处理工艺和具有相同的表面状态,并应将同批、同一性能等级的高强度螺栓连接副在同一环境条件下存放。

(4)试件钢板的厚度 t_1,t_2 应根据钢结构工程中有代表性的板材厚度来确定,宽度 b 的规定见表 7-3。

表 7-3　试件板的宽度

螺栓直径 d(mm)	16	20	(22)	24
板宽 b(mm)	60	75	(80)	85

(5)试件板面应平整,无油污,孔和板的边缘无飞边、毛刺。

2. 试验方法

(1)试验用的试验机误差应在 1% 以内。

(2)试验用的贴有电阻片的高强度螺栓、压力传感器和电阻应变仪应在试验前用试验机进行标定,其误差应在 2% 以内。

(3)试件的组装顺序应符合下列规定:

1)先将冲钉打入试件孔定位,然后逐个换成装有压力传感器或贴有电阻片的高强度螺

栓,或换成同批经预拉力复验的扭剪型高强度螺栓。

2)紧固高强度螺栓应分初拧、终拧。初拧应达到螺栓预拉力标准值的 50% 左右。终拧后,螺栓预拉力应符合下列规定:

①对装有压力传感器或贴有电阻片的高强度螺栓,采用电阻应变仪实测控制试件每个螺栓的预拉力值应在 $0.95P \sim 1.05P$(P 为高强度螺栓设计预拉力值)之间;

②不进行实测时,扭剪型高强度螺栓的预拉力(紧固轴力)可按同批复验预拉力的平均值取用。

3)试件应在其侧面划出观察滑移的直线。

(4)将组装好的试件置于拉力试验机上,试件的轴线应与试验机夹具中心严格对中。

(5)加荷时,应先加 10% 的抗滑移设计荷载值,停 1 min 后,再平稳加荷,加荷速度为 $3 \sim 5$ kN/s,直拉至滑动破坏,测得滑移荷载 N_v。

(6)在试验中当发生以下情况之一时,所对应的荷载可定为试件的滑移荷载:

1)试验机发生回针现象;

2)试件侧面划线发生错动;

3)X-Y 记录仪上变形曲线发生突变;

4)试件突然发生"嘣"的响声。

(7)抗滑移系数,应根据试验所测得的滑移荷载 N_v 和螺栓预拉力 P 的实测值,按下式计算,宜取小数点后 2 位有效数字。

$$\mu = \frac{N_v}{n_f \sum_{i=1}^{m} P_i} \tag{7-4}$$

式中　N_v——由试验测得的滑移荷载(kN);

n_f——摩擦面面数,取 $n_f = 2$;

$\sum_{i=1}^{m} P_i$——试件滑移一侧高强度螺栓预拉力实测值(或同批螺栓连接副的预拉力平均值)之和,取 3 位有效数字(kN);

m——试件一侧螺栓数量。

第五节　漆膜厚度现场检测

漆膜厚度测试一般有两种方法,即杠杆千分尺法和磁性测厚仪法。下面介绍磁性测厚仪法的主要步骤。

一、仪器设备

磁性测厚仪,精确度为 $2\mu m$。

二、检测步骤

1. 调零

取出探头,插入仪器的插座上。将已打磨未涂漆的底板(与被测漆膜底材相同)擦洗干净,把探头放在底板上按下电钮,再按下磁芯。当磁芯跳开时,如指针不在零位,应旋动调零电位器,使指针回到零位,需重复数次。如无法调零,需更换新电池。

2. 校正

取标准厚度片放在调零用的底板上,再将探头放在标准厚度片上,按下电钮,再按下磁芯,待磁芯跳开后旋转标准钮,使指针回到标准片厚度值上,需重复数次。

3. 测量

取距样板边缘不少于 1cm 的上、中、下 3 个位置进行测量。将探头放在样板上,按下电钮,再按下磁芯,使之与被测漆膜完全吸合,此时指针缓慢下降,待磁芯跳开表针稳定时,即可读出漆膜厚度值。取各点厚度的算术平均值作为漆膜的平均厚度值。

复习思考题

7-1　构件焊接质量检验分哪几个阶段?

7-2　焊缝的无损探伤主要有几种方法?

7-3　简述超声波探伤的基本原理。

7-4　简述高强螺栓及组合件力学性能的检验方法。

第 八 章

桥梁支座和伸缩缝装置试验检测

第一节　桥梁支座检测

支座的主要功能是将上部结构的反力可靠地传递给墩台,并同时完成梁体结构因为上部的荷载,温度变化,混凝土收缩、徐变等所需要的变形(水平位移及转角)。

桥梁支座按其材料可划分为小桥涵上使用的简易垫层支座,大中桥上使用的钢板支座、钢筋混凝土支座、铸钢或不锈钢支座以及目前使用极为广泛的橡胶支座等。这里主要介绍板式橡胶支座、盆式橡胶支座和球形支座。

一、板式橡胶支座检测

橡胶支座在水平方向应具有一定的柔性,以适应梁体由于制动力,温度,混凝土的收缩、徐变及荷载作用等引起的水平位移,同时橡胶支座还应适应梁端的转动。

板式橡胶支座可以设计成为一端固定、另一端活动的支座,也可以设计成为不分固定端与活动端的支座。固定支座一般厚度较薄,以满足支点竖向荷载及梁端自由转动的要求即可。水平位移主要由活动支座的橡胶剪切变形来完成,其橡胶层的厚度则取决于水平位移量的大小。两端如不分固定和活动支座,则二者的厚度相同。水平变形由两个支座同时完成,各承担其一半。所有橡胶支座,在最小竖向荷载作用下,应保证支座本身不得有任何滑移。

1. 构造特点

板式橡胶支座通常由若干层橡胶片与钢板(以钢板作为刚性加劲物)组合而成。各层橡胶与其上下钢板经加压硫化牢固地黏结成为一体。这种支座在竖向荷载 P 作用下,嵌入橡胶片之间的钢板将限制橡胶的侧向变形,垂直变形则相应减少,从而可大大地提高支座的竖向刚度(抗压刚度)。此时支座的竖向总变形为各层橡胶片变形的总和。

橡胶片之间嵌入的钢板在阻止胶层侧向膨胀的同时,对支座的抗剪刚度几乎没有什么影响。在水平力 H 作用下,加劲橡胶支座所产生的水平位移量 Δ 取决于橡胶片的净厚,变形如图 8-1 所示。

为了防止加劲钢板的锈蚀,板式橡胶支座上、下面及四周边都有橡胶保护。板式支座的构造如图 8-2 所示。

四氟滑板橡胶支座是在普通板式橡胶支座顶面黏结一块一定厚度的聚四氟乙烯板材形成的支座。

板式橡胶支座具有下列优点:

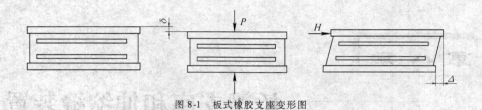

图 8-1　板式橡胶支座变形图

（1）构造简单，易于制造，造价低，节省钢材。

（2）材料来源充足，宜于定型成批生产。

（3）橡胶具有优良的弹性与阻尼性，因而橡胶支座具有良好的吸震性能，可减少动载对桥跨结构及墩台的冲击，从而改善桥梁的受力情况。

（4）板式橡胶支座在使用期间养护工作量少。

（5）建筑高度低，安装简便，可节约施工劳动力和时间；更换方便，在运营的桥上也可以更换支座。

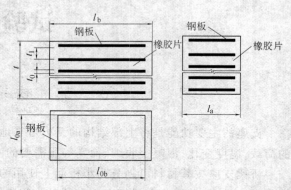

图 8-2　板式橡胶支座构造图

（6）板式橡胶支座在竖向力作用下只发生很小的弹性变形，而水平力作用下发生的剪切变形可在水平面内任何方向发生，因而适用范围极广，能适应宽桥、曲线桥、斜交桥等。

2.产品分类

（1）按结构形式分为：

1）普通板式橡胶支座区为矩形板式橡胶支座（代号 GJZ）、圆形板式橡胶支座（代号 GYZ）；

2）四氟滑板式橡胶支座分为矩形四氟滑板橡胶支座（代号 GJZF$_4$）、圆形四氟滑板橡胶支座（代号 GYZF$_4$）。

（2）按支座材料和适用温度分为：

1）常温型橡胶支座，应采用氯丁橡胶（CR）生产，适用温度为 $-25 \sim 60$ ℃。不得使用天然橡胶代替氯丁橡胶，也不允许在氯丁橡胶中掺入天然橡胶。

2）耐寒型橡胶支座，应采用天然橡胶（NR）生产，适用的温度为 $-40 \sim 60$ ℃。

3.产品代号

表示方法：

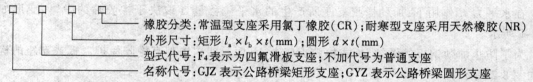

橡胶分类：常温型支座采用氯丁橡胶（CR）；耐寒型支座采用天然橡胶（NR）
外形尺寸：矩形 $l_a \times l_b \times t$(mm)；圆形 $d \times t$(mm)
型式代号：F$_4$ 表示为四氟滑板支座；不加代号为普通支座
名称代号：GJZ 表示公路桥梁矩形支座；GYZ 表示公路桥梁圆形支座

示例1：公路桥梁矩形普通氯丁橡胶支座，短边尺寸为 300 mm，长边尺寸为 400 mm，厚度为47 mm，表示为 GJZ 300×400×47（CR）。

示例2：公路桥梁圆形四氟滑板天然橡胶支座，直径为 300 mm，厚度为 54 mm，表示为

$GYZF_4 300 \times 54(NR)$。

4. 技术要求

（1）设计要求

支座的设计参数、设计要求及验算方法应按《公路钢筋混凝土及预应力混凝土桥涵设计规范》（JTG D62—2004）的规定执行。

支座承载力大小的选择，应根据桥梁恒载、活载的支点反力之和及墩台上设置的支座数目来计算。合适的支座一般为：最大反力不超过支座容许承载力的5%，最小反力不低于容许承载力的80%。支座设计在垂直方向具有足够的刚度，从而保证在最大竖向荷载作用下支座产生较小的变形。

（2）力学性能要求

支座力学性能要求见表8-1，平面尺寸及表面外观要求见表8-2～表8-5。

表8-1　成品支座力学性能指标

项　　目		指　　标
极限抗压强度 R_a（MPa）		$\geqslant 70$
实测抗压弹性模量 E_1（MPa）		$E \pm E \times 20\%$
实测抗剪弹性模量 G_1（MPa）		$G \pm G \times 15\%$
实测老化后抗剪弹性模量 G_2（MPa）		$G + G \times 15\%$
实测转角正切值 $\tan\theta$	混凝土桥	$\geqslant 1/300$
	钢桥	$\geqslant 1/500$
实测四氟板与不锈钢板表面摩擦系数 μ_f（加硅脂时）		$\leqslant 0.03$

表8-2　成品支座平面尺寸偏差范围（mm）

矩　形　支　座		圆　形　支　座	
长边范围（l_b）	偏差	直径范围（d）	偏差
$l_b \leqslant 300$	+2.0	$d \leqslant 300$	+2.0
$300 < l_b \leqslant 500$	+4.0	$300 < d \leqslant 500$	+4.0
$l_b > 500$	+5.0	$d > 500$	+5.0

表8-3　成品支座厚度偏差范围（mm）

矩　形　支　座		圆　形　支　座	
厚度范围（t）	偏差	厚度范围（t）	偏差
$t \leqslant 49$	+1.0	$t \leqslant 49$	+1.0
$49 < t \leqslant 100$	+2.0	$49 < t \leqslant 100$	+2.0
$100 < t \leqslant 150$	+3.0	$100 < t \leqslant 150$	+3.0
$t > 150$	+4.0	$t > 150$	+4.0

表 8-4　成品支座解剖检验要求

名　　称	解剖检验标准
锯开后胶层厚度	胶层厚度应均匀，t_1 为 5 mm 或 8 mm 时，其偏差为 ±0.4 mm；t_1 为 11 mm 时，其偏差不得大于 ±0.7 mm；t_1 为 15 mm 时，其偏差不得大于 ±1.0 mm
钢板与橡胶黏结	钢板与橡胶黏结应牢固，且无离层现象，其平面尺寸偏差为 ±1.0 mm；上下保护层偏差为（+0.5,0）mm
剥离胶层（应按 HG/T 2198—1991 规定制成试样）	剥离胶层后，测定的橡胶性能，其拉伸强度的下降不应大于 15 %，扯断伸长率的下降不应大于 20 %

表 8-5　成品支座外观质量检验要求

名　　称	成品质量标准
气泡、杂质	气泡、杂质总面积不得超过支座平面面积的 0.1 %，且每一处气泡、杂质面积不得大于 50 mm^2，最大深度不超过 2 mm
凹凸不平	当支座平面面积小于 0.15 m^2 时，不多于两处；大于 0.15 m^2 时，不多于四处，且每处凹凸高度不超过 0.5 mm，面积不超过 6 mm^2
四侧面裂纹、钢板外露	不允许
掉块、崩裂、机械损伤	不允许
钢板与橡胶黏结处开裂或剥离	不允许
支座表面平整度	1. 橡胶支座：表面不平整度不大于平面最大长度的 0.4 % 2. 四氟滑板支座：表面不平整度不大于四氟滑板平面最大长度的 0.2 %
四氟滑板表面划痕、碰伤、敲击	不允许
四氟滑板与橡胶支座黏贴错位	不得超过橡胶支座短边或直径尺寸的 0.5 ‰

支座抗压弹性模量 E 和支座形状系数 S 应按下列公式计算：

$$E = 5.4GS^2 \tag{8-1}$$

矩形支座
$$S = \frac{l_{0a} \cdot l_{0b}}{2t_1(l_{0a} + l_{0b})} \tag{8-2}$$

圆形支座
$$S = \frac{d_0}{4t_1} \tag{8-3}$$

式中　E ——支座抗压弹性模量（MPa）；

　　　G ——支座抗剪弹性模量（MPa）；

　　　S ——支座形状系数；

　　　l_{0a}——矩形支座加劲钢板短边尺寸（mm）；

　　　l_{0b}——矩形支座加劲钢板长边尺寸（mm）；

　　　t_1 ——支座中间单层橡胶片厚度（mm）；

　　　d_0——圆形支座加劲钢板直径（mm）。

5. 桥梁板式橡胶支座力学性能试验方法

公路桥梁板式橡胶支座检测有抗压弹性模量、抗剪弹性模量、抗剪黏结性能、抗剪老化、摩擦系数、转角、极限抗压强度的试验和判定。

（1）试样存放、试验条件及试验设备的要求

试验应该在试验室内进行，试验室的标准温度为 23 ℃±5 ℃，且不能有腐蚀性气体及影响检测的振动源。

试样应满足以下要求：

1）试样尺寸应取用实样。只有受试验机吨位限制时，可由抽检单位或用户与检测单位协商用特制试样代替实样。认证机构颁发许可证时抽取试样应满足表 8-6 的要求。

2）试样的技术性能应符合规范的有关规定。

3）试样的长边、短边、直径、中间层橡胶片厚度、总厚度等，均以该种试样所属规格系列中的公称值为准。

4）摩擦系数试验使用的试样：

不锈钢板试样应满足规范的要求，试样为矩形，且每一边应超出支座试样相应边长 100 mm，厚度不应小于 2 mm，并应焊接在一块基层钢板上。四氟滑板支座，其平面尺寸和厚度不作统一规定。

表 8-6　试验抽取试样规格表（mm）

型号	l_a	l_b	d	t_1	胶片层数
I	200	300	250	8	3
II	400	450	400	11	5
III	600	700	600	15	7

注：无上述规格时，应抽取接近上述规格尺寸的支座作为试样。

试验用的试样应在仓库内随机抽取。储存支座的库房应干燥通风，支座应堆放整齐，保持清洁，严禁与酸、碱、油类、有机溶剂等相接触，并应距热源 1 m 以上且不能与地面直接接触。凡与油及其他化学药品接触过的支座不得用作试样使用。

试验前应将试样直接暴露在标准温度 23 ℃±5 ℃下，停放 24 h，以使试样内外温度一致。

试验机宜具备下列功能：微机控制，能自动、平稳连续加载、卸载，且无冲击和颤动现象，自动持荷（试验机满负荷保持时间不少于 4 h，且试验荷载的示值变动不应大于 0.5 %），自动采集数据，自动绘制应力-应变图，自动储存试验原始记录及曲线图和自动打印结果。试验用承载板应具有足够的刚度，其厚度应大于其平面最大尺寸的 1/2，且不能用分层垫板代替。平面尺寸必须大于被测试试样的平面尺寸，在最大荷载下不应发生挠曲。

进行剪切试验时，其剪切试验机的水平油缸、负荷传感器的轴线应和中间钢拉板的对称轴相重合，确保被测试样水平轴向受力。

试验机的级别为 I 级，示值相对误差最大允许值为 1.0 %，试验机正压力使用可在最大力值的 0.4 %~90 %范围内。水平力的使用可在最大力值的 1 %~90 %范围内，其示值的准确度和相关的技术要求应满足规范的规定。

测量支座试样变形量的仪表量程应满足测量支座试样变形量的需要，测量转角变形量的分度值为 0.001 mm，测量竖向压缩变形量和水平位移变形量的分度值为 0.01 mm，其示值误差和相关技术要求应按相关的检验规程进行检定。

（2）试验方法

1）抗压弹性模量试验

抗压弹性模量应按下列步骤进行试验（见图 8-3）：

①将试样置于试验机的承载板上，上下承载板与支座接触面不得有油渍；对准中心，精度应小于 1% 的试件短边尺寸或直径。缓缓加载至压应力为 1.0 MPa 且稳压后，核对承载板四角对称安置的四只位移传感器，确认无误后，开始预压。

②预压。将压应力以 0.03 ~ 0.04 MPa/s 速率连续地增至平均压应力 $\sigma = 10$ MPa，持荷 2 min，然后以连续均匀的速度将压应力卸至 1.0 MPa，持荷 5 min，记录初始值，绘制应力-应变图，预压 3 次。

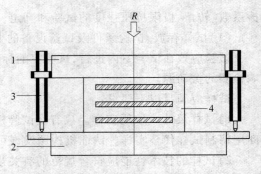

图 8-3　压缩试验设备图
1—上承载板；2—下承载板；
3—位移传感器；4—支座试样

③正式加载。每一加载循环自 1.0 MPa 开始，将压应力以 0.03 ~ 0.04 MPa/s 速率均匀加载至 4 MPa，持荷 2 min 后，采集支座变形值，然后以同样速率每 2 MPa 为一级逐级加载，每级持荷 2 min 后，采集支座变形数据直至平均压应力 σ 为止，绘制的应力-应变图应呈线性关系。然后以连续均匀的速度卸载至压应力为 1.0 MPa。10 min 后进行下一加载循环，加载过程应连续进行 3 次。

④以承载板四角所测得的变化值的平均值，作为各级荷载下试样的累计竖向压缩变形 Δ_c，按试样橡胶层的总厚度 t_c，求出在各级试验荷载作用下试样的累计压缩应变 $\varepsilon_i = \Delta_{ci}/t_c$。

⑤试样实测抗压弹性模量应按下列公式计算：

$$E_1 = \frac{\sigma_{10} - \sigma_4}{\varepsilon_{10} - \varepsilon_4} \qquad (8-4)$$

式中　E_1——试样实测的抗压弹性模量计算值，精确至 1MPa；

　　　σ_4，ε_4——第 4 MPa 级试验荷载下的压应力和累积压缩应变值；

　　　σ_{10}，ε_{10}——第 10 MPa 级试验荷载下的压应力和累积压缩应变值。

⑥结果：每一块试样的抗压弹性模量 E_1 为 3 次加载过程所得的 3 个实测结果的算术平均值。但单项结果和算术平均值之间的偏差不应大于算术平均值的 3%，否则应对该试样重新复核试验一次。如果仍超过 3%，应由试验机生产厂专业人员对试验机进行检修和检定，合格后再重新进行试验。

2）抗剪弹性模量试验

抗剪弹性模量应按下列步骤进行试验（见图 8-4）：

①在试验机的承载板上，应使支座顺其短边方向受剪，将试样及中间钢拉板按双剪组合配置好，使试样和中间钢拉板的对称轴和试验机承载板中心轴处在同一垂直面上，精度应小于 1% 的试件短边尺寸。为防止出现打滑现象，应在上下承载板和中间钢拉板上黏贴高摩擦板，以确保试验的准确性。

②将压应力以 0.03 ~ 0.04 MPa/s 的速率连续增至平均压应力 σ，绘制应力-时间图，并在整个抗剪试验过程中保持不变。

③调整试验机的剪切试验机构,使水平油缸、负荷传感器的轴线和中间钢拉板的对称轴重合。

④预加水平力。以 0.002 ~ 0.003 MPa/s 的速率连续施加水平剪应力至剪应力 τ = 1.0 MPa,持荷 5 min,然后以连续均匀的速度卸载至剪应力为 0.1 MPa,持荷 5 min,记录初始值,绘制应力-应变图。预载 3 次。

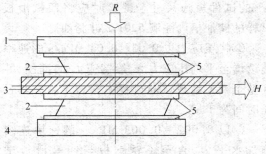

图 8-4　剪切试验设备图
1—上承载板;2—支座试样;3—中间钢拉板;
4—下承载板;5—防滑摩擦板

⑤正式加载。每一加载循环自 τ = 0.1 MPa 开始,每级剪应力增加 0.1 MPa,持荷 1 min,采集支座变形数据,至 τ = 1.0 MPa 为止,绘制的应力-应变图应呈线性关系。然后以连续均匀的速度卸载至剪应力为 0.1 MPa,10 min 后进行下一循环试验。加载过程应连续进行 3 次。

⑥将各级水平荷载下位移传感器所测得的试样累计水平剪切变形 Δ_s,按试样橡胶层的总厚度 t_c,求出在各级试验荷载作用下,试样的累积剪切应变 $\gamma_i = \Delta_s / t_c$。

⑦试样的实测抗剪弹性模量应按下列公式计算:

$$G_1 = \frac{\tau_{1.0} - \tau_{0.3}}{\gamma_{1.0} - \gamma_{0.3}} \tag{8-5}$$

式中　G_1——试样的实测抗剪弹性模量计算值,精确至 1%(MPa);

$\tau_{1.0}, \gamma_{1.0}$——第 1.0 MPa 级试验荷载下的剪应力和累计剪切应变值(MPa);

$\tau_{0.3}, \gamma_{0.3}$——第 0.3 MPa 级试验荷载下的剪应力和累计剪切应变值(MPa)。

⑧结果

每对检验支座所组成试样的综合抗剪弹性模量 G_1,为该对试件 3 次加载所得到的 3 个结果的算术平均值。但各单项结果与算术平均值之间的偏差应不大于算术平均值的 3%,否则应对该试样重新复核试验一次。如果仍超过 3%,应请试验机生产厂专业人员对试验机进行检修和检定,合格后再重新进行试验。

3)抗剪黏结性能试验

整体支座抗剪黏结性能试验方法与抗剪弹性模量试验方法相同,将压应力以 0.03 ~ 0.04 MPa/s 速率连续增至平均压应力 σ,绘制应力-时间图,并在整个试验过程中保持不变。然后以 0.002 ~ 0.003 MPa/s 的速率连续施加水平力,当剪应力达到 2 MPa,持荷 5 min 后,水平力以连续均匀的速度连续卸载,在加、卸载过程中绘制应力-应变图。试验中随时观察试件受力状态及变化情况,水平力卸载后试样是否完好无损。

4)抗剪老化试验

将试样置于老化箱内,在 70 ℃ ± 2 ℃ 温度下经 72 h 后取出,将试样在标准温度 23 ℃ ± 5 ℃ 下停放 48 h,再在标准试验室温度下进行剪切试验,试验与标准抗剪弹性模量试验方法步骤相同。老化后抗剪弹性模量 G_2 的计算方法与标准抗剪弹性模量计算方法相同。

5)摩擦系数试验

摩擦系数应按下列步骤进行试验(见图 8-5):

①将四氟滑板支座与不锈钢板试样按规定摆放,对准试验机承载板中心位置,精度应小于

1%的试件短边尺寸。试验时应将四氟滑板试样的储油槽内注满5201-2硅脂油。

②将压应力以 0.03 ~ 0.04 MPa/s 的速率连续增至平均压应力 σ，绘制应力-时间图，并在整个摩擦系数试验过程中保持不变。其预压时间为 1 h。

③以 0.002 ~ 0.003 MPa/s 的速率连续施加水平力，直至不锈钢板与四氟滑板试样接触面间发生滑动为止，记录此时的水平剪应力作为初始值。试验过程应连续进行 3 次。

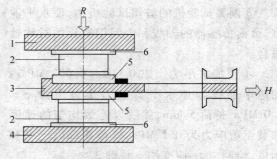

图 8-5　摩擦系数试验设备图
1—试验机上承载板;2—四氟滑板支座试样;3—中间钢拉板
4—试验机下承载板;5—不锈钢板试样;6—防滑摩擦板

④摩擦系数应按下列公式计算:

$$\mu_f = \frac{\tau}{\sigma}$$
$$\tau = \frac{H}{A_0}$$
$$\sigma = \frac{R}{A_0}$$

$(8-6)$

式中　μ_f ——四氟滑板与不锈钢板表面的摩擦系数,精确至 0.01;

τ ——接触面发生滑动时的平均剪应力(MPa);

σ ——支座的平均压应力(MPa);

H ——支座承受的最大水平力(kN);

R ——支座最大承压力(kN);

A_0 ——支座有效承压面积(mm^2)。

⑤结果:每对试样的摩擦系数为 3 次试验结果的算术平均值。

6)转角试验

施加压应力至平均压应力 σ,则试样产生垂直压缩变形。用千斤顶对中间工字梁施加一个向上的力 P,工字梁产生转动,上下试样边缘产生压缩及回弹两个相反变形。由转动产生的支座边缘的变形必须小于由垂直荷载和强制转动共同影响下产生的压缩变形(见图 8-6 和图 8-7)。

转角试验应按下列步骤进行:

①将试样按图 8-6 规定摆放,对准中心位置,精度应小于 1%的试件短边尺寸。在距试样中心 L 处,安装使梁产生转动用的千斤顶和测力计,并在承载梁(或板)四角对称安置 4 只高精度位移传感器(精度 0.001 mm)。

②预压。将压应力以 0.03 ~ 0.04 MPa/s 的速率

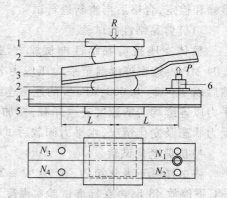

图 8-6　转角试验设备图
1—试验机上承载板;2—试样;
3—中间工字梁(假想梁体);4—承载梁(板);
5—试验机下承载板;6—千斤顶

连续增至平均压应力 σ,绘制应力-时间图,维持 5 min,然后以连续均匀的速度卸载至压应力为 1.0 MPa,如此反复 3 遍。检查传感器是否灵敏准确。

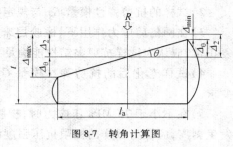

图 8-7　转角计算图

③加载。将压应力按照抗压弹性模量试验要求增至 σ,采集支座变形数据,绘制应力-应变图,并在整个试验过程中维持 σ 不变。用千斤顶对中间工字梁施加一个向上的力 P,使其达到预期转角的正切值(偏差不大于 5 %),停 5 min 后,记录千斤顶力 P 及传感器的数值。

转角计算:

①实测转角的正切值应按下列公式计算:

$$\tan \theta = \frac{\Delta_1^2 + \Delta_3^4}{2L} \qquad (8-7)$$

式中　$\tan \theta$——试样实测转角的正切值;

Δ_1^2——传感器 N_1、N_2 处的变形平均值(mm);

Δ_3^4——传感器 N_3、N_4 处的变形平均值(mm);

L——转动力臂。

②各种转角下,由于垂直承压力和转动共同影响产生的压缩变形值应按下式计算:

$$\Delta_2 = \Delta_c - \Delta_1$$
$$\Delta_1 = (\Delta_1^2 - \Delta_3^4)/2 \qquad (8-8)$$

式中　Δ_c——支座最大承压力 R 时试样累积压缩变形值(mm);

Δ_1——转动试验时,试样中心平均回弹变形值(mm);

Δ_2——垂直承压力和转动共同影响下试样中心处产生的压缩变形值(mm)。

③各种转角下,试样边缘换算变形值应按下式计算:

$$\Delta_\theta = \tan \theta \cdot \frac{l_a}{2} \qquad (8-9)$$

式中　Δ_θ——实测转角产生的变形值(mm);

l_a——矩形支座试样的短边尺寸(mm),圆形支座采用直径 d(mm)。

④各种转角下,支座边缘最大、最小变形值应按下列公式计算:

$$\Delta_{max} = \Delta_2 + \Delta_\theta$$
$$\Delta_{min} = \Delta_2 - \Delta_\theta \qquad (8-10)$$

7)极限抗压强度试验

极限抗压强度试验应按下列步骤进行:

①将试样放置在试验机的承载板上,上下承载板与支座接触面不得有油污,对准中心位置,精度应小于 1 % 的试件短边尺寸;

②以 0.1 MPa 的速率连续加载至试样极限抗压强度 R_u 且不小于 70 MPa 为止,绘制应力-时间图,并随时观察试样受力状态及变化情况,试样是否完好无损。

(3)试验结果评定

1)试样的抗压弹性模量 E_1 与标准 E 值的偏差在 ±20 % 范围内时,应认为满足要求。

2）试样的抗剪弹性模量 G_1 与规定 G 值的偏差在 ±15 % 范围内时，应认为满足要求。

3）在两倍剪应力作用下，橡胶层未被剪坏，中间层钢板未断裂错位，卸载后，支座变形恢复正常，应认为试样抗剪黏结性能满足要求。

4）试样老化后的抗剪弹性模量 G_2 与规定 G 值的偏差在 + 15 % 范围内时，应认为满足要求。

5）在不小于 70 MPa 压应力时，橡胶层未被挤坏，中间层钢板未断裂，四氟滑板与橡胶未发生剥离，应认为试样的极限抗压强度满足要求。

6）四氟滑板试样与不锈钢板试样的摩擦系数满足支座成品力学性能指标表 8-1 时，应认为满足要求。

7）试样的转角正切值，混凝土、钢筋混凝土桥梁在 1/300，钢桥在 1/500 时，试样边缘最小变形值大于或等于零时，应认为试样转角满足要求。

8）三块（或三对）试样中，有两块（或两对）不能满足要求时，则认为该批产品不合格。若有一块（或一对）试样不能满足要求时，则应从该批产品中随机再取双倍试样对不合格项目进行复验，若仍有一项不合格，则判定该批不合格。

二、盆式橡胶支座检测

盆式橡胶支座具有结构紧凑、摩擦系数小、承载能力大、结构高度小转动和滑动灵活等特点，是一种有发展前途的大中型桥梁支座。

1. 分类

按使用性能分类

（1）双向活动支座（多向活动支座）：具有竖向承载、竖向转动和多向滑移性能，代号为 SX。

（2）单向活动支座：具有竖向承载、竖向转动和单一方向滑移性能，代号为 DX。

（3）固定支座：具有竖向承载和竖向转动性能，代号为 GD。

按适用温度范围分类

（1）常温型支座：适用于 − 25 ~ + 60 ℃ 使用。

（2）耐寒型支座：适用于 − 40 ~ + 60 ℃ 使用，代号为 F。

2. 支座型号

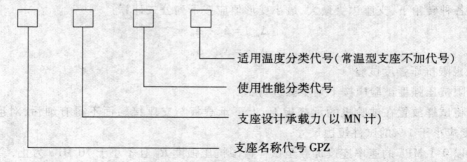

例如：GPZ15SXF 表示 GPZ 系列中设计承载力为 15 MN 的双向（多向）活动的耐寒型盆式支座；

GPZ35DX 表示 GPZ 系列中设计承载力为 35 MN 的单向活动的常温型盆式支座；

GPZ50GD 表示 GPZ 系列中设计承载力为 50 MN 的固定的常温型盆式支座。

3.支座结构形式及规格

双向（多向）活动支座和单向活动支座由上座板（包括顶板和不锈钢滑板）、聚四氟乙烯滑板、中间钢板、密封圈、橡胶板、底盆、地脚螺栓和防尘罩等组成。单向活动支座沿活动方向还设有导向挡块。固定支座由上座板、密封圈、橡胶板、底盆、地脚螺栓和防尘罩等组成。

减震型支座还应有消能和阻尼件。

双向活动支座结构示意见图 8-8，单向活动支座结构示意见图 8-9，固定支座结构示意见图 8-10。

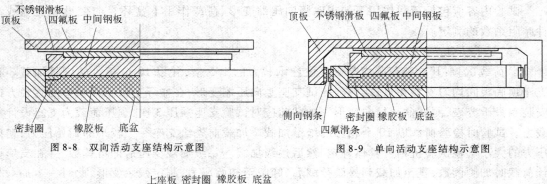

图 8-8　双向活动支座结构示意图　　　图 8-9　单向活动支座结构示意图

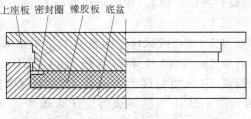

图 8-10　固定支座结构示意图

4.技术要求

（1）竖向承载力

支座的竖向承载力（即支座反力，单位 MN）分 31 级，即 0.8,1,1.25,1.5,2,2.5,3,3.5,4,5,6,7,8,9,10,12.5,15,17.5,20,22.5,25,27.5,30,32.5,35,37.5,40,45,50,55 和 60。

在竖向设计荷载作用下，支座压缩变形值不得大于支座总高度的 2%，盆环上口径向变形不得大于盆环外径的 0.5‰，支座残余变形不得超过总变形量的 5%。

（2）水平承载力

标准系列中，固定支座在各方向和单向活动支座非滑移方向的水平承载力均不得小于支座竖向承载力的 10%。

抗震型支座水平承载力不得小于支座竖向承载力的 20%。

（3）转角

支座转动角度不得小于 0.02 rad。

（4）摩阻系数

加 5201 硅脂润滑后，常温型活动支座设计摩阻系数最小取 0.03。

加 5201 硅脂润滑后，耐寒型活动支座设计摩阻系数最小取 0.06。

5.整体支座力学性能试验方法

整体支座力学性能测试应在专门试验机构中进行,条件许可时也可在制造厂中进行。

(1)试验样品

测试支座力学性能原则上应选实体支座,如试验设备不允许对大型支座进行试验,经与用户协商可选用小型支座。

测试支座摩阻系数选用支座承载力不大于 2 MN 的双向活动支座或用聚四氟乙烯板试件代替,试件厚 7 mm,直径 80 ~ 100 mm,试件工况与支座相同。

(2)试验内容

试验内容应包括荷载作用下的支座竖向压缩变形、荷载作用下盆环径向变形和支座或试件摩阻系数的测定。

(3)试验方法

1)荷载试验:其检验荷载应是支座设计承载力的 1.5 倍,并以 10 个相等的增量加载。在支座顶底板间均匀安装 4 只百分表,测试支座竖向压缩变形;在盆环上口相互垂直的直径方向安装 4 只千分表,测试盆环径向变形。加载前应对试验支座预压 3 次,预压荷载为支座设计承载力。试验时检验荷载以 10 个相等的增量加载。加载前先给支座一个较小的初始压力,初始压力的大小可视试验机精度具体确定,然后逐级加载。每级加载稳压后即可读数,并在支座设计荷载时加测读数,直至加载到检验荷载后,卸载至初始压力,测定残余变形,此时一个加载程序完毕。一个支座需往复加载 3 次。

2)支座或试件摩阻系数测定:支座或试件摩阻系数测定采用双剪试验方法。试验时支座或试件储脂坑内均应涂满硅脂。对磨件不锈钢板选用 0Cr19Ni13Mo3,0Cr17Ni12Mo2 或 1Cr18Ni9Ti 牌号精轧不锈钢板,表面粗糙度为 1 μm。试验温度常温为 21 ℃ ±1 ℃,低温为 −35 ℃ ±1 ℃。预压时间为 1 h,支座预压荷载为设计承载力,试件按 30 MPa 压应力计算。试验时先给支座或试件施加垂直设计承载力,然后施加水平力并记录其大小。当支座或试件一发生滑动,即停止水平力加载,由此计算初始摩阻系数。重复上述加载至第 5 次,测出各次的滑动摩阻系数。

一般情况下只做常温试验,当有低温要求时再进行低温试验。试件数量为 3 组。

(4)试验数据整理与要求

1)支座压缩变形和盆环径向变形量分别取相应各测点实测数据的算术平均值。

2)根据实测各级加载的变形量分别绘制荷载-竖向压缩变形曲线和荷载-盆环径向变形曲线。两变形曲线均应呈线性关系。卸载后支座复原不能低于 95 %。

3)支座或试件滑动摩阻系数取第 2 次 ~ 第 5 次实测平均值。3 组试件摩阻系数平均值作为该批聚四氟乙烯板的摩阻系数。实测支座摩阻系数应小于等于 0.01,试件摩阻系数应低于整体支座实测值。

(5)试验结果判定

1)试验支座的竖向压缩和盆环径向变形如满足在竖向设计荷载作用下,支座压缩变形值不大于支座总高度的 2 %、盆环上口径向变形不大于盆环外径的 0.5 ‰、支座残余变形不超过总变形量的 5 %的规定,支座为合格,该试验支座可以继续使用。

2)实测荷载-竖向压缩变形曲线或荷载-盆环径向变形曲线呈非线性关系,该支座为不合格。

3)支座卸载后,如残余变形超过总变形量的 5 %,应重复上述试验;若残余变形不消失或有增长趋势,则认为该支座不合格。

　　4)支座在加载中出现损坏,则该支座为不合格。

　　5)实测支座摩阻系数大于 0.01 时,应检查材质后重复进行试验;若重复试验后的摩阻系数仍大于 0.01,则认为该支座摩阻系数不合格。

　　6)支座外露表面应平整、美观、焊缝均匀。喷漆表面应光滑。

三、球形支座检测

　　与其他大吨位支座比较,球形支座不仅具有承载力大的优点,而且由于是通过球面四氟板的滑动来实现支座的转动过程,具有转角大、不存在橡胶老化等优点,因此,球形支座是一种非常有发展前途的桥梁支座。

　　1.产品分类

　　球形支座具有承受竖向荷载和各向转动动能,按其水平向位移特性分类为:

　　1)双向活动支座:具有双向位移性能,代号 SX;

　　2)单向活动支座:承受单向水平荷载,具有单向位移性能,代号 DX;

　　3)固定支座:承受各向水平荷载,各向均无位移,代号 GD。

　　2.支座型号表示方法

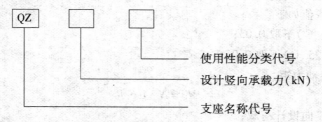

　　例如:QZ20000SX 表示设计竖向承载力 20 000 kN 的双向活动球形支座;

　　　　　QZ20000GD 表示设计竖向承载力 20 000 kN 的固定球形支座。

　　3.结构形式

　　球形支座由上支座板(含不锈钢板)、球冠衬板、下支座板、平面聚四氟乙烯板、球面聚四氟乙烯板和防尘结构等组成。

　　双向活动支座结构示意见图 8-11,单向活动支座结构示意见图 8-12,固定支座结构示意见图 8-13。

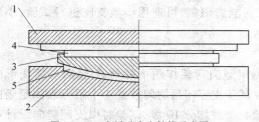

图 8-11　双向活动支座结构示意图

1—上支座板;2—下支座板;3—球冠衬板;

4—平面聚四氟乙烯板;5—球面聚四氟乙烯板

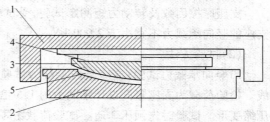

图 8-12　单向活动支座结构示意图

1—上支座板;2—下支座板;3—球冠衬板;

4—平面聚四氟乙烯板;5—球面聚四氟乙烯板

4. 规格系列

（1）支座竖向承载力系列分 21 级，即 1 500，2 000，2 500，3 000，3 500，4 000，4 500，5 000，6 000，7 000，8 000，9 000，10 000，12 500，15 000，17 500，20 000，22 500，25 000，27 500 和 30 000 kN。

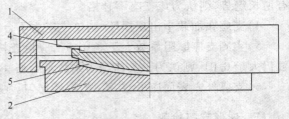

图 8-13　固定支座结构示意图
1—上支座板；2—下支座板；3—球冠衬板；
4—平面聚四氟乙烯板；5—球面聚四氟乙烯板

（2）活动支座（双向和单向）顺结构主位移方向的位移分 5 级，即 ±50，±100，±150，±200 和 ±250 mm，双向活动支座的横向位移为 ±40 mm。位移量可根据实际需要调整。

（3）支座的转角分 3 级，即 0.02 rad，0.04 rad 和 0.06 rad。

5. 成品整体支座性能要求

（1）球形支座适用温度范围为 -40 ~ 60 ℃。

（2）在竖向设计荷载作用下，支座竖向压缩变形不得大于支座总高度的 1%。

（3）固定支座和单向活动支座约束向所承受的水平力为支座竖向设计荷载的 10%。

（4）活动支座的设计摩擦因数：在支座竖向设计荷载作用下，聚四氟乙烯板有硅脂润滑条件下的设计摩擦因数取值如下：

常温（-25 ~ 60 ℃）下取 0.03；

低温（-40 ~ -25 ℃）下取 0.05。

（5）支座设计转动力矩

$$M_\theta = N \cdot \mu \cdot R \tag{8-11}$$

式中　N——支座竖向设计荷载；

　　　R——支座球冠衬板的球面半径；

　　　μ——球冠衬板球面镀铬层与球面聚四氟乙烯板的设计摩擦因数。

6. 整体支座试验

整体支座试验应在制造厂或专门试验机构中进行。

（1）试样

支座竖向承载力试验一般应采用实体支座。受试验设备能力限制时，经与用户协商，可选用有代表性的小型支座进行试验。

支座摩擦因数及转动力矩测定试验，受试验设备能力限制，可选用小型支座进行试验，小型支座的竖向承载力不宜小于 2 000 kN。

（2）试验方法

1）竖向承载力试验：支座竖向承载力试验应测定竖向荷载作用下的荷载-竖向压缩变形曲线。检验荷载为支座竖向设计承载力的 1.5 倍。在试验支座四角均匀放置 4 个百分表测定竖向压缩变形。试验时先预压 3 遍。试验荷载由零至检验荷载均分 10 级，试验时以支座竖向设计承载力的 1% 作为初始压力，然后逐级加压，每级荷载稳压 2 min 后读取百分表数据，直至检验荷载，稳压 3 min 后卸载，往复加载 3 次。

变形取 4 个百分表读数的算术平均值，绘制荷载-竖向压缩变形曲线，要求荷载与变形呈线性关系，且支座竖向压缩变形不大于支座总高的 1%。

2)支座摩擦因数测定:支座摩擦因数测定应在专用的双剪摩擦试验装置上进行。试验时先对支座施加竖向设计荷载,然后用千斤顶施加水平力,由压力传感器记录水平力大小,支座一发生滑动,即停止施加水平力,由此计算出支座的初始静摩擦因数,然后再次对支座施加水平力,使支座连续滑动,由连续滑动过程中的水平力,可计算出支座的动摩擦因数。支座摩擦因数应满足常温($-25 \sim 60$ ℃)下为 0.03、低温($-40 \sim -25$ ℃)下为 0.05 的要求。

3)支座转动试验:支座转动试验采取双支座转动方式,试验装置构造示意如图 8-14 所示。试验在常温(23 ℃ ±2 ℃)条件下进行。试验时先按图 8-14 将试验支座及试验装置组装好,用试验机对试验支座施加竖向荷载,直至支座竖向设计荷载 F,然后用千斤顶以 5 kN/min 的速率施加转动力矩,直至支座克服静摩擦发生转动。此时千斤顶会卸载,记录支座发生转动瞬间的千斤顶最大荷载 $P_{\max}$,则试验支座的实测转动力矩为 $P_{\max} \cdot L/2$。支座实测转动力矩应小于按支座设计转动力矩计算的值。

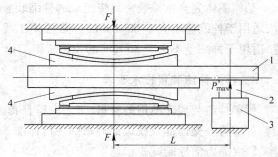

图 8-14　转动试验装置构造图
1—转动力臂;2—传感器;3—千斤顶;4—试验支座

7.试验报告

试验报告应包括以下内容:

(1)试验支座概况描述,如支座设计竖向承载力、转角、位移,并附支座简图;

(2)试验装置简图及所有设备(试验机、千斤顶、传感器等)名称及性能简述;

(3)描述试验过程概况,重点记录试验过程中出现的异常现象;

(4)记录竖向荷载、压缩变形(水平推力或千斤顶荷载及转动力臂)等数值;

(5)计算竖向压缩变形(静摩擦因数或动摩擦因数和转动力矩),并评定试验结果;

(6)试验照片。

第二节　桥梁伸缩装置检测

一、桥梁伸缩装置的分类

桥梁橡胶伸缩装置的主要作用是满足桥梁上部结构变形的需要,并保证车辆通过桥面时平稳。桥梁伸缩装置按照伸缩体结构不同可划分为 4 类。

1.模数式伸缩装置

伸缩体是由中钢梁和 80 mm 的单元橡胶密封带组合而成的伸缩装置,适用于伸缩量为 160 ~ 2 000 mm 的公路桥梁工程。

2.梳齿板式伸缩装置

伸缩体是由钢制梳齿板组合而成的伸缩装置,一般适用于伸缩量不大于 300 mm 的公路桥梁工程。

3.橡胶式伸缩装置

橡胶式伸缩装置分板式橡胶伸缩装置和组合式橡胶伸缩装置两种:

(1)伸缩体由橡胶、钢板或角钢硫化为一体的板式橡胶伸缩装置,适用于伸缩量小于 60 mm

的公路桥梁工程;

（2）伸缩体由橡胶板和钢托板组合而成的组合式伸缩装置,适用于伸缩量不大于 120 mm 的公路桥梁工程。

橡胶式伸缩装置不宜用于高速公路、一级公路上的桥梁工程。

4.异型钢单缝式伸缩装置

是伸缩体完全由橡胶密封带组成的伸缩装置。由单缝钢和橡胶密封带组成的单缝式伸缩装置,适用于伸缩量不大于 60 mm 的公路桥梁工程;由边梁钢和橡胶密封带组成的单缝式伸缩装置,适用于伸缩量不大于 80 mm 的公路桥梁工程。

二、桥梁伸缩装置技术要求

桥梁伸缩装置除使用的材料、工艺应符合我国的现行规范外,成品力学性能外观质量及解剖检验等应符合交通部或铁道部颁布的现行标准。

1.成品力学性能试验

伸缩装置成品性能试验应符合表 8-7 要求。

表 8-7　伸缩装置整体力学性能要求

序号	项 目		模 数 式		梳 齿 板 式		橡 胶 式		异型钢单缝式
							板式	组合式	
1	拉伸、压缩时最大水平摩阻力（kN/m）		≤4		≤5		<18	≤8	
2	拉伸、压缩时变位均匀性（mm）	每单元最大偏差值	-2~2						
		总变位最大偏差值	$e \leqslant 480$	-5~5	$e \leqslant 80$	±1.5			
			$480 < e \leqslant 800$	-10~10	$e > 80$	±2.0			
			$e > 800$	-15~15					
3	拉伸、压缩时最大竖向偏差或变形（mm）		1~2		0.3~0.5		-3~3	-2~2	
4	相对错位后拉伸、压缩（满足1、2项要求前提下）	纵向错位	支承横梁倾斜角度不小于 2.5°						
		竖向错位	相当顺桥向产生 5% 坡度						
		横向错位	两支承横梁 3.6 m 范围内两端相差 80 mm						
5	最大荷载时中梁应力、横梁应力、应变测定、水平力（模拟制动力）		满足设计要求						
6	防水性能		注满水 24 h 无渗漏						注满水 24 h 无渗漏

2. 成品尺寸偏差及外观质量检验

（1）橡胶伸缩体的尺寸偏差应满足表 8-8 要求。

表 8-8　橡胶伸缩装置的尺寸偏差（mm）

长度范围	偏差	宽度范围	偏差	厚度范围	偏差	螺孔中距 L_1 偏差
$L = 1\,000$	$-1, +2$	$a \leqslant 80$	$-2.0, +1.0$	$t \leqslant 80$	$-1.0, +1.8$	<1.5
		$80 < a \leqslant 240$	$-1.5, +2.0$	$t > 80$	$-1.5, +2.3$	
		$a > 240$	$-2.0, +2.0$	—	—	

注：宽度范围正偏差用于伸缩体顶面，负偏差用于伸缩体底面

（2）密封橡胶带的尺寸偏差和外观质量。在自然状态下，伸缩装置中使用的单元密封橡胶带尺寸（不包括锚固部分）的公差应满足表 8-9 和表 8-10 的要求。

表 8-9　单元密封橡胶带尺寸公差（mm）

图　示	宽度范围	偏差	厚度范围	偏差
	$a = 80$	$0, +3$	$b \geqslant 7$	$0, +1.0$
			$b_1 \geqslant 4$	$0, +0.3$
	$a < 80$	$0, +2$	$b \geqslant 6$	$0, +0.5$
			$b_1 \geqslant 3$	$0, +0.2$

表 8-10　橡胶伸缩装置、密封橡胶带的外观质量要求

缺　陷　名　称	质　量　标　准
骨架钢板外露	不允许
钢板与黏结处开裂或剥离	不允许
喷霜、发脆、裂纹	不允许
明疤缺胶	面积不超过 30 mm × 5 mm，深度不超过 2 mm 缺陷，每延米不超过 4 处
气泡、杂质	不超过成品表面面积的 0.5%，且每处不大于 25 mm²，深度不超过 2 mm
螺栓定位孔歪斜及开裂	不允许
连接榫槽开裂、闭合不准	不允许

3. 成品解剖检验

板式伸缩装置成品解剖检验，将其沿垂直方向锯开，进行规定项目检验，检验结果应满足表 8-11 的要求。

表 8-11　解剖检验结果要求

名　　称	质　量　要　求
锯开后钢板、角钢位置	钢板、角钢位置要求准确，其平面位置偏差为 ±3 mm，高度位置偏差应在 −1～2 mm 之间
钢板与橡胶黏结	钢板与橡胶黏结应牢固且无离层现象

三、整体性能试验

1. 试样

试验设备应能对整体组装后的伸缩装置进行力学性能试验。如果受试验设备限制,不能对整体伸缩装置进行试验时:

(1)对模数式伸缩装置的新产品或老产品转厂生产的试制定型鉴定可取不小于 4 m 长并具有 4 个单元变位、支承横梁间距等于 1.8 m 的组装试样进行试验,试样测试如图 8-15 所示;

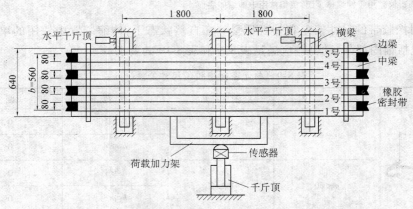

图 8-15 试样测试系统示意图(mm)

(2)梳齿板式伸缩装置应取单元加工长度不小于 2 m 组装试样进行试验;

(3)橡胶伸缩装置应取 1 m 长的试样进行试验;

(4)异型钢单缝伸缩装置应取组装试样进行试验。

2. 试验

(1)整体试验应在制造厂或专门试验机构中进行。

(2)对整体组装的伸缩装置进行力学性能试验时,应将伸缩装置试样两边的锚固系统用定位螺栓或其他有效方法固定在试验平台上,然后使试验装置模拟伸缩装置在桥梁结构中实际受力状态进行规定项目试验。橡胶伸缩装置的试验应在 15~28 ℃温度下进行。

(3)模数式伸缩装置应进行拉伸、压缩,纵向、竖向、横向错位试验,测定水平摩阻力、变位均匀性。应按实际受力荷载测定中梁、支承横梁及其连接部件应力、应变值,并应对试样进行振动冲击试验,对橡胶密封带进行防水试验。测试如图 8-16 ~ 图 8-20所示。

(4)梳齿板式伸缩装置应进行拉伸、压缩试验,测定水平摩阻力、变位均匀性。

(5)橡胶伸缩装置应进行拉伸、压缩试验,测定水平摩阻力及垂直变形。

(6)异型钢单缝伸缩装置应进行橡胶密封带防水试验。

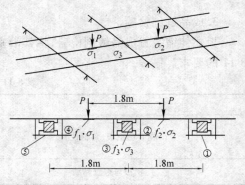

图 8-16 中梁及横梁的应力及挠度测试示意图

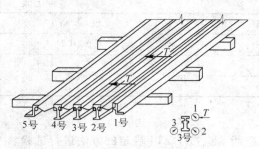

图 8-17　水平力加载试验示意图

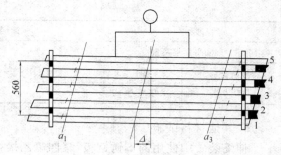

图 8-18　横向错位试验示意图（mm）

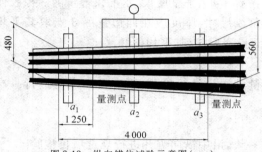

图 8-19　纵向错位试验示意图（mm）

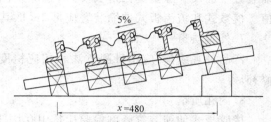

图 8-20　竖向错位试验示意图（mm）

3.钢材试验

（1）伸缩装置中使用异型钢材性能试验，应按 GB/T 1591 和 GB/T 4172 规定的方法进行；

（2）伸缩装置中使用的其他钢材性能试验，应按照 GB/T 699，GB/T 700，GB/T 702，GB/T 912，GB/T 3274 的有关方法进行。

4.橡胶试验

（1）橡胶物理机械性能的测定应按 JT/T 4 规定的方法进行；

（2）橡胶的耐水性、耐油性试验应按 GB/T 1690 规定的方法进行，试验条件满足规范规定；

（3）模数式伸缩装置使用的压紧支座、承压支座的橡胶物理机械性能的测定应按 JT/T4 规定的方法进行；

（4）聚氨酯位移弹簧的物理机械性能应按 GB/T 6343，GB/T 528，GB/T 7759 和 GB/T 1685 的试验方法进行，试验条件应满足表 8-12 的规定。

表 8-12　聚氨酯位移弹簧的物理机械性能

项　目		计 量 单 位	指　标
体积质量		kg/m^3	550 ± 10
拉伸强度		MPa	≥ 4
扯断伸长率		%	≥ 350
恒定压缩变形（任选一项）	70 ℃ ×72 h	%	≤ 6.5
	150 ℃ ×24 h	%	≤ 8
抗撕裂强度		kN/m	≥ 120

续上表

项　　目		计量单位	指　　标
60%压缩模量		MPa	4.0±0.2
疲劳试验 200万次	频率≤3	Hz	无裂纹
	压应力=7	MPa	

5. 其他材料试验

伸缩装置中使用的不锈钢板、聚四氟乙烯板、硅脂等应按 JT/T4 规定的方法进行试验。

6. 尺寸偏差

伸缩装置的尺寸偏差,应采用标定的钢直尺、游标卡尺、平整度仪、水准仪等量测。橡胶伸缩装置平面尺寸除量测四边长度外,还应量测对角线尺寸,厚度应在四边量测 8 点取其平均值。模数式和梳齿板式伸缩装置应每 2m 取其断面量测后,取其平均值。

7. 外观质量

产品外观质量,应用目测方法和相应精度的量具逐步进行检测,不合格产品可进行一次修补。

8. 内在质量

橡胶板式伸缩装置解剖检验应每 100 块任取一块,沿中横向锯开进行规定项目检验。

四、判定规则

(1)进厂原材料检验应全部项目合格后方可使用,不合格材料不应用于生产。

(2)出厂检验时,若有一项指标不合格,则应从该批产品中再随机抽取双倍数目的试样,对不合格项目进行复检,若仍有一项不合格则判定该批产品不合格。

(3)形式检验时,整体性能试验项目满足表 8-10 中的要求。若检验项目有一项不合格,则应从该批产品中再随机抽取双倍数目的试样,对不合格项目进行复检,若仍有一项目不合格,则判定该批产品不合格。

复习思考题

8-1　如何进行板式橡胶支座的检验?

8-2　简述盆式支座的检验方法。

8-3　简述桥梁伸缩缝的检验方法。

8-4　简述板式橡胶支座试验结果的评定方法。

8-5　简述盆式支座试验结果的评定标准。

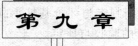

基桩的完整性检测及承载力评定

第一节 桩的基本知识

桩基础是一种历史悠久而应用广泛的深基础形式。随着高层建筑和大跨度桥梁结构的发展,桩的类型和成桩工艺、桩的设计理论和设计方法、桩的承载力与桩体结构的检测技术等诸方面均有长足的发展,使桩与桩基础的应用更为广泛,更具有生命力。它不仅可作为建筑物的基础形式,而且还可应用于软弱地基的加固和地下支挡结构物。

一、桩基础的组成、作用及特点

桩基通常由若干根桩组成,桩身全部或部分埋入土中,顶部由承台联成一体,构成桩基础,再在承台上修筑上部建筑,如图 9-1 所示。一根桩的称为单桩或基桩,用承台把许多单桩连接起来成为群桩,称为桩基。

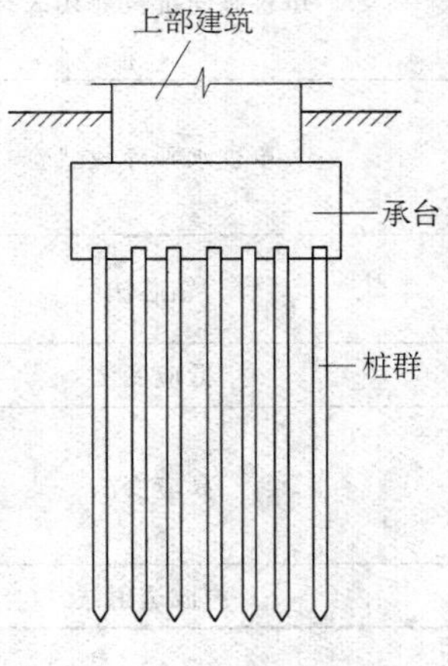

桩基础的主要功能是将荷载传至地下较深处的密实土层,以满足承载力和沉降的要求,因而具有承载力高、沉降速率低、沉降量较小而且均匀等特点,能承受竖向荷载、水平荷载、上拔力及由机器产生的振动或动力作用等。

图 9-1 低桩承台桩基础

二、桩的分类

桩可以按桩身材料、桩土相互作用特性和成桩方法等进行分类。

1. 根据桩身所采用的材料可分为钢筋混凝土桩、钢桩和木桩;

2. 根据桩的受力条件可分为柱桩(或端承桩)与摩擦桩,竖直桩和斜桩;

3. 根据桩的施工方法通常可分为预制桩、灌注桩和管柱基础 3 类;

4. 根据桩的使用功能可分为受压桩、横向受荷桩、锚桩、抗拔桩和护坡桩等;

5. 根据桩基承台底面位置的不同可将桩基础分为高桩承台基础和低桩承台基础(简称高桩承台和低桩承台)。

三、基桩检测技术概述

桩基础能否既经济又安全地通过设置在土中的基桩,将外荷载传递到深层土体中,主要取决于基桩桩身质量与基桩承载力是否能达到设计要求。基桩检测是指:(1)对基桩桩身质量进行检测,查清桩身缺陷及位置,以便对影响桩基承载力和寿命的桩身缺陷进行必要的补救,同时达到对桩身质量普查的目的;(2)对基桩承载力进行检测,达到判定与评价基桩承载力是否满足设计要求的目的。基桩检测可进一步延伸到对桩基础质量的验收与评定。

自 20 世纪 80 年代以来,我国基桩检测技术,特别是基桩动测技术得到了飞速发展。建设部于 2003 年 7 月颁布了《建筑基桩检测技术规范》JGJ 106—2003(以下简称规范)。公路桥梁基桩检验多数地区实行普查,因此,基桩检测技术应用得相当广泛。

目前已有多种桩身结构完整性检测和承载力评定方法,表 9-1 列出了基桩检测中常用的检测方法及检测目的。

表 9-1　基桩检测方法及检测目的

检 测 方 法	检 测 目 的
单桩竖向抗压静载试验	确定单桩竖向抗压极限承载力; 判定竖向抗压承载力是否满足设计要求; 通过桩身内力及变形测试,测定桩侧、桩端阻力; 验证高应变法的单桩竖向抗压承载力检测结果
单桩竖向抗拔静载试验	确定单桩竖向抗拔极限承载力; 判定竖向抗拔承载力是否满足设计要求; 通过桩身内力及变形测试测定桩的抗拔摩阻力
单桩水平静载试验	确定单桩水平临界和极限承载力,推定土抗力参数; 判定水平承载力是否满足设计要求; 通过桩身内力及变形测试测定桩身弯矩
钻芯法	检测灌注桩桩长、桩身混凝土强度、桩底沉渣厚度,判断或鉴别桩端岩土性状,判定桩身完整性类别
低应变法	检测桩身缺陷及其位置,判定桩身完整性类别
高应变法	判定单桩竖向抗压承载力是否满足设计要求; 检测桩身缺陷及其位置,判定桩身完整性类别; 分析桩侧和桩端土阻力
声波透射法	检测灌注桩桩身缺陷及其位置,判定桩身完整性类别

桩身完整性检测结果评价应给出每根受检桩的桩身完整性类别。完整性类别划分见表 9-2。

表 9-2　桩身完整性类别划分

桩身完整性类别	特 　 征
Ⅰ类桩	桩身完整,可正常使用
Ⅱ类桩	桩身基本完整,有轻度缺陷,不影响正常使用
Ⅲ类桩	桩身有明显缺陷,对桩身结构承载力有影响
Ⅳ类桩	桩身有严重缺陷,对桩身结构承载力有严重影响

基桩质量检测时,承载力和完整性两项内容是密不可分的。因工程桩的预期使用功能要通过单桩承载力实现,完整性检测的目的是发现某些可能影响单桩承载力的缺陷,最终仍是为减少安全隐患、可靠判定工程桩承载力服务。由于各种检测方法在可靠性和经济性方面都存

在着各自的优势,其配合又具有一定的灵活性,因此应根据检测目的、检测方法的适用范围和特点,并综合考虑各种因素,合理选择检测方法和抽检数量,使各种检测方法尽量能互为补充或验证,达到既能"安全适用、正确评价",又能同时达到经济合理的目的。

第二节　基桩低应变完整性检测

桩身的完整性检测主要采用低应变检测法(又名小应变法),它具有速度快、设备轻便、费用低等优点,目前在国内外已得到广泛的应用。按其所依据的检测原理,常用的方法有反射波法、超声波透射法等。其中超声波透射法是换能器以 25 ~ 50 kHz 频率发射声脉冲,在混凝土中传播,广义上也可看成动测法范畴。本节将分别介绍这两种方法。

一、反射波法

1. 基本原理

反射波法源于应力波理论,基本原理是在桩顶进行竖向激振,弹性波沿着桩身向下传播,如果遇到桩身存在明显波阻抗界面(如桩底、断桩或严重离析等部位)或桩身截面积变化(如缩径或扩径)部位,将产生反射波,波的传播规律类似波在变截面杆中的传播规律。

如图 9-2 所示,下标 i,r,t 分别表示入射、反射、透射,根据波在变截面杆中的传播规律可得出反射波系数 R_r、透射波系数 R_t 为:

$$R_r = \frac{P_1 \uparrow}{P_1 \downarrow} = \frac{z_1 - z_2}{z_1 + z_2} = \frac{n - 1}{n + 1} \tag{9-1a}$$

$$R_t = \frac{P_2 \downarrow}{P_1 \downarrow} = \frac{2z_2}{z_1 + z_2} = \frac{2}{n + 1} \tag{9-1b}$$

$$z = A\rho c \tag{9-1c}$$

$$n = z_1/z_2 = A_1\rho_1 c_1/A_2\rho_2 c_2 \tag{9-1d}$$

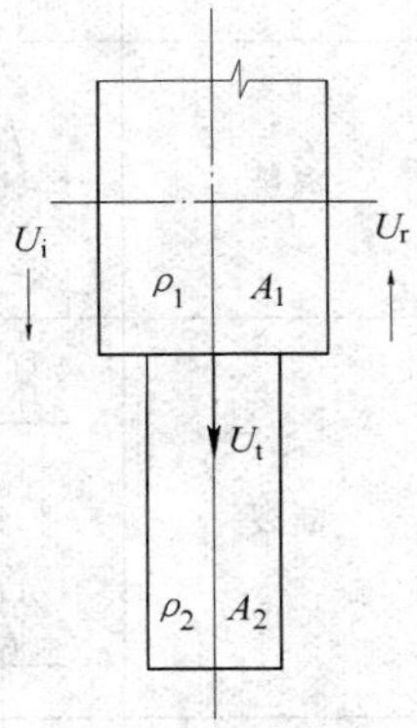

图 9-2　应力波在界面中的传播

式中　z ——阻抗;

　　　n ——阻抗比;

　　ρ, A ——桩的密度与截面积;

　　　c ——波速。

由式(9-1)可知:

(1)当 $n = 1$ 时,$R_r = 0$。说明界面不存在阻抗不同或截面不同的材料,无反射波存在。

(2)当 $n > 1$ 时,$z_1 > z_2$,$R_r > 0$,反射波和入射波同号。说明界面是由高阻抗硬材料进入低阻抗软材料或由大截面进入小截面。

(3)当 $n < 1$ 时,$z_1 < z_2$,$R_r < 0$,反射波和入射波反号。说明界面是由低阻抗软材料进入高阻抗硬材料或由小截面进入大截面。

以上 3 种情况的讨论表明,根据反射波的相位与入射波的相位的关系,可以判别界面波阻抗的性质,这是反射波动测法判别桩身质量的依据。

2. 应力波反射特征曲线

应力波在桩身中的传播,由于桩身和桩底的波阻抗的存在,使其产生反射的特征各有不同,其基本类型和表现的特征曲线见表9-3。

表9-3　应力波反射特征曲线

缺　陷	典型曲线	曲线特征
完整		1. 短桩:桩底反射 R 与入射波频率相近,振幅略小。 2. 长桩:桩底反射振幅小,频率低。 3. 摩擦桩的桩底反射与入射波同相位,端承桩的桩底反射与入射波反相位
扩径		1. 曲线不规则,可见桩间反射,扩径第一反射子波与入射波反相位,后续反射子波与入射波同相位,反射子波的振幅与扩径尺寸正相关。 2. 可见桩底反射
缩径		1. 曲线不规则,可见桩间反射,缩径第一反射子波与入射波同相位,后续反射子波与入射波反相位,反射子波的振幅与缩径尺寸正相关。 2. 一般可见桩底反射
离析		1. 曲线不规则,一般见不到桩底反射。 2. 离析的第一反射子波与入射波同相位,幅值视离析程度呈正相关,但频率明显降低。 3. 中、浅部严重离析,可见到多次反射子波
断裂		1. 浅部断裂(<2 m)由于受钢筋和下部桩影响反映为锯齿状子波叠加在低频背景上的脉冲子波,峰-峰为 Δf。 2. 中浅部断裂为一多次反射子波等距出现,振幅和频率逐次下降。 3. 深部断裂似桩底反射曲线,但所计算的波速远大于正常波速。 4. 一般见不到桩底反射
夹泥空洞微裂		1. 曲线不规则,一般可见到桩底反射。 2. 缺陷的第一反射子波与入射波同相位,后续反射子波与入射波反相位。 3. 子波的幅值与缺陷的程度呈正相关
桩底沉渣		桩底存在沉渣,桩底反射与入射波同相位,其幅值大小与沉渣的程度呈正相关

3. 桩身缺陷位置的计算

桩身缺陷位置按下列公式计算:

$$x = \frac{1}{2\,000} \cdot \Delta t_x \cdot c \tag{9-2a}$$

$$x = \frac{1}{2} \cdot \frac{c}{\Delta f'} \tag{9-2b}$$

式中　x——桩身缺陷至传感器安装点的距离(m);

Δt_x——速度波第一峰与缺陷反射波波峰间的时间差(ms);

c——受检桩的桩身波速(m/s),无法确定时用 c_m 值替代;

$\Delta f'$——频谱信号曲线上缺陷相邻谐振峰间的频差(Hz)。

由于混凝土的骨料、水泥类型不同,相同强度等级的混凝土波速 c 有一定离散性,因此,波速与混凝土强度等级之间只是参考关系。常用混凝土波速的参考数据如表9-4所列。

表 9-4　混凝土强度等级与压缩波波速近似关系

混凝土强度等级	C35	C30	C25	C20
$c(\text{m/s})$	3 750 ~ 4 000	3 500 ~ 3 750	3 250 ~ 3 500	3 000 ~ 3 250

4.测试设备

基桩动测仪通常由测量和分析两大系统组成。测量系统包括激振设备、传感器、放大器、数据采集器、记录指示器等;分析系统由动态信号分析仪或微机和根据各动力试桩方法原理编制的计算分析软件包组成。目前许多厂家把放大器、数据采集仪、记录存储器、数字计算分析软件融为一体,称之为信号采集分析仪。反射波现场测试仪器布置如图9-3所示。其中,激振设备通常用手

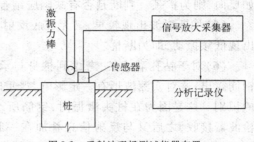

图 9-3　反射波现场测试仪器布置

锤或力棒,重量可以变更,锤头或棒头的材料可以更换,传感器可选用宽频带的速度型或加速度型。

5.现场检测及注意事项

(1)对于灌注桩,混凝土应达到养护龄期,测试时须将上部的浮浆及松散碎屑清理干净。

(2)桩头不平整时,应予整平,其面积至少应可放置一个传感器。

(3)检测前应对仪器设备进行检查,性能正常方可使用。

(4)实心桩的激振点位置应选择在桩中心,测量传感器安装位置宜为距桩中心 2/3 半径处;空心桩的激振点与测量传感器安装位置宜在同一水平面上,且与桩中心连线形成的夹角宜为90°,激振点和测量传感器安装位置宜为桩壁厚的 1/2 处。激振点与传感器应远离钢筋笼的主筋,减少外露钢筋对测试信号产生干扰。传感器与桩头应采用石膏、橡皮泥或电磁铁紧密连接,避免用手在桩头上按压传感器,导致各种干扰。对于大直径的桩可设置两个或两个以上的传感器。传感器安装点、锤击点布置见图9-4。

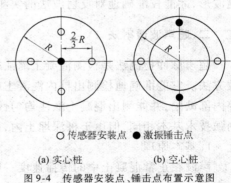

○ 传感器安装点　● 激振锤击点

(a) 实心桩　　　(b) 空心桩

图 9-4　传感器安装点、锤击点布置示意图

(5)根据桩位图及预定的百分比确定被测桩号及位置,并加以标识。抽检数量应符合规范规定。被测桩的确定可按随机方法,或参考施工记录,抽测有疑问的桩或按桩的作用抽取,如角桩、边桩等,也可几种方法结合起来确定。

(6)每一根被检测的桩均应进行 2 次以上重复测试,重复测试的波形应与原波形具有相似性。出现异常波形应在现场研究,排除影响测试的不良因素后再复测。每根桩检测的波形记录不少于 3 条,以备分析。

6.检测数据的分析与判断

(1)分析资料前,必须收集到下列资料:工程地质勘察报告、桩的设计资料、非正常桩的施

工记录、桩身混凝土强度检测报告、试桩试验报告等。

（2）如波形中有桩底反射波出现，说明该桩未断；如桩底反射波之前无其他反射波出现，说明该桩为完整桩。

（3）如在桩底反射波之前，尚有其他反射波出现，说明桩身存在不连续面。该反射波出现越早，说明不连续面越近桩头，其深度可由式（9-2）求得。每一个反射反映一个不连续面。如几个反射波的时间间隔相等，即为一个面的多次反射。

（4）对不连续面必须加以鉴别。如反射波与激发波同相位，即为缺陷（如缩颈、空洞等）；如反向，则为扩颈。判断是否有缺陷应结合工程地质资料及施工记录综合分析。

（5）如反射波出现较早，又无桩底反射，则断桩的几率极高。为避免误判，可横向激振，如出现低频振动，即为断桩。

（6）对于钻孔灌注桩，考虑到桩身与承台连接，桩头常有钢筋露出，这对实测波形有一定影响，严重时可影响反射信息的识别。这是因为在桩头激振时，钢筋所产生的回声极易被检波器接收，之后又与反射信息叠加在一起。克服这一影响因素的方法是，将检波器用细砂或粒土屏蔽起来，使检波器收不到声波信息。经多次实验证明，这一方法是有效的。图 9-5（a）是某工程桩屏蔽前实测的波形，图 9-5（b）是屏蔽后的实测波形，可以看出，屏蔽后实测波形反射信息清晰易辨，图中 i 是桩间反射旅行时间，t_b 是桩底反射旅行时间。

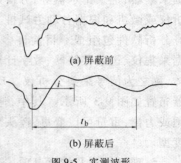

(a) 屏蔽前

(b) 屏蔽后

图 9-5　实测波形

总之，由于桩身缺陷种类复杂，实测曲线判读人员的技术水平所限，实测资料的分析是一项较为困难的工作。在检测中，通过对桩身各种常见缺陷的反射波特征，并结合一些典型的实测波形，才能较准确地对反射波法的实测曲线加以分析。

二、超声波透射法

超声脉冲检测法是检测混凝土灌注桩连续性、完整性、均匀性，以及混凝土强度等级的有效方法。它能准确地检测出桩内混凝土中因灌注质量问题造成的夹层、断桩、孔洞、蜂窝、离析等内部缺陷，并能测出混凝土灌注均匀性及强度等级等性能指标。其基本原理与超声测缺和测强技术基本相同，但由于桩深埋土内，而检测只能在地面进行，因此又有其特殊性。

1. 基本原理

声波在正常混凝土中的传播速度一般在 3 000 ~ 4 200 m/s 之间，当传播路径上遇到混凝土有裂缝、夹泥和密实度等缺陷时，声波将发生衰减，部分声波绕过缺陷前进，产生漫射现象，因此传播时间延长，波速减小，而遇有空洞的空气界面要产生反向和散射，使波的振幅减小。桩的缺陷破坏了混凝土的连续性，使波的传播路径复杂化，引起波形畸变，所以声波在有缺陷的混凝土桩体中传播时，振幅减小、波速降低、波形畸变。

超声透射法的检测原理：根据超声脉冲波在混凝土中的传播规律，对声波的传播时间（或速度）、接收波的振幅和频率声学参数的测量值和相对变化综合分析，判别基桩缺陷的位置和范围，估算缺陷的尺寸。

2. 超声波检测仪与声测管

（1）超声波检测仪

超声波仪的作用是产生重复的电脉冲并激励发射换能器,发射换能器发射的超声波经水耦合进入混凝土,在混凝土中传播后被接收换能器接收并转换为电信号,电信号送至超声仪,经放大后显示在示波屏上。为了提高现场检测及室内数据处理的工作效率,保证检测结果的准确性和科学性,声波测试仪器必须具有实时显示和记录接收信号的时程曲线以及频率测量或波谱分析功能。可见,超声检测系统应包括三部分:径向振动换能器、接收信号放大器、数据采集及处理存储器。数字式超声波仪的基本工作原理框架见图9-6。

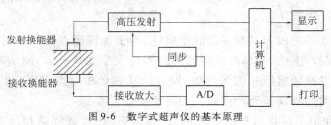

图9-6　数字式超声仪的基本原理

在桩基超声脉冲检测中,换能器在声测管内用清水耦合,因此应采用水密式的径向发射和接收换能器。常用的换能器有圆管式或增压式的水密型换能器,其谐振频率为30~50 kHz。

（2）声测管

声测管是进行超声脉冲法检测时换能器进入桩体的通道,是桩基超声检测系统的重要组成部分,它的埋置方式及在横截面上的布置形式将影响检测结果。

声测管材质的选择,以透声率最大及便于安装、费用低廉为原则。一般可采用钢管、塑料管和波纹管等,其内径宜为50~60 mm,通常比换能器内径大10 mm。

声测管的埋置数量和横截面上的布局涉及检测的控制面积,通常有如图9-7所示的布置方式,图中阴影区为检测的控制面积。通常,桩径≤800 mm时沿直径布置2根,构成一个声测剖面;桩径为800~2 000 mm时,声测管不少于3根,按等边三角形均匀布置,构成3个声测剖面;桩径>2 000 mm时不少于4根,按正方形均匀布置,构成6个声测剖面。

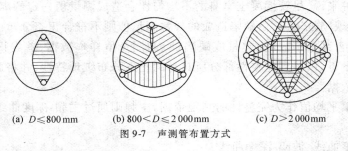

(a) $D \leqslant 800\,mm$ 　　(b) $800 < D \leqslant 2\,000\,mm$ 　　(c) $D > 2\,000\,mm$

图9-7　声测管布置方式

声测管口应高出桩顶100 mm以上,可焊接或绑扎在钢筋笼的内侧,管与管之间应基本上保持平行,不平行度控制在1%以下。声测管底部应封闭。为避免产生漏浆、漏水和因焊渣造成管内堵塞问题,声测管不应采用对焊连接,而应采用螺纹连接。

3. 现场检测

（1）将发射与接收声波换能器通过深度标志分别置于2根声测管中的测点处。

（2）装置方式选择:发射与接收声波换能器以相同标高同步升降称为平测,保持固定高差同步升降称为斜测,保持一个换能器高度位置固定、另一个换能器以一定的高差上下移动称为扇形扫测,如图9-8所示。

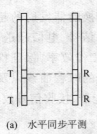
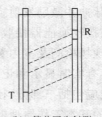
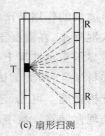

(a) 水平同步平测   (b) 等差同步斜测   (c) 扇形扫测

图 9-8　平测、斜测和扇形扫测

径向换能器在水平方向上具有一定的指向性,为了保证测点间声场对桩身混凝土的覆盖面,防止对缺陷的漏检,上、下相邻两测点的间距不宜大于 250 mm。测试时,发射和接收换能器同步升降,对收、发换能器所在的深度随时校准,其累计相对高程误差控制在 20 mm 以内,避免由于过大的相对高程误差而产生较大的测试误差。

(3)实时显示和记录接收信号的时程曲线,读取声时、首波峰值和周期值,宜同时显示频谱曲线及主频值。

(4)同一根桩中有 3 个以上声测管时,以每 2 个管为一个测试断面分别测试。

(5)对声时值和波幅值的可疑点应进行复测。对异常的部位,应采用水平加密、等差同步或扇形扫测等方法进行复测,结合波形分析确定桩身混凝土缺陷的位置及其严重程度。其中,水平加密细测是基本方法,而等差同步和扇形扫测主要用于确定缺陷位置和大小,其发、收换能器的水平夹角一般为 30°～40°。

4. 检测数据分析与判断

声速、波幅和主频都是反映桩身质量的声学参数测量值。大量实测经验表明,声速的变化规律性较强,在一定程度上反映了桩身混凝土的均匀性,而波幅的变化较灵敏,主频在保持测试条件一致的前提下也有一定的规律性。因此,本书在确定测点声学参数测量值的判据时,采用了 3 种不同的方法。

声速对完整桩来说,尽管混凝土本身的不均匀性会造成测量值一定的离散性,但测量值仍符合正态分布;对缺陷桩来说,由缺陷造成的异常测量值则不符合正态分布。声速检测数据的处理方法是,对来自某根基桩(完整桩或缺陷桩)的测量值样本数据,首先识别并剔出来自缺陷部分的异常测量点,以得到完整性部分所具有的正态分布统计特性,并将此统计特征作为基桩完整性的判定依据。

声幅采用声幅平均值作为完整性的判定依据,主频则通过主频-深度曲线上明显异常作为判定依据。

(1)声速-深度曲线、波幅-深度曲线

各测点的声时 t_{ci}、声速 v_i、波幅 A_{pi} 及主频 f_i 应根据现场检测数据,按下列各式计算,并绘制声速-深度(v-z)曲线和波幅-深度(A_p-z)曲线,需要时可绘制辅助的主频-深度(f-z)曲线,由此对桩身质量进行判定。

第 i 点声时 t_{ci}、声速 v_i、波幅 A_{pi}、主频 f_i 计算:

$$t_{ci} = t_i - t_0 - t' \tag{9-3}$$

$$v_i = \frac{l'}{t'} \tag{9-4}$$

$$A_{pi} = 20 \lg \frac{a_i}{a_0} \tag{9-5}$$

$$f_i = \frac{1\,000}{T_i} \tag{9-6}$$

式中　t_{ci}——第 i 测点声时（μs）；

　　　t_i——第 i 测点声时测量值（μs）；

　　　t_0——仪器系统延迟时间（μs）；

　　　t'——声测管及耦合水层声时修正值（μs）；

　　　l'——每检测剖面相应两声测管的外壁间净距离（mm）；

　　　v_i——第 i 测点声速（km/s）；

　　　A_{Pi}——第 i 测点波幅值（dB）；

　　　a_i——第 i 测点信号首波峰值（V）；

　　　a_0——零分贝信号幅值（V）；

　　　f_i——第 i 测点信号主频值（kHz），也可由信号频谱的主频求得；

　　　T_i——第 i 测点信号周期（μs）。

（2）桩身混凝土缺陷声速判定依据

声速临界值的确定：

1）将同一检测剖面各测点的声速值由大到小依次排序，即

$$v_1 \geq v_2 \geq \cdots \geq v_i \geq \cdots \geq v_{n-k} \geq \cdots \geq v_{n-1} \geq v_n \tag{9-7}$$

式中　v_i——按序排列后的第 i 个声速测量值；

　　　n——检测剖面测点数；

　　　k——从零开始逐一去掉式（9-7）序列尾部最小数值的数据个数。

2）对从零开始逐一去掉序列中最小数值后余下的数据进行统计计算。当去掉最小数值的数据个数为 k 时，对包括在内的余下数据 $v_1 \sim v_{n-k}$ 按下列公式进行统计计算：

$$v_0 = v_m - \lambda \cdot s_x \tag{9-8}$$

$$v_m = \frac{1}{n-k} \sum_{i=1}^{n-k} v_i \tag{9-9}$$

$$S_x = \sqrt{\frac{1}{n-k-1} \sum_{i=1}^{n-k} (v_i - v_m)^2} \tag{9-10}$$

式中　v_0——异常判断值；

　　　v_m——$n-k$ 个数据的平均值；

　　　S_x——$n-k$ 个数据的标准差；

　　　λ——与 $n-k$ 相对应的系数，由规范 JGJ 106—2003 表 10.4.2 查出。

3）将 v_{n-k} 与异常判断值 v_0 进行比较，当 $v_{n-k} \leq v_0$ 时，v_{n-k} 及其以后的数据均为异常，去掉 v_{n-k} 及其以后的异常数据，再用数据 $v_1 \sim v_{n-k-1}$ 并重复式（9-8）～式（9-10）的计算步骤，直到 v_1 序列中余下的全部数据满足：

$$v_i > v_0 \tag{9-11}$$

此时，v_0 为声速的异常判断临界值 v_c。

4）声速异常时的临界值判定依据为：

$$v_i \leq v_c \tag{9-12}$$

当上式成立时，声速可判定为异常。

5）当检测剖面 n 个测点的声速值普遍偏低且离散性很小时,宜采用声速低限值判据:

$$v_i < v_L \tag{9-13}$$

式中　v_i——第 i 点声速(km/s);

　　　v_L——声速低限值(km/s),由预留同条件混凝土试件的抗压强度与声速对比试验结果,结合本地区实际经验确定。

当上式成立时,可直接判定为声速低于低限值异常。

(3)桩身混凝土缺陷波幅判定依据

波幅是相对测试,也曾有人试图用概率统计理论来确定临界值,但由于桩身混凝土内部结构的变异性很大而难以找出较强的波幅统计规律性,因而实际中多是根据实测经验将波幅值的一半定为临界值。

用波幅平均值减去 6 dB 作为波幅临界值,当实测波幅低于波幅临界值时,应将其作为可疑缺陷区。

$$A_D = A_m - 6 \tag{9-14}$$

$$A_m = \sum_{i-1}^{n} \frac{A_i}{n} \tag{9-15}$$

式中　A_D——波幅临界值(dB);

　　　A_m——波幅平均值(dB);

　　　A_i——第 i 测点相对波幅值(dB)。

(4)桩身混凝土缺陷 PSD 判定依据

PSD 法是基于缺陷处声时的变化引起声时深度曲线的斜率明显增大,而声时差的大小又与缺陷程度密切相关,因此两者之积对缺陷的反映更加明显,即:

$$PSD = K \cdot \Delta T \tag{9-16}$$

$$K = \frac{t_{ci} - t_{ci-1}}{z_i - z_{i-1}} \tag{9-17}$$

$$\Delta T = t_{ci} - t_{ci-1} \tag{9-18}$$

式中　t_{ci}——第 i 测点声时值(μs);

　　　t_{ci-1}——第 $i-1$ 个测点声时值(μs);

　　　z_i——第 i 个测点深度(m);

　　　z_{i-1}——第 $i-1$ 个测点深度(m)。

采用斜率法作为辅助异常点判定位据,当 PSD 值在某测点附近变化明显时,应将其作为可疑缺陷区。

(5)主频判定依据

主频-深度曲线上明显降低可判定为异常。由于实测主频与诸多因素有关,因此仅作辅助声学参数。

第三节　基桩高应变承载力检测

一、概　　述

1.高应变动力试桩方法

高应变动力检测是用重锤给桩顶一竖向冲击荷载,在桩两侧距桩顶一定距离对称安装力和加速度传感器,量测力和桩、土系统响应信号,从而计算分析桩身结构完整性和单桩承载力。

高应变动力试桩作用的桩顶力接近桩的实际应力水平,桩身应变相当于工程桩应变水平,冲击力的作用使桩、土之间产生相对位移,从而使桩侧摩阻力充分发挥,端阻力也相应被激发,因而测量信号含有承载力信息。

高应变动力试桩作用的桩顶力是瞬间力,荷载作用时间 20 ms 左右,因而使桩体产生显著的加速度和惯性力。动态响应信号不仅反映桩土特性(承载力),而且和动荷载作用强度、频谱成分和持续时间密切相关。

2. 高应变检测的目的

(1)监测预制桩打入时的桩身应力和桩锤效率,选择沉桩设备与工艺参数,选择预制桩合理的桩型和桩长。(2)判断桩身完整性。(3)采用 CASE 法估算基桩承载力;采用曲线拟合法估算桩侧与桩端土阻力分布、模拟静载荷试验的 $Q-s$ 曲线,估算桩身完整性等。

3. 高应变检测的主要方法(见表 9-5)

表 9-5 高应变检测的主要方法

方法名称	波动方程法		改进的动力打桩公式法	静 动 法
	CASE 法	曲线拟合法(CAPWAP)		
激振方式	自由振动(锤击)		自由振动(锤击)	自由振动(高压气体)
现场实测的物理量	1. 桩顶加速度随时间的变化曲线 2. 桩顶应力随时间的变化曲线		贯入度 弹性变形值 桩顶冲击能	位移、速度、加速度力
主要功能	预估竖向极限承载力; 测定有效锤击能力; 检验桩身质量、桩身缺陷位置	预估竖向极限承载力;测定有效锤击能力;计算桩底及桩侧摩阻力和有关参数;模拟桩的静荷试验曲线;检验桩身质量及缺陷程度	估算竖向极限承载力	估算垂直极限承载力; 估算水平极限承载力; 估算斜桩极限承载力

CASE 法与曲线拟合法(CAPWAP)是最常用的高应变检测方法,两者以行波理论为依据,量测桩顶力和加速度时程波形,但对测量信号的分析处理方法有所不同。本节将重点介绍这两种检测方法。

二、测试仪器及要求

1. 检测仪器与设备

试验仪器应具有现场显示、记录、保存实测力与加速度信号的功能,并能进行数据处理、打印和绘图,见图 9-9。

其性能应符合下列规定:

(1)数据采集装置的模/数转换精度不应小于 10 位,通道之间的相位差应小于 50 μs。

(2)力传感器宜采用工具式应变传感器,应变传感器安装谐振频率应大于 2 kHz,在 0 ~ 1 000 $\mu\varepsilon$ 测量范围内的非线性误差不应大于 ±1%,由于导线电阻引起的灵敏度降低不应大于 1%。

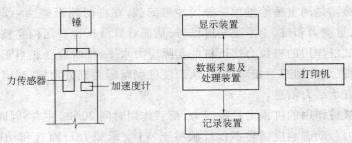

图 9-9　仪器设备装置

（3）安装后的加速度计在 2～3 000 Hz 范围内灵敏度变化不应大于 ±5%，冲击加速度不大于 10 000 m/s²，其幅值非线性误差不应大于 ±5　。

（4）传感器应每年标定一次。

（5）打桩机械或类似的装置都可作为锤击设备。重锤应质量均匀，形状对称，锤底平整，宜用铸钢或铸铁制作。当采用自由落锤时，锤的重量应大于预估的单桩极限承载力的 1%。

（6）桩的贯入度可用精密水准仪、激光变形仪等光学仪器测定。因为检测时，重锤对桩的冲击使桩周土产生振动，采用传统设置基准梁、基准桩的方法，会使贯入度的测量带来较大误差。

2. 传感器的安装

为监视和减少可能出现的偏心锤击的影响，检测时应安装应变传感器和加速度传感器各 2 只。传感器的安装应符合下列规定：

（1）传感器应分别对称安装在桩顶以下桩身两侧，一般装在距桩顶 1～2 倍桩径的桩侧处。

（2）安装传感器的桩身表面应平整，且其周围不得有缺损或断面突变，安装面范围内的材质和截面尺寸应与原桩身等同。

（3）应变传感器的中心与加速度传感器中心应位于同一水平线上，两者之间的水平距离不宜大于 10 cm。

（4）传感器与桩的连接可采用螺栓，也可采用黏贴剂。采用螺栓连接时，螺栓孔与桩身轴线垂直，螺栓尺寸与孔径匹配，并应加弹簧垫圈。

3. 桩头处理要求

为确保检测时锤击力的正常传递，对混凝土灌注桩、桩头严重破损的混凝土预制桩和桩头已出现屈服变形的钢桩，检测前应对桩头进行修复或加固处理。

（1）桩头顶面应水平、平整，桩头中轴线与桩身中轴线应重合，桩头截面积应与原桩身截面积相同。

（2）桩头主筋应全部直通至桩顶混凝土保护层之下，各主筋应在同一高度。

（3）距桩顶 1 倍桩径范围内，宜用厚度 3～5 mm 的钢板围裹或距桩顶 1.5 倍桩径范围内设置箍筋，间距不宜大于 150 mm。桩顶应设置钢筋网片 2～3 层，间距 60～100 mm。

（4）桩头混凝土强度等级宜比桩身混凝土提高 1～2 级，且不得低于 C30；桩顶应设置桩垫，并根据使用情况及时更换；桩垫宜采用胶合板、木板和纤维板等材质均匀的材料。

三、参数设定

高应变动力检测是通过在桩顶采集力和速度信号，通过计算得到桩的承载力。实际上，传感器直接测到的是其安装面上的应变和加速度信号,还要根据其他参数设定值计算后才能得到力和速度信号,因此桩的参数必须按测点处桩的性状设定。

1. 桩参数设定

现场检测时桩头测点处的桩截面面积、桩身波速、体积质量和弹性模量应按测点处桩的实际情况确定。

测点下桩长和截面积的设定值应符合下列规定:测点下桩长应取传感器安装点至桩底的距离;对于预制桩,可采用建设或施工单位提供的实际桩长和桩截面积作为设定值;对于混凝土灌注桩,测点下桩长和截面积设定值宜按建设或施工单位提供的施工记录确定。

桩身波速 v 设定应符合下列规定:对于普通钢桩,波速值可设定为 5 200 m/s;对于混凝土预制桩,宜在打入前实测无缺陷桩的桩身平均波速作为设定值;对于混凝土灌注桩,在桩长已知的情况下,可用反射波法按桩底反射信号计算桩的平均波速作设定值,如桩底反射信号不清晰,可根据桩身混凝土强度等级参数综合设定。

桩身体积质量 ρ 设定应符合下列规定:对于普通钢桩,体积质量应设定为 7.85 t/m³;对于普通混凝土预制桩,体积质量可设定为 2.45~2.55 t/m³;对于普通混凝土灌注桩,体积质量可设定为 2.40 t/m³。

桩身弹性模量设定值应按下式计算: $E = \rho v^2$。

2. 采样参数的设定

采样间隔宜为 50~200 μs;每个信号的采样点数不宜少于 1 024 点。

3. 力传感器和加速度传感器标定系数的设定

力传感器和加速度传感器标定系数应由国家法定计量单位开具的标定系数或传感器出厂标定系数作为设定值。

四、测试技术要求

检测前应认真检查确认整个测试系统处于正常状态,并逐一核对各类参数设定值,直至确认无误时,方可开始检测。

检测时要记录每根桩的有效锤击次数,应根据贯入度及信号质量确定。因此,检测时宜实测每一锤击力作用下桩的贯入度,为使桩周土产生塑性变形,单击贯入度不宜小于 2.5 mm,但也不宜大于 10 mm。由于检测工作现场情况复杂,种种影响很难避免,为确保采集到可靠的数据,即使对于灌注桩,每根桩检测时应记录的有效锤击数也不得只有一击,否则一旦在室内分析时发现采集数据有误将无法补救。每根桩检测时应记录的有效锤击次数可参照表9-6取定。

表9-6　有效锤击次数

检测目的	桩型	有效锤击次数
基桩检测	灌注桩	2~3击
	预制桩(复打)	2~3击
施工监控	预制桩(初打)	收锤前3阵
	预制桩(复打)	1阵

注:每阵为10击。

采用自由落锤为锤击设备时,宜重锤低击,最大锤击落距不宜大于 2.5 m。当检测仅为检验桩身结构完整性时,可减轻锤重,降低落距,减少桩垫厚度,但应能测到明显的桩底反射信号。

检测时应及时检查采集数据的质量。如发现测试系统出现问题、桩身有明显缺陷或缺陷程度加剧,应停止检测,进行检查。

五、资料处理

1. 现场测量信号的判读

CASE 法在现场量测的直接结果是取得一条力波曲线和一条速度波曲线,用这两条曲线可作现场实时分析计算或带回室内作更详细的分析计算。因为主要计算都是由计算机或有关电子线路自动完成的,计算程序不会判断现场采集的信号是否可靠,错误的记录也会有一个相应的计算值。所以,判断现场采集的信号的可靠性是相当重要的。

锤击后出现下列情况之一的,其信号不得作为分析计算依据:

(1)传感器安装处混凝土开裂或出现严重塑性变形,使力曲线最终未归零;

(2)严重锤击偏心,两侧力信号幅值相差超过 1 倍;

(3)触变效应的影响,预制桩在多次锤击下承载力下降;

(4)四通道测试数据不全。

检测承载力时选取锤击信号,宜符合下列规定:

(1)预制桩初打,宜取最后一阵中锤击能量较大的击次;

(2)预制桩复打和灌注桩检测,宜取其中锤击能量较大的击次。

分析计算前,应根据实测信号按下列方法确定桩身波速平均值:

(1)桩底反射信号明显时,可根据下行波波形起升沿的起点到上行波下降沿的起点之间的时差与已知桩长值确定;

(2)桩底反射信号不明显时,可根据桩长、混凝土波速的合理取值范围以及邻近桩的桩身波速值综合判定。

2. CASE 法判定桩承载力

(1)采用 CASE 法判定承载力的规定

1)只限于中、小直径桩。

2)桩身材质、截面应基本均匀。

3)阻尼系数 J_c 宜根据同条件下静载试验结果校核,或应在已取得相近条件下可靠对比资料后,采用实测曲线拟合法确定 J_c 值。拟合计算的桩数不应少于检测总桩数的 30%,且不应少于 3 根。

4)在同一场地、地质条件相近和桩型及其截面积相同情况下,J_c 值的极差不宜大于平均值的 30%。

(2)CASE 法承载力

CASE 法判定单桩承载力可按下列公式计算:

$$R_c = \frac{1}{2}(1 - J_c) \cdot [F(t_1) + Z \cdot V(t_1)] + \frac{1}{2}(1 + J_c)$$

$$\cdot \left[F\left(t_1 + \frac{2L}{c}\right) - Z \cdot v\left(t_1 + \frac{2L}{c}\right) \right] \tag{9-19}$$

$$Z = \frac{EA}{c} \tag{9-20}$$

式中 R_c ——由 CASE 法判定的单桩竖向抗压承载力(kN);

J_c ——CASE 法阻尼系数;

t_1 ——速度第一峰对应的时刻(ms);

$F(t_1)$ ——t_1 时刻的锤击力(kN);

$v(t_1)$ ——t_1 时刻的质点运动速度(m/s);

Z ——桩身截面力学阻抗(kN·s/m);

A ——桩身截面面积(m^2);

L ——测点下桩长(m)。

式(9-19)适用于 t_1+2L/c 时刻桩侧和桩端土阻力均已充分发挥的摩擦型桩。对于土阻力滞后于 t_1+2L/c 时刻明显发挥或先于 t_1+2L/c 时刻发挥并造成桩中上部强烈反弹这两种情况,宜分别采用以下两种方法对 R_c 值进行提高修正:

1)适当将 t_1 延时,确定 R_c 的最大值;

2)考虑卸载回弹部分土阻力对 R_c 值进行修正。

3. 实测曲线拟合法承载力计算

采用实测曲线拟合法判定桩承载力,应符合下列规定:

(1)所采用的力学模型应明确合理,桩和土的力学模型应能分别反映桩和土的实际力学性状,模型参数的取值范围应能限定。

(2)拟合分析选用的参数应在岩土工程的合理范围内。

(3)曲线拟合时间段长度在 t_1+2L/c 时刻后延续时间不应小于 20 ms;对于柴油锤打桩信号,在 t_1+2L/c 时刻后延续时间不应小于 30 ms。

(4)各单元所选用的土的最大弹性位移值不应超过相应桩单元的最大计算位移值。

(5)拟合完成时,土阻力响应区段的计算曲线与实测曲线应吻合,其他区段的曲线应基本吻合。

(6)贯入度的计算值应与实测值接近。

4. 桩身完整性判定

(1)高应变法与低应变法一样,检测的仍是桩身阻抗变化,一般不宜判定缺陷性质。

(2)在桩身情况复杂或存在多处阻抗变化时,可优先考虑用实测曲线拟合判定桩身完整性。

(3)高应变法检测桩身完整性具有锤击能量大,可对缺陷程度定量计算,连续锤击可观察缺陷的扩大和逐步闭合情况等优点。

(4)采用实测曲线拟合法分析桩身扩径、桩身截面渐变或多变的情况,应注意合理选择土参数。

高应变锤击法的荷载上升时间一般不小于 2 ms。因此对桩身浅部缺陷位置的判定存在盲区,只能根据力和速度曲线的比例失调程度来估计浅部缺陷程度,不能定量给出缺陷的具体部位,尤其是锤击力波上升非常缓慢时,还会和土阻力产生耦合。对浅部缺陷桩,宜用低应变法检测并进行缺陷定位。

第四节 基桩的竖向静载抗压试验

桩的竖向承载力由桩周围土的摩擦力和桩端岩土的抵抗力所组成,当这两个组成部分没有充分发挥之前,桩的下沉量随着荷载成正比地增加。当桩身产生突然增大的下沉或不稳定的下沉,说明桩身摩擦力和桩端阻力都已充分发挥,此时作用在桩头上的荷载就是破坏荷载,而它的前一级荷载就定义为桩的极限荷载。将桩的极限荷载除以安全系数,就得到桩的承载力。一般地,对于桥梁桩基础,安全系数采用 2.0。按照上述原理,试验时对试桩分级施加竖向荷载,测量试桩在各级试验荷载作用下的稳定沉降量,根据沉降与时间的关系,即可分析确定试桩的容许承载力。此外,还可以根据实际情况的要求,在加载过程中进行桩身应力、钢筋应力的测试,或通过预埋的压力传感器测试桩底反力。

一、试验加载装置

试验加载装置一般采用油压千斤顶,可用单台式多台同型号千斤顶并联加载,千斤顶的加载反力装置可根据现场实际条件来选取。

1. 锚桩横梁反力装置

利用主梁与次梁组成反力架,该装置将千斤顶的反力(后座力)传给锚桩。锚桩与反力梁装置能提供的反力应不小于预估最大试验荷载的 1.2~1.5 倍。当采用工程桩作锚桩时,锚桩数量不得少于 4 根。当要求加载值较大时,有时需要 6 根甚至更多的锚桩。具体锚桩数量要通过验算各锚桩的抗拔力来确定。锚桩横梁装置见图 9-10。

对于预制桩作锚桩,要注意接头的连接。对于灌注桩作锚桩,钢筋笼要沿桩身通长配置。锚桩要按抗拔桩的有关规定计算确定,在试验过程中对锚桩上拔量进行监测,通常不宜大于 7~10 mm。试验前对钢梁进行强度和刚度验算,并对锚桩的拉筋进行强度验算。除了工程桩当锚桩外,也可用地锚的方法。

采用锚桩横梁反力装置不足之处是进行大吨位试验时无法随机抽样,尤其是对灌注桩。

2. 堆重平台反力装置

压重平台有矩形反力平台、伞形反力平台等形式。堆载材料一般为铁锭、钢筋、混凝土块或砂袋等,压载重量不得小于预估最大试验荷载的 1.2 倍。一般来说,堆载宜在试验前一次性加上,并均匀对称地放置于平台上(图 9-11)。在堆载过程中需作技术处理,以防鼓凸倒塌和起拱。高吨位试桩时,要注意大量堆载将引起的地面下沉,对基准桩应进行沉降观测。除了对钢梁进行强度和刚度计算外,还应对堆载的支承面进行验算,以防堆载平台出现较大不均匀沉降。

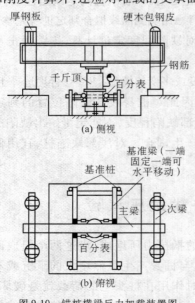

图 9-10 锚桩横梁反力加载装置图

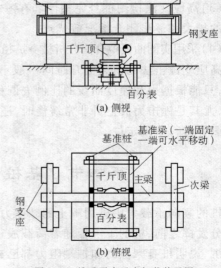

图 9-11 堆重平台反力加载装置图

堆重法的优点是对工程桩能随机抽样检测,适用于所有桩型。

3.锚桩压重联合反力装置

当试桩的最大加载量超过锚桩的抗拔能力时,可在横梁上放置或悬挂一定重物,由锚桩和重物共同承担加载反力。

当采用多台千斤顶加载时,千斤顶应严格进行几何尺寸对中,应将千斤顶并联同步工作,千斤顶的上、下部位需设置有足够强度和刚度的垫箱,并使千斤顶的合力通过试桩中心。

这种反力装置的缺点是当桩发生破坏时,横梁上的重物易振动、反弹,对安全不利。

4.其他加载反力装置

在一些特殊的试验情况下,可以根据现场情况选择其他的一些加载反力装置,如用现有构筑物作反力装置(图9-12)。

除上述三种主要加载反力装置外,还有其他形式,例如地锚反力装置,如图9-13所示,适用于较小桩的试验加载。对岩面浅的嵌岩桩,可利用岩锚提供反力;对于静力压桩工程,可利用静力压桩机的自重作为反力装置,进行静载试验,但应注意不能直接利用静力压桩机的加载装置,而应架设合适的主梁,采用千斤顶加载,且基准桩的设计应符合规范规定。

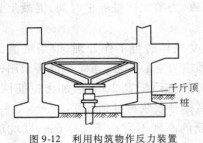

图9-12　利用构筑物作反力装置

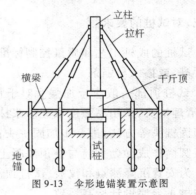

图9-13　伞形地锚装置示意图

二、试验装置及试桩位置的设置

1.量测仪器

荷载通过油压系统连接于千斤顶的高精度压力表测定油压,一般采用0.4精度等级,并按千斤顶标定曲线换算荷载。千斤顶应定期进行系统标定,并进行主动与被动标定,也可用放置于千斤顶上的应力环或压力传感器直接同时测量荷载,实行双控校正,当然,应力环或压力传感器也应定期进行标定。液压系统应有稳压装置。沉降一般采用50 mm大量程百分表、电子位移计或相当于同精度的水准仪测量。对于大直径桩在其2个正交直径方向对称安置4个位移测试仪表,中、小直径桩可安置2个或3个位移测试仪表。百分表、电子位移计和水准仪也需定期标定。沉降测定平面高桩顶距离不应小于0.5倍桩径,固定和支承百分表的夹具、基准梁在构造上应确保不受气温、振动及其他外界因素影响而发生竖向变位。将工程桩作为基准桩最为理想,基准梁通常采用型钢,应一端固定,另一端简支。当采用压重平台反力装置时,对其基准桩应进行监测,以防堆载引起的地面下沉而影响测读精度。为了保证试验安全,特别当试验加载临近破坏时,应遥控测读沉降,即采用电子位移计或遥控摄像机测读。

2.试桩、锚桩和基准桩之间的中心距离

试桩受力后，会引起其周围的土体变形，为了能够准确地量测试桩的下沉量，上述各种加载方式中观测装置的固定点（如基准桩）应与试桩、锚桩保持适当的距离，中心距离应符合规范的规定，见表9-7。

表9-7　试桩、锚桩(或压重平台支墩边)和基准桩之间的中心距离

距离 反力装置	试桩中心与锚桩中心 （或压重平台支墩边）	试桩中心与基准桩中心	基准桩中心与锚桩中心 （或压重平台支墩边）
锚桩横梁	≥4(3)D 且 >2.0 m	≥4(3)D 且 >2.0 m	≥4(3)D 且 >2.0 m
压重平台	≥4D 且 >2.0 m	≥4(3)D 且 >2.0 m	≥4D 且 >2.0 m
地锚装置	≥4D 且 >2.0 m	≥4(3)D 且 >2.0 m	≥4D 且 >2.0 m

注：1. D 为试桩、锚桩或地锚的设计直径或边宽，取其较大者；
　　2. 如试桩或锚桩为扩底桩或多支盘桩时，试桩与锚桩的中心距尚不应小于2倍扩大端直径；
　　3. 括号内数值可用于工程桩验收检测时多排桩设计桩中心距小于4D 的情况；
　　4. 软土场地堆载重量较大时，宜增加支墩边与基准桩中心和试桩中心之间的距离，并在试验过程中观测基准桩的竖向位移。

三、对试桩的要求

1. 试桩的成桩工艺和质量控制标准应和工程桩一致，为缩短试桩养护时间，混凝土等级可适当提高，或掺入早强剂。

2. 试桩顶部一般应予加强。对于预制桩，桩顶未受损坏时可不作处理，但当桩遭到损坏时，应清理桩头，采用高强度水泥砂浆抹平修复；对于预应力空心管桩，还应在桩头采用钢板或夹具箍固桩头等方法，进一步加固桩头；对于灌注桩，可在桩顶配置2~3层加密钢筋网，或用薄钢板圆筒作成加劲护筒与桩顶混凝土浇成一体，用高标号砂浆将桩顶抹平。

3. 为安置沉降测点和仪表，试桩顶部露出试坑地面的高度不宜小于200 mm，试坑地面标高宜与桩承台底设计标高一致。

4. 对于试桩从成桩到开始试验的休止时间，《建筑基桩检测技术规范》(JGJ 106—2003)规定：在桩身混凝土强度达到设计要求的前提下，当无成熟的地区经验时，休止时间至少应满足：对于砂类土，不应少于7 d；对于粉土，不应少于10 d；对于非饱和的黏性土，不应少于15 d；对于饱和的黏性土，不应少于25 d。

在试桩休止时间内，在试桩附近应停止振动、开挖等对桩周土孔隙水压力产生影响的活动。

四、试验方法

1. 加载分级与卸载分级

（1）加载分级：荷载分级施加，每级加载值为预估单桩竖向极限承载力的1/10~1/15。第一级加载可按2倍分级荷载加载，试验进行到最后一级时，可按1/2分级荷载施加，这对提高极限承载力的判定精度是有益的。

（2）卸载分级：卸荷应分级进行，每级卸载值取每级加载值的2倍。

2. 加载与卸载方法

加载方法可分为慢速维持荷载法与快速维持荷载法两种。为设计提供依据的竖向抗压静

载试验应采用慢速维持荷载法,施工后的工程桩验收检测也宜采用慢速维持荷载法。当有成熟的地区经验时,可采用快速维持荷载法,但建议在最大试验荷载时,应根据桩顶沉降收敛情况决定是否延长维持荷载的时间。

(1)慢速维持荷载法。加载时,每级加载后的第一个小时内,按第 5、15、30、45、60 min 测读试桩桩顶沉降值(锚桩上拔量、桩端沉降值、桩身应力值)各一次,以后每隔 0.5 h 测读一次。当桩顶沉降速率小于 0.1 mm/h 并连续出现两次(由 1.5 h 内连续 3 次观测值计算)时,进行下一级加载。每级卸载维持 1 h,按第 15、30、60 min 测读桩顶沉降值(锚桩上拔量、桩端沉降值、桩身应力值)各一次,全部卸载后,间隔 3 h 测读最后一次,得出试桩的残余沉降值(锚桩残余上拔量、桩端沉降值、桩身应力值)。

(2)快速维持荷载法。加载时,每级加载维持 1 h,按第 5、15、30、45、60 min 测读试桩桩顶沉降值(锚桩上拔量、桩端沉降值、桩身应力值)各一次,然后加下一级荷载。卸载时,每级卸载维持 0.5 h,按第 5、15、30 min 测读桩顶沉降值(锚桩残余上拔量、桩端沉降值、桩身应力值),全部卸载后,间隔 1 h 测读最后一次,得出试桩的残余沉降值。

(3)循环加载卸载试验法。考虑到某些工程桩的荷载特性,可采用多循环加、卸荷载法,每级荷载达到相对稳定标准后卸载到零,可测得各循环荷载下的弹性变形与残余变形。

3.终止加载条件

不同的规范规定有所不同。《建筑基桩检测技术规范》(JGJ 106—2003)规定,当出现下列情况之一时,可终止加载:

(1)某级荷载作用下,桩顶沉降量大于前一级荷载作用下沉降量的 5 倍。当桩顶沉降能相对稳定且总沉降量小于 40 mm 时,宜加载至桩顶总沉降量超过 40 mm。

(2)某级荷载作用下,桩顶沉降量大于前一级荷载作用下沉降量的 2 倍,且经 24 h 尚未达到相对稳定标准。

(3)已达到设计要求的最大加载量。

(4)当工程桩作锚桩时,锚桩上拔量已达到允许值。

(5)当荷载-沉降曲线呈缓变型时,可加载至桩顶总沉降量 60~80 mm。在特殊情况下,可根据具体要求加载至桩顶累计沉降量超过 80 mm。

五、试验成果整理分析

为了比较准确地确定试桩的极限承载力,要根据试验原始记录资料,绘制竖向荷载-沉降(Q-s)曲线、沉降-时间对数(s-lg t)曲线,需要时也可绘制其他辅助分析所需曲线。当进行桩身应力、应变和桩底反力测定时,应绘制桩身轴力分布图、侧摩阻力分布图及桩端阻力-荷载、桩端阻力-沉降关系曲线。

对于单桩竖向极限承载力的确定,不同的规范规定有所不同。《建筑基桩检测技术规范》(JGJ 106—2003)规定可按下列方法综合分析确定:

1.根据沉降随荷载变化的特征确定:对于陡降型 Q-s 曲线(图 9-14),取其发生明显陡降的起始点对应的荷载值。

2.根据沉降随时间变化的特征确定:取 s-lg t 曲线(图 9-15)尾部出现明显向下弯曲的前一级荷载值。

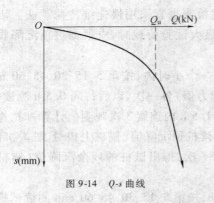

图 9-14 Q-s 曲线

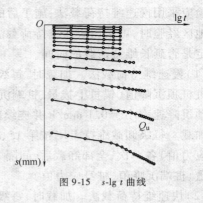

图 9-15 s-lg t 曲线

3. 出现在某级荷载作用下桩顶沉降量大于前一级荷载作用下沉降量的 2 倍,且经 24 h 尚未达到相对稳定标准情况时,取前一级荷载值。

4. 对于缓变型 Q-s 曲线可根据沉降量确定,宜取 $s = 40$ mm 对应的荷载值。当桩长 > 40 m 时,宜考虑桩身弹性压缩量;对直径 $\geqslant 800$ mm 的桩,可取 $s = 0.05 D$(D 为桩端直径)对应的荷载值。

5. 当按上述四款判定桩的竖向抗压承载力未达到极限时,桩的竖向抗压极限承载力应取最大试验荷载值。

第五节 基桩的竖向抗拔静载试验

许多建筑物的基础既承受竖向抗压荷载,又承受竖向抗拔荷载,有时上拔荷载较大或主要承受上拔荷载。GB5007—2002 规定,当桩基承受拔力时,应对桩基进行抗拔验算及桩身抗裂验算。现有的抗拔计算公式一般可分为理论计算公式与经验公式。理论计算公式是先假定不同的桩基破坏模式,然后以土的抗剪强度及侧压力系数等参数来进行承载力计算。由于抗拔剪切破坏面的不同假定,以及设置桩的方法对桩周土强度指标影响的复杂性和不确定性,理论公式使用起来比较困难。经验公式则以试桩实测资料为基础,建立桩的抗拔侧阻力与抗压侧阻力之间的关系及抗拔破坏模式。总的来说,桩基础上拔承载力的计算还是一个没有从理论上很好解决的问题,在这种情况下,现场原位试验在确定单桩竖向抗拔承载力中的作用就显得尤为重要。

基桩竖向抗拔静载试验就是采用接近于竖向抗拔桩实际工作条件的试验方法,确定单桩的竖向抗拔极限承载能力,是最直观、可靠的方法。国内外桩的抗拔试验惯用的方法是慢速维持荷载法。

一、试验加载装置

基桩竖向抗拔静载试验设备主要由主梁、次梁(适用时)、反力桩或反力支承墩等反力装置,千斤顶、油泵加载装置,压力表、压力传感器或荷重传感器等荷载测量装置,百分表或位移传感器等位移测量装置组成。

抗拔试验反力装置宜采用反力桩(或工程桩)提供支座反力,也可根据现场情况采用天然地基提供支座反力,反力架系统应具有不小于 1.2 倍的安全系数。采用反力桩(或工程桩)提供支座反力时,反力桩顶面应平整并具有一定的强度,为保证反力梁的稳定性,应注意反力桩顶面直径(或边长)不宜小于反力梁的梁宽,否则,应加垫钢板以确保试验设备安装稳定性。采用天然地基提供反力时,两边支座处的地基强度应相近,且两边支座与地面的接触面积宜相同,施加于地基的压应力不宜超过地基承载力特征值的 1.5 倍,避免加载过程中两边沉降不均造成试桩偏心受拉,反力梁的支点重心应与支座中心重合。

加载装置采用油压千斤顶,千斤顶的安装有两种方式。一种是千斤顶放在试桩的上方、主梁的上面,因拔桩试验时千斤顶安放在反力架上面,比较适用于 1 个千斤顶的情况,特别是穿心张拉千斤顶,当采用 2 台以上千斤顶加载时,应采取一定的安全措施,防止千斤顶倾倒或其他意外事故发生。如对预应力管桩进行抗拔试验时,可采用穿心千斤顶,将管桩的主筋直接穿过穿心张拉千斤顶的各个孔,然后锁定,进行试验,如图 9-16(a)所示。另一种是将 2 个千斤顶分别放在反力桩或支承墩的上面、主梁的下面,千斤顶顶主梁,如图 9-16(b)所示,通过"抬"的形式对试桩施加上拔荷载。对于大直径、高承载力的桩,宜采用后一种形式。

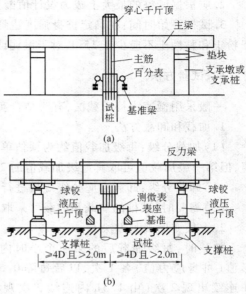

图 9-16　抗拔试验装置示意图

二、荷载与沉降量测仪表

静载试验均采用千斤顶与油泵相连的形式,由千斤顶施加荷载。荷载测量可采用以下两种形式,一是通过用放置在千斤顶上的荷重传感器直接测定,二是通过并联于千斤顶油路的压力表或压力传感器测定液压,根据千斤顶标定曲线换算荷载。一般说来,桩的抗拔承载力远低于抗压承载力,在选择千斤顶和压力表时,应注意量程问题,特别是试验荷载较小的试验桩,采用"抬"的形式时,应选择相适应的小吨位千斤顶,避免"大秤秤轻物"。对于大直径、高承载力的试桩,可采用 2 台或 4 台千斤顶对其加载。当采用 2 台及 2 台以上千斤顶加载时,为了避免受检桩偏心受荷,千斤顶型号、规格应相同且应并联同步工作。千斤顶、应力环、压力传感器和压力表均要定期标定,液压系统应配有稳压装置。

试桩上拔变形一般采用大量程百分表测量,布置方法与竖向抗压试验相同。桩顶上拔量测量平面必须在桩顶或桩身位置,安装在桩顶时应尽可能远离主筋。严禁在混凝土桩的受拉钢筋上设置位移观测点,避免因钢筋变形导致上拔量观测数据失实。

试桩、反力支座和基准桩之间中心距离的规定与单桩抗压静载试验相同。在采用天然地基提供支座反力时,拔桩试验加载相当于给支座处地面加载,支座附近的地面也因此会出现不同程度的沉降,荷载越大,这种变形越明显。为防止支座处地基沉降对基准梁的影响,一是应使基准桩与反力支座、试桩各自之间的间距满足表 9-7 的规定,二是基准桩需打入试坑地面以下一定深度(一般不小于 1 m)。

三、对试桩的要求

1. 试桩的成桩工艺和质量要求应和工程桩相同。

2. 应根据试桩的最大上拔力设计值配置普通钢筋,预制桩应保证接桩部分的抗拉强度。

3. 试桩开始时间:在确定桩身强度达到要求的前提下,建议对于砂类土不应少于 10 d;对于粉土和黏性土不应少于 15 d,对于淤泥或淤泥质土不应少于 25 d。

四、试验方法

一般采用慢速维持荷载法,有时结合实际工程桩的荷载特性,也可采用多循环加卸载法。

1. 加载和卸载方法

(1)加载分级:每级加载值约为预估单桩竖向抗拔极限承载力的 1/10 ~ 1/15,每级加载等值,但第一级加载值可取其他级加载值的 2 倍。

(2)卸载分级:卸载亦应分级等量进行,每级卸载值一般取加载值的 2 倍。

(3)需要时,试桩的加载和卸载可采取多次循环方法。

2. 上拔变形观测方法

加载时,每级加载后的第一个小时内,按第 5、15、30、45、60 min 测读试桩桩顶上拔变形值(桩身应力值)各 1 次,以后每隔 0.5 h 测读一次。当每小时的变形量不超过 0.1 mm 并连续出现 2 次(由 1.5 h 内连续 3 次观测值计算)时,认为已达到相对稳定,可加下一级荷载。

每级卸载维持 1 h,按第 5、15、30、60 min 测读桩顶变形值(桩身应力值)各 1 次,全部卸载后,间隔 3 h 测读最后一次,得出试桩的残余变形值(桩身残余应力值)。

3. 终止加载条件

(1)在某级荷载作用下,桩顶上拔量大于前一级上拔荷载作用下的上拔量的 5 倍。

(2)按桩顶上拔量控制,当累计桩顶上拔量超过 100 mm 时。

(3)按钢筋抗拉强度控制,桩顶上拔荷载达到钢筋强度标准值的 0.9 倍。

(4)对于验收抽样检测的工程桩,达到设计要求的最大上拔荷载值。

五、资料整理及极限荷载的确定

根据试验原始记录资料绘制单桩竖向抗拔静载试验上拔荷载-桩顶上拔量($U-\delta$)关系曲线、桩顶上拔量-时间对数(δ-lg t)关系曲线以及其他辅助分析所需的曲线。当进行桩身应力、应变测定时,应整理有关数据记录表和绘制桩身轴力图。

《建筑基桩检测技术规范》(JGJ 106—2003)规定,单桩竖向抗拔极限承载力可按下列方法综合判定:

1. 根据上拔量随荷载变化的特征确定:对陡变型 U-δ 曲线(图 9-17),取陡升起始点对应的荷载值;

2. 根据上拔量随时间变化的特征确定:取 δ-lg t 曲线(图 9-18)斜率明显变陡或曲线尾部明显弯曲的前一级荷载值。

3. 当在某级荷载下抗拔钢筋断裂时,取其前一级荷载值。

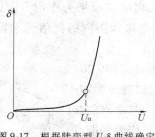

图 9-17 根据陡变型 U-δ 曲线确定
单桩竖向抗拔极限承载力

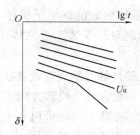

图 9-18 根据 δ-lg t 曲线确
定单桩竖向抗拔极限承载力

第六节 基桩的水平静载试验

桩所受的水平荷载有多种形式,如风力、制动力、地震力、船舶撞击力及波浪力等。近年来,随着高层建筑物的大量兴建,风力、地震力等水平荷载成为建筑物设计中的控制因素,建筑桩基的水平承载力和位移计算成为建筑物设计的重要内容之一。

基桩水平静载试验采用接近于水平受荷桩实际工作条件的试验方法,确定单桩水平临界荷载和极限荷载,推定土抗力参数,或对工程桩的水平承载力进行检验和评价。当桩身埋设有应变测量传感器时,可测量相应水平荷载作用下的桩身应力,并由此计算得出桩身弯矩分布情况,可为检验桩身强度、推求不同深度弹性地基系数提供依据。

一、试验加载与反力装置

水平推力加载装置宜采用油压千斤顶(卧式),加载能力不得小于最大试验荷载的 1.2 倍。采用荷重传感器直接测定荷载大小,或用并联油路的油压表或油压传感器测量油压,根据千斤顶标定曲线换算荷载。

水平力作用点宜与实际工程的桩基承台底面标高一致,如果高于承台底标高,试验时在相对承台底面处会产生附加弯矩,影响测试结果,也不利于将试验成果根据桩顶的约束予以修正。千斤顶与试桩接触处需安置一球形支座,使水平作用力方向始终水平并通过桩身轴线,不随桩的倾斜和扭转而改变,同时可以保证千斤顶对试桩的施力点位置在试验过程中保持不变。

试验时,为防止力作用点受局部挤压破坏,千斤顶与试桩的接触处宜适当补强。

反力装置应根据现场具体条件选用,最常见的方法是利用相邻桩提供反力,即两根试桩对顶,如图 9-19 所示。也可利用周围现有的结构物作为反力装置或专门设置反力结构,但其承载能力和作用方向上刚度应大于试验桩的 1.2 倍。

二、量测装置

桩的水平位移测量宜采用大量程位移计。在水平力作用平面的受检桩两侧应对称安装 2 个位

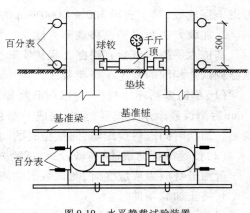

图 9-19 水平静载试验装置

移计,以测量地面处的桩水平位移。当需测量桩顶转角时,尚应在水平力作用平面以上50 cm的受检桩两侧对称安装2个位移计,利用上下位移计差与位移计距离的比值可求得地面以上桩的转角。

固定位移计的基准点宜设置在试验影响范围之外(影响区见图9-20),与作用力方向垂直且与位移方向相反的试桩侧面,基准点与试桩净距不小于1倍桩径。在陆上试桩可用入土1.5 m的钢钎或型钢作为基准点,在港口码头工程设置基准点时,因水深较大,可采用专门设置的桩作为基准点,同组试桩的基准点一般不少于2个。搁置在基准点上的基准梁要有一定的刚度,以减少晃动,整个基准装置系统应保持相对独立。为减少温度对测量的影响,基准梁应采取简支的形式,顶上有篷布遮阳。

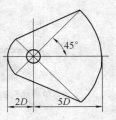

图9-20 试桩影响区
(D 为桩径或桩宽)

当对灌注桩或预制桩测量桩身应力或应变时,各测试断面的测量传感器应沿受力方向对称布置在远离中性轴的受拉和受压主筋上,埋设传感器的纵剖面与受力方向之间的夹角不得大于10°,以保证各测试断面的应力最大值及相应弯矩的量测精度(桩身弯矩并不能直接测到,只能通过桩身应变值进行推算)。对承受水平荷载的桩,桩的破坏是由于桩身弯矩引起的结构破坏。对中长桩,浅层土对限制桩的变形起到重要作用,而弯矩在此范围里变化也最大,为找出最大弯矩及其位置,应加密测试断面。规范规定,在地面下10倍桩径(桩宽)的主要受力部分,应加密测试断面,但断面间距不宜超过1倍桩径,超过此深度,测试断面间距可适当加大。

三、对试桩的要求

1. 试桩的成桩工艺和质量要求应和工程桩相同。

2. 试桩与反力桩之间的最小中心距应≤3d(d 为桩的最大边长或直径)。位移观测的基准点与试桩净距不应小于1倍桩径。

3. 试验开始时间与单桩竖向抗压静载要求相同。

四、试验方法

1. 荷载分级

取预估水平极限承载力的1/10~1/15作为每级荷载的加载增量。根据桩径大小并适当考虑土层软硬,对于直径300~1 000 mm的桩,可根据当地经验,每级荷载增量取2.5~20 kN。

2. 加载方法及水平位移观测方法

基桩水平静载试验宜根据工程桩实际受力特性,选用单向多循环加载法或与单桩竖向抗压静载试验相同的慢速维持荷载法。

(1)单向多循环加载法:每级荷载施加后,恒载4 min后可测读水平位移,然后卸荷至零,2 min后测读残余水平位移,至此完成一个加卸载循环。如此循环5次,完成一级荷载的位移观测。加载时间应尽量缩短,测量位移的间隔时间应严格准确,试验不得中途停歇。

(2)慢速维持荷载法:荷载分级、试验方法及稳定标准与单桩竖向静载试验相同。

量测桩身应力或应变时,测试数据的测读宜与水平位移测量同步。

3. 终止加载条件

(1)当桩身折断或水平位移超过30~40 mm(软土取40 mm)时,可终止试验。

（2）水平位移达到设计要求的水平位移允许值。

五、资料整理及极限荷载的确定

1. 资料整理

根据试验记录资料，绘制如下关系曲线：

（1）采用单向多循环加载法时应绘制水平力-时间-作用点位移（$H-t-X_0$）关系曲线（图9-21（a））和水平力-位移梯度（$H-\Delta X_0/\Delta H$）关系曲线（图9-21（b））。

（2）采用慢速维持荷载法时应绘制水平力-力作用点位移（$H-X_0$）关系曲线、水平力-位移梯度（$H-\Delta X_0/\Delta H$）关系曲线、力作用点位移-时间对数（$X_0-\lg t$）关系曲线和水平力-力作用点位移双对数（$\lg H-\lg X_0$）关系曲线。

（3）绘制水平力、水平力作用点水平位移-地基土水平抗力系数的比例系数的关系曲线（$H-m$、X_0-m）。

（4）当测量桩身应力时，尚应绘制应力沿桩身分布图和水平力-最大弯矩截面钢筋应力（$H_0-\sigma_s$）关系曲线（图9-21（c））。

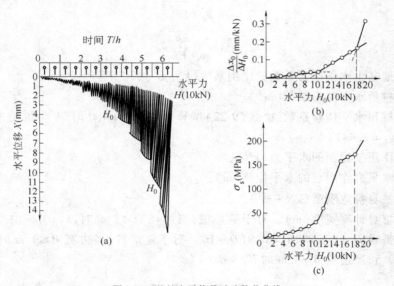

图9-21　基桩水平静载试验静载曲线

2. 单桩水平临界荷载的确定

（1）取单向多循环加载法时的 H-t-X_0 曲线或慢速维持荷载法时的 H-X_0 曲线出现拐点的前一级水平荷载值。

（2）取 H-$\Delta X_0/\Delta H$ 曲线或 $\lg H$-$\lg X_0$ 曲线上第一拐点对应的水平荷载值。

（3）当有钢筋应力测试数据时，取 H_0-σ_s 第一突变点对应的水平荷载值。

3. 单桩水平极限荷载的确定

（1）取单向多循环加载法时的 H-t-X_0 曲线产生明显陡降的前一级，或慢速维持荷载法时的 H-X_0 曲线发生明显陡降的起始点对应的水平荷载值。

（2）取慢速维持荷载法时的 X_0-$\lg t$ 曲线尾部出现明显弯曲的前一级水平荷载值。

（3）取 H-$\Delta X_0/\Delta H$ 曲线或 $\lg H$-$\lg X_0$ 曲线上第二拐点对应的水平荷载值。

（4）取桩身折断或受拉钢筋屈服时的前一级水平荷载值。

用水平静载试验确定单桩水平容许承载力时应注意：在实际工程中，桩基达到由上述按强度条件确定的极限荷载时的位移，往往已超过上部结构的容许水平位移，因此，很多情况下要按变形限值来确定单桩的水平容许承载力，即以桩的水平位移达到容许值时所承受的荷载作为桩的容许承载力。水平位移容许值可根据桩身材料强度、桩周土横向抗力要求、墩台顶横向位移要求以及上部结构容许水平位移限值来确定。目前，对于桥梁工程中的钻孔灌注桩，其在地面处的水平位移限值为 6 mm，通常以此作为单桩横向容许承载力的判断标准，以满足上部结构、桩基、桩周土变形条件安全度的要求。可以说，这是一种较为概略的试桩水平位移限值标准。

4. 地基土水平抗力系数的比例系数的确定

桩在水平力和弯矩作用下，分析计算桩的变位和内力时，地基反力系数法是我国目前常用的方法。当桩顶自由且水平力作用位置位于地面处时，m 值可根据试验结果按下列公式确定：

$$m = \frac{\left(\dfrac{H}{X_0} v_X\right)^{\frac{5}{3}}}{b_0 \, (EI)^{\frac{2}{3}}} \tag{9-21}$$

$$\alpha = \sqrt[5]{\frac{mb_0}{EI}} \tag{9-22}$$

式中　m ——地基土水平抗力系数的比例系数（kN/m⁴）；

　　　α ——桩的水平变形系数（m⁻¹）；

　　　v_X ——桩顶水平位移系数，由式（9-22）试算 α，当 $\alpha h \geqslant 4.0$ 时（h 为桩的入土深度），取 $v_X = 2.441$；

　　　H ——作用于地面的水平力（kN）；

　　　X_0 ——水平力作用点的水平位移（m）；

　　　EI ——桩身抗弯刚度（kN·m²）；

　　　b_0 ——桩身计算宽度（m）。对于圆形桩：当桩径 $D \leqslant 1$ m 时，$b_0 = 0.9(1.5D + 0.5)$；当桩径 $D > 1$ m 时，$b_0 = 0.9(D + 1)$。对于矩形桩：当边宽 $B \leqslant 1$ m 时，$b_0 = 1.5B + 0.5$；当边宽 B > 1 m 时，$b_0 = B + 1$。

复习思考题

9-1　何谓摩擦桩？何谓端承桩？

9-2　基桩低应变完整性检测常用方法有哪几种？试简述每种方法的特点。

9-3　单桩竖向抗压静载试验的反力装置有几种？

9-4　单桩竖向抗压极限承载力如何确定？

9-5　单桩竖向抗拔极限承载力如何确定？

9-6　单桩水平抗压极限承载力如何确定？

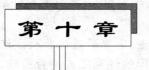

桥梁结构静载试验

第一节 桥梁荷载试验的目的及主要内容

一、桥梁荷载试验的目的

在结构试验中,起主导作用的往往是静载试验,静载试验也是结构试验中最基本、最大量的一种试验。静载试验是用物理力学方法测定和研究结构在静载作用下的反应,分析判定结构的工作状态与受力状况。静载试验中,加载速度比较慢,结构变形也很慢,可以不考虑加速度引起的惯性力,一般是指在短时间内对试验对象进行平稳的连续加载,荷载从"零"开始一直加到结构构件破坏或者预定荷载,或在短时间内平稳施加若干次预定的重复荷载后再连续增加到构件破坏。

静载试验主要用于研究在静荷载作用下结构的承载力、刚度、抗裂性等基本性能和破坏机制。建筑结构中大量的基本构件主要是承受拉、压、弯、剪、扭等作用,通过静载试验可以研究各种构件在单独力或者组合力作用下荷载和变形的关系。对混凝土构件,还有荷载和开裂的相互关系以及反映构件变形和时间关系的徐变问题。

对于桥梁结构,静载试验是一种主要的测试方法,是将静止的荷载作用在桥梁上的指定位置而测试结构的静应变、静位移以及其他试验项目,从而推断桥梁结构在荷载作用下的工作状态和使用能力。桥梁结构荷载一般用缓慢速度行驶到桥上指定位置来模拟不同荷载级别的车辆荷载,当试验现场条件受限制时,有时也以施加重物或以液压千斤顶等方式来模拟某一等级的车辆荷载,以达到试验目的。

桥梁荷载试验是对桥梁结构工作状态直接测试的一种检验手段,试验的目的、任务和内容通常由实际生产需要或科研需要所决定。一般桥梁荷载试验的目的有:

1. 检验桥梁设计与施工的质量,说明工程的可靠度

对于一些新建的大中型桥梁或者特殊设计的桥梁,在设计施工过程中必然会遇到许多新问题,为保证桥梁建设质量与安全,除在施工过程中要求作施工监控从而保证桥梁施工过程的质量和安全外,一般来说,在竣工后还要求进行荷载试验,以检验桥梁整体受力性能和承载力是否达到设计文件和规范要求,并把试验结果作为评定工程质量优劣、进行竣工验收的主要资料和依据。

2. 判断桥梁结构的实际承载力,为改建或者扩建桥梁工程提供数据和资料,从而有效地利用旧桥

旧桥由于构件局部发生意外损伤、使用过程中产生明显病害、设计荷载偏低等原因,有必要通过荷载试验判定构件损伤程度及承载力、受力性能的下降幅度,确定其运营荷载等级。同

时旧桥荷载试验也是改建、加固设计的重要依据。

3.验证桥梁结构设计理论和设计方法,积累科学技术资料,充实与发展桥梁计算理论和施工技术

对于桥梁工程中的新结构、新材料、新工艺和新方法,需要通过试验验证这些方法的正确性,在理论和实践结合的基础上,通过荷载试验验证桥梁的计算图式是否正确,材料性能是否与理论相符,施工工艺是否达到预期目的。对相关理论问题的深入研究,对新方法、新工艺等进行不断完善,往往也需要大量荷载试验的实测数据。

4.为处理工程事故而进行试验鉴定,得到必要的技术数据

对于受自然灾害或者人为因素的影响而破坏的桥梁,必须进行详细的静载试验,以便对桥梁进行修复提供必要的数据,同时也为防止自然灾害的发生提供技术依据。

荷载试验的主要工作内容:

(1)明确荷载试验的目的;

(2)试验准备工作;

(3)加载方案设计;

(4)测点设置与测试;

(5)加载控制与安全措施;

(6)试验结果分析与承载力评定;

(7)试验报告的编写。

二、试验结构的考察

在试验方案设计之前,对试验结构应进行实地考察和了解。桥梁的考察应尽可能做到周密、细致、准确。考察内容如下。

1.搜集与试验对象有关的技术文件和资料

(1)桥梁结构的设计资料。如设计图纸、计算书以及设计的原始资料(地质资料、水文资料、土壤分析资料和气象资料等)。

(2)桥梁结构的施工资料。如竣工图纸、施工记录、材料性能试验报告、施工中观测记录、隐蔽工程验收记录以及阶段施工质量检查验收记录等。

(3)结构使用的资料。测量桥梁纵断面图、平面图,判断梁或者拱的拱度有无变化、有无横向变形,测量各墩台顶面标高、平面位置,判断桥梁墩台有无倾斜、滑动、下沉现象。

(4)维修、养护、加固资料。包括:历史上通过重车的车型、载重及桥梁工作状况资料;经常通过车辆的车型、载重及交通量;历次桥梁调查、维修、加固等有关的资料、图纸、照片;过去所作桥梁加载试验资料。

2.试验对象的考察

对于圬工梁或者拱桥,考察的重点是检查圬工有无风化、剥落、破损、裂纹,尤其注意变截面处和加固修复处;对于圬工剥落、裂缝处,注意检查钢筋的锈蚀情况。对于钢筋混凝土梁,注意检查宽度超过 0.2 mm 的竖向裂缝,并注意检查有无斜向裂缝和顺主筋方向的裂缝。对于预应力混凝土梁,注意观测梁的上拱度变化,并注意检查有无不允许出现的垂直于主筋方向的竖向裂缝。对于拱桥,应注意测量实际拱轴线和拱圈尺寸,并检查拱圈有无横向裂纹,并测量严重裂缝的具体尺寸和位置,绘制裂缝图,以便对照。

对于支座,要检查各部分相互位置的正确,有无损坏和受力不均匀现象,活动支座是否灵活,实际位置是否正常,注意各部分螺栓有无损坏。

对于墩台基础,则注意检查墩台圬工有无风化、剥落、破损以及裂缝,对有严重裂缝的应测量其具体尺寸、位置,并绘制裂缝图;对有下沉、滑动、倾斜情况的墩台,应弄清地基情况,检查梁底支座、墩台之间的相对位置关系。

试验中裂缝宽度可以用读数放大镜测量,裂缝深度用塞尺测量,对于实际尺寸位置可以运用吊线锤、全站仪量测。对于内部的隐患可以用敲击法、超声波、探伤仪等测量其损坏程度。

结构材料的实际强度(如钢筋混凝土的极限强度以及弹性模量)是结构的重要物理力学指标,用它对结构进行理论分析并和实际的量测结果进行比较,对正确判断、评定试验结构的承载能力和实际工作状态有重要意义。因此,在桥梁结构试验前,必须通过各种方法准确地确定材料的主要物理力学性能指标。

确定材料力学性能指标的方法有两种,即直接测定法和间接测定法。

直接测定法是常用的方法,它是把材料按照规定做成标准试件,然后在材料试验机上用规定的标准试验方法进行加载测定。如果试件尺寸和试验方法不符合标准规定,应将试验结果按规定换算到标准试件的结果。

对于桥梁结构的鉴定性试验,由于没有标准试件,为判定结构实际承载力和变形特征,常从结构非重要部位挖取材料来制成标准的或者非标准的试件,用标准的方法加载测定,这种情况多用于钢桥。对于混凝土及砖石结构,多采用间接测定法,该方法又称为无损检测法。它利用专门的设备和仪器,如回弹仪、超声波探伤仪等直接测定材料的强度等力学性能指标,必要时可以在结构的次要部位取样进行材料试验。需要注意的是,取样后应该采取有效措施,及时进行补强处理。

三、荷载试验的准备工作

桥梁结构的静载试验大体上分为 3 个阶段,即桥梁结构的考察准备和试验方案设计阶段,加载试验与观测阶段,测试结果的分析与总结阶段。

荷载试验前要进行下面的准备工作。

1. 试验孔(或墩)的选择

对于多跨桥梁结构跨径相等的孔(或墩),可选择 1~3 个具有代表性的孔(或墩)进行加载试验,选择时应综合考虑以下条件:

(1)该孔(或墩)计算最不利;

(2)该孔(或墩)施工质量较差,缺陷较多或病害较严重;

(3)该孔(或墩)便于搭设脚手架及设置测点或试验时便于加载。

选择试验孔(或墩)的工作可以结合桥梁考察和计算工作一起进行。

2. 搭设观测脚手架及设置测点附属设施

(1)搭设观测脚手架

脚手架的设置要因地制宜,就地取材,方便观测仪表和保证安全;脚手架应该具有足够的强度、刚度和稳定性,不影响仪表和测点的正常工作,不干扰测点附属设施。当桥下净空较大、不方便设置固定脚手架时,可考虑采用轻便活动吊架。吊架使用前应进行试载以确保安全,如需多次使用,可以用型钢做成拼装式,以便于运输和存放。

（2）设置测点附属设施

在安装挠度、沉降、水平位移等测点的观测仪表时，一般需要设置木桩或者其他支架等测点附属设施。设置时，既应满足仪表安装的需要，又使其不受结构本身变形、位移的影响，同时应保证其稳妥、牢固，能承受试验时可能产生的车辆运行、人行走动等的干扰。

晴天或者多云天气下进行加载试验时，阳光直射下的应变测点应设置遮挡阳光的设备，以减小温度变化造成的观测误差。雨季进行加载试验时，应准备仪器设备的防雨设施，以备不时之需。

3. 静载试验加载位置的放样和卸载位置的安排

静载试验前应在桥面上对加载位置进行放样，以便加载试验的顺利进行。如加载程序较少，时间允许，可在每级加载前临时放样。如加载程序较多，则应预先放样，且用不同颜色的标志区别不同加载程序时的荷载位置。

静载试验荷载卸载的安放位置应预先安排。卸载位置的选择既要考虑加卸载方便，离加载位置近一些，又要使安放的荷载不影响试验孔（或墩）的受力，一般可将荷载安放在桥台后一定距离处。对于多孔桥，如有必要将荷载停放在桥孔上，一般应停放在距试验孔较远处，以不影响试验观测为度。

4. 试验人员组织与分工

桥梁荷载试验是一项技术性较强的工作，最好能组织专业的桥梁试验队伍来承担，也可以由熟悉这项工作的技术人员为骨干来组织试验队伍。根据每个试验人员的特长进行分工，每人分管的仪器数目除考虑便于进行观测外，应尽量使每人对分管仪表进行一次观测所需的时间大致相同。所有参加试验的人员应能熟练掌握所分管的仪器设备，否则应在正式开始试验前进行演练。为使试验有条不紊地进行，应设试验总指挥1人，其他人员的配备可根据具体情况考虑。

5. 其他准备工作

加载试验的安全设施、供电照明设施、通讯联络设施、桥面交通管制、租车事宜等工作应根据荷载试验的需要进行准备。

第二节　试验方案与实施

一、试验荷载工况的确定

为了满足鉴定桥梁承载力的要求，荷载工况选择应反映桥梁设计的最不利受力状态，简单结构可选1~2个工况，复杂结构可适当多选。加载项目安排应抓住重点，不宜过多。进行各荷载工况布置时可参照截面内力或变形影响线进行，一些主要桥型的内力控制截面如下：

1. 简支梁桥

跨中最大正弯矩、支点最大剪力、桥墩最大竖向反力。

2. 连续梁桥

主跨跨中最大正弯矩、主跨支点负弯矩、支点最大剪力、主跨桥墩最大竖向反力、边跨最大正弯矩。

3. 悬臂梁桥（T形刚构桥）

支点最大负弯矩、锚固孔跨中最大正弯矩、支点最大剪力、挂梁跨中最大正弯矩。

4. 无铰拱桥

跨中最大正弯矩工况、拱脚最大负弯矩工况、拱脚最大推力工况、$L/4$ 截面最大正弯矩和最大负弯矩。

5. 斜拉桥

主梁跨中最大正弯矩、主梁最大负弯矩、主塔塔顶顺桥向最大水平位移、斜拉索最大索力、主梁最大挠度、塔柱最大弯矩。

6. 悬索桥

主梁控制截面最大弯矩、主梁扭转变形、主梁控制截面位移或挠度、塔顶最大水平变位、塔柱底截面最大应力、主缆和吊索最大拉力。

此外,对桥梁的薄弱截面、损坏部位、比较薄弱的桥面结构等,是否设置内力控制截面及安排加载工况项目可根据桥梁调查和检算情况决定。

使用车辆加载而又未安排动载试验项目时,可在静载试验项目结束后,将加载车(多辆车则相应排列)沿桥长慢速度行驶一趟,以全面了解荷载作用于桥面不同位置时结构的承载状况。

动载试验一般安排标准汽车车列在不同车速时的跑车试验,跑车速度一般定为 5,10,20,30,40,50 km/h。此外可根据桥梁实际情况安排其他一些试验项目,如测量桥梁承受水平力的车辆制动试验,测定桥梁自振频率的跳车后的余振试验和脉动试验等。

二、试验荷载的确定

1. 控制荷载的确定

为了保证荷载试验的效果,必须先确定试验的控制荷载。控制桥梁设计的荷载有汽车和人群(标准设计荷载)、挂车和履带车(标准设计荷载)以及需通行的特殊重型车辆。

分别计算以上几种荷载对结构控制截面产生的内力(或变形)的最不利值,进行比较,取其中最不利者对应的荷载作为控制荷载。动载试验以汽车荷载为控制荷载(挂车和履带车不计冲击力)。

荷载试验应尽量采用与控制荷载相同的荷载,当受条件限制,采用的试验荷载与控制荷载有差别时,为了保证试验效果,在选择试验荷载的大小和加载位置时采用静载试验效率 η_q、动载试验效率 η_d 进行控制。

2. 静载试验效率

$$\eta_q = \frac{S_s}{S(1+\mu)} \qquad (10\text{-}1)$$

式中　S_s——静载试验荷载作用下控制截面内力计算值;

　　　S——控制荷载作用下控制截面最不利内力计算值;

　　　μ——按规范采用的冲击系数,对于平板车、履带车、重型车辆,取 $\mu = 0$。

η_q 值可采用 0.8 ~ 1.05。当桥梁的调查、检算工作比较完善而又受加载设备能力所限,η_q 值可采用低限;当桥梁的调查、检算工作不充分,尤其是缺乏桥梁计算资料时,η_q 值应采用高限。总之,应根据前期工作的具体情况来确定,一般情况下 η_q 值不宜小于 0.95。

荷载试验应该选择温度稳定的季节和天气进行。当温度变化对桥梁结构内力影响较大时,应选择温度内力较不利的季节进行荷载试验,否则应考虑用适当增大静载试验效率来弥补温度影响对结构控制截面产生的不利内力。

当控制荷载非挂车或履带车而采用汽车荷载加载时,考虑到汽车荷载的横向应力增大系数较小,为了使截面的最大应力与控制荷载作用下截面最大应力相等,可适当增大静载试验效率 η_q。

3. 动载试验效率

$$\eta_d = \frac{S_d}{S}\tag{10-2}$$

式中　S_d——动载试验荷载作用下控制截面最大计算内力值;

　　　S——标准汽车荷载作用下控制截面最大计算内力值(不计入汽车荷载冲击系数)。

η_d 值一般采用 1。动载试验的效率不仅取决于试验车型及车重,而且取决于实际跑车时的车间距。因此,在动载试验跑车时应注意保持试验车辆之间的车间距,并应实际测定跑车时的车间距,以作为修正动载试验效率的计算依据。

三、静载加载分级与控制

为了加载安全,了解结构应变和变位随加载内力增加的变化关系,对桥梁主要控制截面内力的加载应分级进行,而且一般安排在开始的几个加载程序中执行。不是主要的控制截面一般只设置最大内力加载程序。

静荷载加载顺序:预加载阶段→标准荷载阶段→破坏荷载阶段。

1. 预加载的目的

(1)使结构进入正常的工作状态,特别是新结构,如钢筋混凝土桥要进行若干次加载循环,使结构变形与荷载关系稳定。

(2)检验全部试验装置的可靠性。

(3)检查全部观测仪表的工作是否正常。

(4)起到演习的作用,可实际检查试验人员的现场工作情况。通过预载所发现的问题,可以在正式加载试验前得到解决。

总之,通过预加载试验可以发现一些潜在的问题并将之解决在正式试验之前,这对保证试验工作顺利进行具有重要意义。

2. 分级控制加载的原则

(1)当加载分级较为方便时,可按最大控制截面内力均分为 4~5 级。

(2)当使用载重车加载,车辆称重有困难时也可以分成 3 级加载。

(3)当桥梁的调查和验算工作不充分,或者桥梁状况比较差,应尽量增多加载分级,如限于条件加载分级较少时,应注意每级加载时,车辆荷载逐辆缓慢驶入预定加载位置,必要时可在加载车辆未到预定加载位置前分次对控制测点进行读数,以确保试验安全。

(4)在安排加载分级时,应注意加载过程中其他截面内力亦应逐渐增加,且最大内力不应超过控制荷载作用下的最不利内力。

根据具体条件决定分级加载的方法,最好每级加载后卸载,也可逐级加载达最大荷载后逐级卸载。

车辆荷载加载分级的方法:

1)逐渐增加加载车数量;

2)先上轻车后上重车;

3）加载车位于内力影响线的不同部位；

4）加载车分次装载重物。

以上各方法可综合采用。

3. 加卸载的时间选择与控制

为了减少温度变化对试验造成的影响，加载试验时间以晚上 10 时至凌晨 6 时为宜，尤其是采用重物直接加载，在加卸载周期比较长的情况下，只能在夜间进行试验。对于采用车辆等加卸载迅速的试验方式，如夜间试验照明等有困难时亦可安排在白天进行试验，但在晴天或多云的天气下进行加载试验时，每一加卸载周期所花费的时间不宜超过 20 min。

为控制加卸载稳定时间，应选择一个控制测点（如简支梁的跨中挠度或应变测点），在每级加载（或卸载）后立即测读一次，计算其与加载前（或卸载前）测读值之差值 S_g，然后每隔 2 min 测读一次，计算 2 min 前后读数的差值 ΔS，并按下式计算相对读数差值 m：

$$m = \frac{\Delta S}{S_g} \tag{10-3}$$

当 m 值小于 1％或小于量测仪器的最小分辨值时，即认为结构基本稳定，可进行各观测点读数。但当进行主要控制截面最大内力加载程序时荷载在桥上稳定时间应不少于 5 min，对尚未投入营运的新桥梁应适当延长加载稳定时间。

某些桥梁如拱桥，有时当拱上建筑或桥面系参与主要承重构件的受力，因连接较弱或变形缓慢，造成测点观测值稳定时间较长，如结构的实测变位（或应变）值远小于计算值，则可将加载稳定时间定为 20～30 min。

4. 加载分级的计算

根据各加载分级按弹性阶段计算加载各测点的理论计算变位（或应变），以便对加载试验过程进行分析和控制。计算采用的材料弹性模量，如已做材料试验则用实测值，否则可按规范选用。

四、加载设备的选择

静载试验加载设备可根据加载要求及具体条件选用，一般有以下两种加载方式。

1. 可行式车辆

可选用装载重物的汽车或平板车，也可就近利用施工机械车辆。选择装载的重物时要考虑车箱能否容纳得下，装载是否方便。装载的重物应放置稳当，以避免车辆行使时因摇晃而改变重物的位置。

采用车辆加载优点很多，如便于调运和加载布置、加卸载迅速等，采用汽车荷载既能做静载试验又能作动载试验，这是较常采用的一种方法。

2. 重物直接加载

一般可按控制荷载的着地轮迹先搭设承载架，再在承载架上堆放重物或设置水箱进行加载，如加载仅为满足控制截面内力要求，也可采取直接在桥面堆放重物或设置水箱的方法加载。承载架的设置和加载物的堆放应安全、合理，能按要求分布加载重量，并不使加载设备与桥梁结构共同承载而形成"卸载"现象。

重物直接加载准备工作量大，加卸载所需周期一般比较长，交通中断时间亦较长，且试验时温度变化对测点的影响较大，因此宜安排在夜间进行试验。

此外,其他一些加载方式,如液压加载、机械机具加载、电液伺服加载、电磁加载等方法,具体使用中可根据加载要求因地制宜采用。选择试验荷载和加载方法时,应该满足下列要求:

(1)选用的试验荷载图式应与结构设计计算的荷载图式相同或极为接近。

(2)荷载传力方式及作用点要明确,产生的荷载数值要稳定。用重力式加载方法很容易满足要求;采用液压加载方法时,荷载值会随着加载时间和结构变形而变化,解决的方法是注意保持液压的稳定。

(3)荷载分级的分度值要满足试验量测精度要求,因此要注意选择适当吨位的加载设备,以满足量测精度要求。

(4)加载设备要操作方便,便于加载与卸载,能控制加载速度,又能适应同时加载或先后加载的不同要求。

(5)加载设备本身要安全可靠,不仅要满足强度要求,而且还要按变形条件控制加载设备;保证加载设备有足够刚度,荷载加大到一定程度时不致发生变形过大或失稳现象。

试验加载方法要力求采用现代化先进技术,以减轻体力劳动,提高试验质量。

五、加载物的称重

可根据不同的加载方法和具体条件选用以下方法:

1.称重法

当采用重物直接在桥上加载时,可将重物化整为零称重后按逐级加载要求分堆放置,以便加载取用。当采用车辆加载时,可将车辆逐轴开上称重台进行称重,如没有现成可供利用的称重台,可自制专用称重台进行称重。

2.体积法

如采用水箱加载,可通过测量水体积来换算水的重量。

3.综合计算法

根据车辆出厂规定确定空车轴重(注意考虑车辆另配件的更换和填减,汽油、水、乘员重量的变化),再根据装载重物的重量及其重心将其分配至各轴。装载物最好采用规则外形的物体整齐码放,或采用松散均匀材料在车厢内摊铺平整,以便准确确定其重心位置。

无论采用何种确定加载物重量的方法,均应作到准确可靠,其称重误差最大不得超过5%。最好能采用两种称重方法互相校核。

第三节   测点设置与观测

一、测点布置

1.主要测点的布设

测点的布设不宜过多,但要保证观测质量。有条件时,同一测点可用不同的测试方法进行校对。一般情况下,对主要测点的布设应能控制结构的最大应力(应变)和最大挠度(或位移)。测点布设的原则有:

(1)满足条件的前提下,各试验项目的测点数量和布置必须是充分和足够的,同时测点宜少不宜多,不要盲目设置测点,这样可以不浪费人力和仪器设备,还会使试验目的突出。

（2）测点位置要具有代表性，以便于分析和计算。一般来说，挠度的测点布置在结构最大挠度处，应力测点布置在最不利断面的最大受力部位。

（3）为保证量测数据的可靠性，应该布置一定数量的校核性测点。预计在试验过程中可能有部分量测仪器发生故障，校核点一方面能验证观测结果是否可靠，另一方面也可提供数据，供分析时采用。

（4）测点的布置应有利于试验时操作和测读，安全和方便。安装在结构上的附着式仪表在荷载达到正常使用荷载的 1.2～1.5 倍时应该拆除，以免结构突然破坏，而使仪表受损。

几种常用桥梁体系的主要测点布设如下：

1）简支梁桥：跨中挠度、支点沉降、跨中截面应变。

2）连续梁桥：跨中挠度、支点沉降、跨中和支点截面应变。

3）悬臂梁桥：悬臂端部挠度、支点沉降、支点截面应变。

4）拱桥：跨中、$L/4$ 挠度、拱顶、$L/4$、拱脚截面应变。

5）刚架桥：跨中截面挠度和应变，节点附近截面的应变和变位。

6）悬索结构（包括斜拉桥和悬吊桥）：刚性梁的最大挠度，索塔顶部的水平位移，塔柱底截面应变，偏转扭转变位和控制截面应变。

挠度观测测点一般布置在桥中轴线位置。截面抗弯应变测点应设置在截面横桥向应力可能分布较大的部位，沿截面上、下缘布设。横桥向测点设置一般不少于 3 处，以控制最大应力的分布。

当采用测定混凝土表面应变的方法来确定钢筋混凝土结构中钢筋承受的拉力时，考虑到混凝土表面已经和可能产生的裂缝对观测的影响，因而测点的位置应合理选择，如凿开混凝土保护层直接在钢筋上设置拉应力测点，则在试验完后必须修复保护层。

在钢筋混凝土结构测试中经常遇到需要通过测量混凝土表面应变确定钢筋拉应力的问题，常用测定与钢筋同高度的混凝土表面上一定间距的两点间平均应变，来确定钢筋的拉应力。选择这两点的位置时，应使其标距大致等于裂缝的间距或裂缝间距的倍数，可以根据结构受力后产生的如下 3 种情况进行选择：

①加载后预计混凝土不会产生裂缝

可以任意选择测点位置及标距，但标距不应小于 4 倍混凝土最大粒径。

②加载前未产生裂缝，加载后可能产生裂缝

如图 10-1 所示，选择相连的 20 cm 和 30 cm 两个标距。当加载后产生裂缝时可分别选用 20 cm，30 cm 或（20＋30）cm 标距的测点读数来适应裂缝的间距。

③加载前已经产生裂缝

为避免加载后产生新的裂缝，可根据裂缝间距如图 10-2 所示选择测点位置及标距。为提

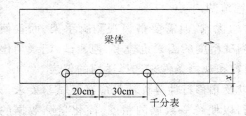

图 10-1　无裂缝时测点布置图

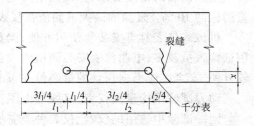

图 10-2　有裂缝时测点布置图

高测试精度,也可增大标距,跨越两条以上的裂缝,但测点在裂缝间的相对位置仍应不变。

2. 其他测点的布设

根据桥梁调查和检算工作的深度,综合考虑结构特点和桥梁目前状况等,可适当加设以下测点:

(1)挠度沿桥长或沿控制截面桥宽方向分布。

(2)应变沿控制截面桥宽方向分布。

(3)应变沿截面高分布。

(4)组合构件的结合面上、下缘应变。

(5)墩台的沉降、水平位移与转角,连拱桥多个墩台的水平位移。

(6)剪切应变。

(7)其他结构薄弱部位的应变。

(8)裂缝的监测测点。

一般应实测控制断面的横向应力增大系数,当结构横向联系构件质量较差、连接较弱时则必须测定控制截面的横向应力增大系数。简支梁跨中截面横向应力增大系数的测定,既可采用观测跨中沿桥宽方向应变变化的方法,也可采用观测跨中沿桥宽方向挠度变化的方法来进行计算或用两种方法互相校核。

对于剪切应变测点一般采取设置应变花的方法进行观测。为了方便,对于梁桥的剪应力也可在截面中性轴处主应力方向设置单一应变测点来进行观测。梁桥的实际最大剪应力截面应设置在支座附近而不是支座上,从梁底支座中心起向跨中做与水平线成45°的斜线,此斜线与截面中性轴高度线相交的交点即为梁桥最大剪应力位置。可在这一点沿最大压应力或最大拉应力方向设置应变测点(图10-3),距支座最近的加载点则应设置在45°斜线与桥面的交点上。

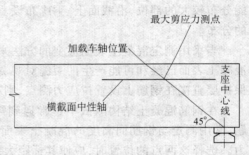

图 10-3　梁桥最大剪应力观测点

3. 温度测点的布设

选择与大多数测点较接近的部位设置 1～2 处温度测点,此外可根据需要在桥梁主要测点部位设置一些构件表面温度测点。

二、仪表的选择

量测仪表的精度要求:静载测定时应不大于预计量测值的 5%,动载测定时应不大于预计量测值的 10%。量测的最大被测值在仪表的 2/3 量程范围内。

机械式仪表具有安装与使用方便、读数迅速可靠的优点,但需要搭设观测脚手架,而且使用试验人员较多;电测仪表安装调试比较费事,影响测试精度的因素也较多,但测试、记录均比较方便、安全。应根据预计的量测值并考虑仪表的设置和观测条件来选择适用的仪表。

动力试验用的量测仪表,其线性范围、频响特性以及相移特性等性能都应满足试验要求。

同一试验中选用的仪器、仪表种类应尽可能相同,以便统一数据的精度,简化量测数据的整理工作并避免差错。

静载试验常用测试仪表的使用精度和量测范围见表 10-1。

表 10-1 静载试验常用仪表及适用范围

量测内容	仪表名称	最小分划值	适用量测范围	备注
应变	千分表	2×10^{-6}	$50 \sim 2000 \times 10^{-6}$	需配附件
	杠杆引伸仪	2×10^{-6}	$50 \sim 200 \times 10^{-6}$	需配附件
	手持应变仪	5×10^{-6}	$100 \sim 20000 \times 10^{-6}$	需配表座
	电阻应变仪	1×10^{-6}	$50 \sim 5000 \times 10^{-6}$	需贴电阻片
位移或挠度	千分表	0.001 mm	0.1 ~ 0.8 mm	需配表座及吊架
	百分表	0.01 mm	0.3 ~ 8 mm	需配表座及吊架
	百分表(长标距)	0.01 mm	0.3 ~ 025 mm	需配表座及吊架
	挠度计	0.1 mm	>1 mm	需配表座及钢丝
	精密水平仪	0.1 mm	>2 mm	需配特制水准尺
	电阻应变位移计	0.01 mm	0.3 ~ 025 mm	需配表座
	经纬仪	0.5 mm	>2 mm	需配短尺
倾角	水准式倾角仪	2.5″	20″ ~ 1°	需固定支架
裂缝	刻度放大镜	0.05 mm	0.05 ~ 5 mm	

动载试验量测动应变可采用动态应变仪并配以记录仪器。量测振动可选用低频拾振器并配低频测振放大器及记录仪器,量测动挠度可选用电阻应变位移计配动态应变仪及记录仪器。

三、仪表的检查与安装

试验需用到的所有仪表均应在测试前进行检查,并按仪表本身的要求进行标定和必要的误差修正。

采用电阻应变仪进行应变测试时,黏贴电阻片的人员应具有一定的经验,要根据现场的温度、湿度等条件选择贴片及防潮工艺,尽量选用与观测应变部位相同的材料制作温度补偿片。补偿片应尽量靠近应变片的设置。

采用千分表观测结构表面应变时,在不影响观测的前提下,应尽量使千分表轴线靠近结构表面,以减小测试误差。

仪表、设备容易受到碰撞、扰动的部位应加保护设备,系保险绳或设置醒目的标志,以保证仪表正常工作。

仪表安装工作一般应在加载试验前完成,但亦不应安装过早,以免仪器受损和遗失。需注意仪表安装位置和方法的正确与否。安装完毕应由有测试经验的人员进行检查,有时可利用过往的车辆来观测仪表工作是否正常。

当采用光测仪器如精密水准仪、经纬仪、全站仪测量桥梁结构变位时,仪器的测读应准确、迅速,并用先进的通讯设备与现场指挥人员保持密切联系,在专用记录表上详细记录,以便进行结果分析并与原始记录一同保存备查。

四、稳定观测

仪表安装完毕以后,一般在加载试验之前应对各测点进行一段时间的温度稳定观测。中间可每隔 10 min 读数一次,观测时间应尽量选择与加载试验相同的气候条件或选择加载试验前夕。这一观测成果用于衡量加载试验时外界气候条件对观测造成的误差影响范围,或用于测点的温度影响修正。

五、仪表的测读与记录

仪表的测读应准确、迅速,并记录在专门的表格上,以便于资料的整理和计算。记录者应对所有测点量测值变化情况进行检查,看其变化是否符合规律,尤其应着重检查第一次加载时量测值的变化情况。对工作反常的测点,应检查仪表安装是否正确,并分析其他可能影响其正常工作的原因,及时排除故障。对于控制测点,应在故障排除后重复一次加载测试项目。

六、裂缝观测

加载试验中裂缝观测的重点是结构承受的拉力较大部位及原有裂缝较长、较宽的部位。在这些部位应测量裂缝长度、宽度,并在混凝土表面沿裂缝走向进行描绘。加载过程中观测裂缝长度及宽度的变化情况,可直接在混凝土表面进行描绘记录,也可采用专门表格记录。加载至最不利荷载及卸载后应对结构裂缝进行全面检查,尤其应仔细检查是否产生新的裂缝,并将最后检查情况填入裂缝观测记录表,必要时可将裂缝发展情况绘制在裂缝展开图上。

第四节 加载试验的控制与安全措施

试验指挥人员在加载试验过程中应随时掌握各方面情况,对加载进行控制,既要取得良好的试验效果,又要确保人员、仪表设备及桥梁的安全,避免不应有的损失。静载试验应在现场指挥人员统一指挥下按荷载试验方案中的计划有秩序地进行。首先检查不同分工的测试人员是否各行其职;交通管理、加载和联络人员是否到位;加载设备、通讯设备和电源是否准备妥当;加载位置、测点放样和测试仪器安装是否正确。然后调试仪器,利用过往车辆检查各测点观测值的规律性,使整个测试系统进入正常工作状态。记录天气情况和试验开始时间,进行正式试验。

一、加载的控制

应严格按设计的加载程序进行加载,荷载的大小应由小到大逐渐增加,并随时作好停止加载和卸载的准备。

二、测点的观测

对加载试验的控制点应随时观测、随时计算,并将结果报告试验指挥人员。如实测值超过计算值较多,则应暂停加载,待查明原因再决定是否继续加载。试验人员如发现其他测点的测值有较大的反常变化也应查找原因,并及时向试验指挥人员报告。

三、加载过程的观察

加载试验过程应对结构控制点位移、结构整体行为和薄弱环节部位破损实行监控,并将结果随时汇报给指挥人员作为控制加载的依据。加载过程中应指定人员随时观察结构各部位可能产生的新裂缝,注意观察构件薄弱部位是否有开裂、破损,组合构件的结合面是否有开裂错位,支座附近混凝土是否开裂,横隔板的接头是否拉裂,结构是否产生不正常的响声,加载时墩台是否发生摇晃现象等。如发生这些情况,应报告试验指挥人员,以便采取相应的措施。

四、终止加载控制条件

发生下列情况应中途终止加载:

(1)控制测点应力值已达到或超过用弹性理论按规范安全条件反算的控制应力值;

(2)控制测点变位(或挠度)超过规范允许值;

(3)由于加载使结构裂缝的长度、缝宽急剧增加,新裂缝大量出现,缝宽超过允许值的裂缝大量增多,对结构使用寿命造成较大的影响;

(4)拱桥加载时沿跨长方向的实测挠度曲线分布规律与计算值相差过大或实测挠度超过计算值过多;

(5)发生其他损坏,影响桥梁承载能力或正常使用。

第五节　静载试验数据整理

1. 试验资料的修正

(1)测值修正

根据各类仪表的标定结果进行测试数据的修正,如机械仪表的校正系数,电测仪表的率定系数、灵敏系数,电阻应变观测的导线电阻影响等。当这类因素对观测的影响小于1%时可不予修正。

(2)温度影响修正

温度对测试的影响比较复杂。结构构件的各部位不同的温度变化,结构的受力特性,测试仪表或元件的温度变化,电测元件的温度敏感性、自补性等均会对测试精度造成一定的影响。逐项分析这些影响是困难的,一般可采用综合分析的方法来进行温度影响修正,即利用加载试验前的温度稳定观测数据,建立温度变化(测点处构件表面温度或空气温度)和测点测值(应变和挠度)变化的线性关系,然后按下式进行温度修正计算:

$$S = S' - \Delta_t \cdot K_t \qquad\qquad (10\text{-}4)$$

式中　S——温度修正后的测点加载测值变化;

　　　S'——温度修正前的测点加载测值变化;

　　　Δ_t——相应于 S' 观测时间段内的温度变化(℃);

　　　K_t——空载时温度上升1℃时测点测值变化量,$K_t = \dfrac{\Delta S}{\Delta t_1}$。其中 ΔS 为空载时某一时间区

　　　　　段内测点测值变化量;Δt_1 为相应于 ΔS 同一时间区段内的温度变化量。

温度变化量的观测,对应变宜采用构件表面温度,对挠度宜采用气温。温度修正系数 K_t 应采用多次观测的平均值,如测值变化与温度变化关系不明显时则不能采用。

由于温度影响修正比较困难,一般不进行这项工作,而采取缩短加载时间、选择温度稳定性较好的时间进行试验等办法尽量减小温度对测试精度的影响。

(3)支点沉降影响的修正

当支点沉降量较大时,应修正其对挠度的影响,修正量 C 可按下式计算:

$$C = \frac{l-x}{l}a + \frac{x}{l}b \tag{10-5}$$

式中　C——测点的支点沉降影响修正量；

　　　l——A 支点到 B 支点的距离；

　　　x——挠度测点到 A 支点的距离；

　　　a——A 支点沉降量；

　　　b——B 支点沉降量。

2. 各测点变位（挠度，位移，沉降）与应变的计算

根据量测数据作下列计算：

总变位（或总应变）　　　　　$S_t = S_1 - S_i \tag{10-6}$

弹性变位（或弹性应变）　　　$S_e = S_1 - S_u \tag{10-7}$

残余变位（或残余应变）　　　$S_p = S_t - S_e = S_u - S_i \tag{10-8}$

式中　S_i——加载前测值；

　　　S_1——加载达到稳定时测值；

　　　S_u——卸载后达到稳定时测值。

3. 主要测点的校验系数及相对残余变形的计算

对加载试验的主要测点（即控制测点或加载试验效率最大部位测点）进行如下计算：

（1）校验系数

$$\eta = \frac{S_e}{S_s}$$

式中　S_e——试验荷载作用下量测的弹性变位（或应变）值；

　　　S_s——试验荷载作用下的理论计算变位（或应变）值。

S_e 与 S_s 的比较可用实测的横截面平均值与计算值比较，也可考虑荷载横向不均匀分布而选用实测最大值与考虑横向增大系数的计算值进行比较。横向增大系数最好采用实测值，如无实测值也可采用理论计算值。

（2）相对残余变位（或应变）

相对残余变位（或应变）按下式计算：

$$S'_p = \frac{S_p}{S_t} \times 100\% \tag{10-9}$$

式中　S'_p——相对残余变位（或应变）；

　　　S_p、S_t 意义同前。

4. 主要测点弹性变位（或应变）与相应的理论计算值的关系

列出各加载程序时主要测点实测弹性变位（或应变）与相应的理论计算值的对照表，并绘出其关系曲线图。

5. 裂缝发展状况

当裂缝数量较少时，可根据试验前后观测情况及裂缝观测表对裂缝状况进行描述；当裂缝发展较多时，应选择结构有代表性部位描绘裂缝展开图，图上应注明各加载程序裂缝长度和宽度的发展。

除以上资料的整理外，还可根据需要整理各加载程序控制截面应变（或应变）分布图和沿

桥纵向挠度分布图等。

第六节　加载试验成果分析与评定

经过荷载试验的桥梁,应根据整理的试验资料,分析结构的工作状况,进一步评定桥梁承载能力,并纳入桥梁承载能力鉴定报告和桥梁承载能力鉴定表。

一、结构工作状况

1. 校验系数 η

校验系数 η 是评定结构工作状况、确定桥梁承载能力的一个重要指标。不同结构形式的桥梁其 η 值常不相同,η 值常见的范围见表10-2。

表10-2　桥梁校验系数常值表

桥 梁 类 型	应变(或应力)校验系数	挠度校验系数
钢筋混凝土板桥	0.20 ~ 0.40	0.20 ~ 0.50
钢筋混凝土梁桥	0.40 ~ 0.80	0.50 ~ 0.90
预应力混凝土桥	0.60 ~ 0.90	0.70 ~ 1.00
圬工拱桥	0.70 ~ 1.00	0.80 ~ 1.00

一般要求 η 值不大于1,η 值越小结构的安全储备越大。η 值过大或过小都应该从多方面分析原因。如 η 值过大,可能说明组成结构的材料强度低,结构各部分联结性能较差,刚度较低等。η 值过小,可能说明材料的实际强度及弹性模量较高,梁桥的混凝土桥面铺装及人行道等与梁共同受力,拱桥拱上建筑与拱圈共同作用,支座摩阻力对结构受力的有利影响,计算理论或简化的计算图式偏于安全等等。试验时加载物的称量误差、仪表的观测误差等也对 η 值有一定的影响。

2. 实测值与理论值的关系曲线

由于理论的变位(或应变)一般按线性关系计算,所以如测点实测弹性变位(或应变)与理论计算成正比,其关系曲线接近于直线,说明结构处于良好的弹性工作状况。

3. 相对残余变位(或应变)

测点在控制加载程序时的相对残余变位(或应变)S_p/S_t 越小说明结构越接近弹性工作状况,一般要求 S_p/S_t 值不大于20%。当 S_p/S_t 大于20%时,应查明原因,如确系桥梁强度不足,应在评定时酌情降低桥梁的承载能力。

4. 动载性能

当动载试验的效率 η_d 接近1时,不同车速下实测的冲击系数最大值可用于结构的强度及稳定性检验。

结构的自振频率、活载强迫振动频率及阻尼系数等对桥梁承载能力的影响可参考其他有关资料进行分析。

二、结构的强度及稳定性

当荷载试验项目比较全面时,可采用荷载试验主要挠度测点的校验系数 η 来评定结构的强度和稳定性。检算时用荷载试验后的旧桥检算系数 Z_2 对桥梁结构抗力效应予以提高或折减。

砖石和混凝土桥

$$S_d(\gamma_{s0}\Psi\sum\gamma_{s1}Q)\leqslant R_d\left(\frac{R_j}{\gamma_m},\alpha_k\right)\times Z_2 \qquad (10\text{-}10)$$

钢筋混凝土及预应力混凝土桥

$$S_d(\gamma_g G;\gamma_q\sum Q)\leqslant\gamma_b R_d\left(\frac{R_c}{\gamma_c};\frac{R_s}{\gamma_s}\right)\times Z_2 \qquad (10\text{-}11)$$

根据 η 值由表 10-3 查取 Z_2 的取值范围,再根据下列条件确定 Z_2 值。符合下列条件时,Z_2 值可取高限,否则应酌减,直至取低限。

(1)加载内力与总内力(加载内力 + 恒载内力)的比值较大,荷载试验效果较好。

(2)实测值与理论值线性关系较好,相对残余变位(或应变)较小。

(3)桥梁结构各部分无损伤,风化、锈蚀、裂缝等较轻微。η 值应取控制截面内力最不利程序时最大挠度测点进行计算。对梁桥可采用跨中最大正弯矩加载程序的跨中挠度;对拱桥检算拱顶截面时可采用拱顶最大正弯矩加载程序时跨中挠度;检算拱脚截面时可采用拱脚最大负弯矩加载程序时 $l/4$ 截面处挠度;检算 $l/4$ 截面时则可采用上两者平均值,如已安排 $l/4$ 截面最大正、负弯矩加载程序,则可采用该程序时 $l/4$ 截面挠度。但拱桥在 η 值根据表 10-3 进行检算时,应不再另行考虑拱上建筑联合作用。

表 10-3　经过荷载试验的旧桥检算系数 Z_2 值表

η	Z_2	η	Z_2
0.4 及以下	1.20 ~ 1.30	0.8	1.00 ~ 1.10
0.5	1.15 ~ 1.25	0.9	0.97 ~ 1.07
0.6	1.10 ~ 1.20	1.0	0.95 ~ 1.05
0.7	1.05 ~ 1.15		

当采用 Z_2 值根据式(10-10)和式(10-11)检算符合要求时,可评定桥梁承载能力满足检算荷载要求。

三、地基与基础

当试验荷载作用下墩台沉降,水平位移及倾角较小,符合上部结构检算要求,卸载后变位基本回复时,认为地基与基础在检算荷载作用下能正常工作。

当试验荷载作用下墩台沉降,水平位移、倾角较大或不稳定,卸载后变位基本不能回复时,应进一步对地基、基础进行探查、检算、必要时应对地基基础进行加固处理。

四、结构的刚度要求

试验荷载作用下,主要测点挠度校验系数 η 应不大于1。各点的挠度不超过桥规规定的允许值。

由挠度的实测值和试验加载效率外推的各主要控制截面测点的挠度值不超过桥规规定的允许值。这里所谓外推,是将试验荷载按线性关系换算成正常设计荷载。如某桥静力试验的加载效率系数为 0.85,则用挠度实测值除以 0.85,得到正常设计荷载作用下的实测挠度值。

显然,用这样一个挠度值与规范允许值去比才是合理的。

五、裂 缝

裂缝是评定混凝土桥梁及预应力混凝土桥梁承载力和耐久性的主要指标之一。预应力桥梁结构在标准设计荷载下一般不出现裂缝,按预应力程度的不同,查相应的规范。桥梁试验荷载作用下裂缝宽度一般不应超过表 10-4 的允许值。

表 10-4 裂缝宽度限值表

结 构 类 别	裂 缝 部 位		允许最大缝宽（mm）	其 他 要 求
钢筋混凝土梁	主筋附近竖向裂缝		0.25	
	腹板斜向裂缝		0.30	
	组合梁结合面		0.50	不允许贯通结合面
	横隔板与梁体端部		0.30	
	支座垫石		0.50	
预应力混凝土梁	梁体竖向裂缝		不允许	
	梁体纵向裂缝		0.20	
砖、石、混凝土拱	拱圈横向		0.30	裂缝高小于截面高的 1/2
	拱圈纵向		0.50	裂缝长小于跨度的 1/8
	拱波与拱肋结合处		0.20	
墩 台	墩台帽		0.30	不允许贯通墩台身截面的 1/2
	墩台身	经常受侵蚀性环境水影响 有筋	0.20	
		经常受侵蚀性环境水影响 无筋	0.30	
		常年有水,但无侵蚀性影响 有筋	0.25	
		常年有水,但无侵蚀性影响 无筋	0.35	
		干沟或季节性有水河流	0.40	
	有冻结作用部分		0.20	

注:表中所列除特指外适用于一般条件,对于潮湿和空气中含有较多腐蚀性气体等条件下的缝宽限制应要求严格一些。

第七节 静载试验报告编写

在全部试验资料整理分析以后,要写出桥梁静载试验报告。其内容应该包括下列内容:

1. 试验概况

主要内容是简要介绍被试验的桥梁的型式、构造特点、施工概况。对于鉴定性试验,还要说明在施工设计中存在的技术问题,以及其对使用的影响等。对于科研性的试验,还要说明设计中需要解决的问题。

2. 试验目的与依据

根据试验对象的特点,要有针对性地说明结构静载试验所要达到的目的和要求以及试验的依据等。

3. 试验方案设计

说明根据试验目的确定的测试项目和方法、仪器配备、测点布置情况、人员分工和安全措施等。同时要说明试验荷载的情况,如试验荷载的形成及加载的程序。

4. 试验日期及试验的过程

说明具体组织桥梁静载试验的开始和完成日期、试验准备的阶段情况、整个试验阶段特殊的问题及其解决办法。

5. 各项试验达到的精度

说明试验中使用的各种仪器、仪表的类型、精度。同时还要说明试验中可能使用的夹具对试验精度的影响程度。

6. 试验成果与分析

依据桥梁结构静载试验项目,将理论值、实测值以及有关的参考限值进行对比,说明理论与实践二者的符合程度,从中得出试验结构所具有的实际承载力、抗裂性、使用的安全度,以及从试验中所发现的新问题。从现场检查的综合情况,说明试验结构的施工质量。对于一些科研性试验,还要从综合分析中说明设计计算理论的正确性和实用性,以及尚未解决的问题。

7. 试验记录摘录

将试验中所得的实测的控制数据,以列表或以曲线的形式表达出来。

8. 技术结论

根据综合分析的结果,得出最后的技术结论,对试验结构作出科学的评价,同时根据存在的问题,提出改进设计或者加强维修养护方面的建议。

9. 经验教训

从结构试验的角度,对本次试验的计划、程序、测试方法,提出不足或改进的意见。

10. 附录

根据桥梁实际状况和按试验荷载进行校核计算的资料,试验现场和结构检查的照片等。

复习思考题

10-1 桥梁静载荷试验的目的及主要内容是什么?

10-2 桥梁静载荷试验方案如何编写?

10-3 何为静载试验效率?

10-4 测点布置的原则是什么?

10-5 试验仪表的选用原则是什么?

第十一章

桥梁结构动载试验

第一节　概　述

　　桥梁结构是承受恒载、车辆荷载、人群荷载等主要荷载的结构物。当车辆以一定速度在桥上通过时,由于发动机的抖动、桥面的不平顺等原因会导致桥梁结构产生振动。此外,人群荷载、风、地震力的作用也会引起桥梁振动。随着交通运输事业的蓬勃发展,一方面,车辆的数量、载重量有了迅速的增长,车辆的行驶速度也有了很大的提高;另一方面,随着新结构、新材料、新工艺的推广应用,桥梁结构逐渐趋向轻型化,而对于大跨度桥梁结构,地震、风振往往是设计施工的控制因素。因此,车辆荷载或其他动力荷载对桥梁结构的冲击和振动影响,已成为桥梁结构设计、计算、施工、运营、维修养护过程中的重要问题之一。桥梁结构的振动问题,影响因素比较多,涉及的理论比较复杂,仅靠理论分析不能达到实用的结果,一般多采用理论分析与现场实测相结合的研究方法,因此,振动测试是解决工程结构振动问题必不可少的手段。

　　近20年来,随着电子计算机的普及与自动化技术的发展,振动测试技术取得了极大的进展:一方面,风洞试验、模拟地震振动台试验、拟动力试验得到了广泛的应用;另一方面,工程结构在地震荷载、风荷载、车辆荷载作用下动力反应的现场测试手段也得到了很大的改进。

　　桥梁结构的动载试验是利用某种激振方法激起桥梁结构的振动,测定桥梁结构的固有频率、阻尼比、振型、动力冲击系数、动力响应(动挠度、加速度)等参量的试验项目,从而宏观判断桥梁结构的整体刚度、运营性能。桥梁结构的动载试验与静载试验虽然在试验目的、测试内容等方面有所不同,但对于全面分析掌握桥梁结构的工作性能是同等重要的。就试验步骤而言,基本上与静载试验相同,动载试验也要经过准备、试验和分析总结3个阶段。就试验性质而言,动载试验也可分为生产鉴定性和科学研究性。一般情况下,动载试验多在现场实际结构上进行测试,也可根据桥梁结构的特点和实际需要在室内进行结构模型的动载试验,如在风洞内进行大跨度桥梁的风致振动试验、在模拟地震振动台上进行桥梁结构的地震响应试验研究等。桥梁结构动载试验的基本任务大体可归纳为以下几个方面:

　　1.测定结构的动力特性,如测定桥梁结构或构件的自振频率、阻尼特性、振型等。

　　2.测定结构在动荷载作用下的强迫振动响应,如测定桥梁结构或构件在车辆荷载、风荷载作用下的振幅、动应力、加速度等。

　　3.测定动荷载本身的动力特性,主要测定引起桥梁振动的作用力或振源特性,如动力荷载(包括车辆制动力、振动力、撞击力等)的大小、方向、频率与作用规律等。动力荷载大小可通过安装在动力荷载设备底架连接部分的荷重传感器直接量测记录,或以测定荷载运行的加速度(或减速度)与质量的乘积来确定。

　　4.疲劳性能试验:主要测定结构或构件的疲劳性能。

大多数情况下,动力试验内容往往偏重于 1、2 两项内容。对于铁路桥梁,第 3 项内容要实测机车在桥上的制动力和与旅客舒适度有关的列车过桥时车桥联合振动的动位移和动应变的时程曲线,对第 4 项内容一般只在实验室对桥梁构件进行疲劳试验。在现场,只对准备拆除的桥梁进行疲劳试验,但可对现有桥梁进行营运车辆荷载作用下的疲劳性能进行长期观测。

桥梁结构的动载试验中,常有大量的物理量如位移、应变、振幅、加速度等,需要进行量测、记录和分析。在静载试验中,可以通过仪器仪表观测而直接获得数据序列;在动载试验中,可以通过仪器仪表将振动过程中大量的物理量进行测量并记录下来,这些随时间变化的物理量,一般称为信号,而测得的结果称为数据。根据这些数据,可以进行有关振动量之间相互关系的分析。一般来说,动载试验的数据和信号是比较复杂的,具体表现在以下 3 个方面:

1. 引起结构产生振动的振源(如车辆、人群、阵风或地震力等)和结构的振动响应都是随时间而变化的,是随机的、不确定的。例如汽车在不平整的桥面上行驶所引起的桥梁振动就是随机的,两次条件完全相同的试验不会量测到相同的动力响应。这种信号虽然可以检测,并得到时间历程曲线,但却不能预测。这类信号服从统计规律,可以从概率统计的层面去研究它。

2. 桥梁结构在动载作用下的响应不仅与激振源的特性有关,也与结构本身的动力特性密切相关。对于桥梁结构而言,本身就具有无限多个自由度,加上车辆与桥梁结构之间的耦合,其动力特性就更加复杂。

3. 在动载试验所记录的信号和数据中,常常会夹杂一些无用的干扰因素。干扰信号不同于量测误差,没有一定的规律。因此,必须对动载试验所测得的信号和数据进行科学的分析与处理,从中提取尽可能多的反映桥梁结构振动内在规律的有用信息。

信号的特征可用信号的幅值随时间变化的数学表达式、图形或表格来表达,这类表达方式称之为信号的时域描述,如加速度时程曲线、位移时程曲线等。信号的时域描述比较简单、直观,通过多个测点的时程曲线,可以分析出结构的振幅、振型、阻尼特性、动力冲击系数等参量,但不能明确揭示信号的频率成分和振动系统的动力传递特性。为此,常对信号进行频谱分析,研究其频率结构及其对应的幅值大小,即采用频域描述。这时,需要把时域信号通过傅里叶变换的数学处理变换为频域信号。时域信号的傅里叶变换就是把确定的或随机的波形分解为一系列简谐波的叠加,以得到振动能量按频率的分布情况,从而确定结构的频率和频率分布特性。

桥梁动载试验是在桥梁处于振动状态下,利用振动测试仪器对振动系统各种振动量进行测定、记录并加以分析的过程。因此,在进行动载试验时,首先应通过激振方法使桥梁处于一种特定的振动状态中,以便进行相应项目的测试。其次,要合理选取测试仪器仪表组成振动测试系统。振动测试系统一般由拾振部分、放大部分和分析部分组成,其原理如图 11-1 所示。这三部分可以由专门仪器配套使用,也可以配换使用。因此,要根据试验的环境条件和试验的要求,选择组配合理的振动测试系统。仪器组配时除应考虑频带范围外,还要注意仪器间的阻

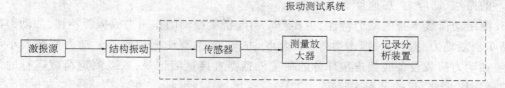

图 11-1　桥梁结构振动测试系统原理

抗匹配问题。再次，要根据测试桥梁的特点，制定测试内容、测点布置与测试方法。例如对于混凝土简支梁桥的动载试验，一般的观测项目有跨中截面的动挠度、跨中截面钢筋或混凝土的动应力等。又如要测定某一固有频率的振型时，应将传感器设置在振幅较大的各部位，并注意各测点的相位关系。最后，利用相应的专业软件对采集的数据或信号进行分析，即可得出桥梁结构的频率、振型、阻尼比、冲击系数等振动参量。

第二节　桥梁结构动力特性的测试

桥梁结构的动力特性（如固有频率、振型及阻尼系数等）是桥梁结构本身的固有参数，它们仅取决于结构的组成形式、刚度、质量分布、材料性质等因素。

对于比较简单的动力问题，一般只需要测试结构的基本频率。但对于比较复杂的多自由度体系，有时还需量测第二、第三甚至更高阶的固有频率以及相应的振型。桥梁结构的固有频率及相应振型虽然可由结构动力学原理计算得到，但由于实际结构的组成和材料性质等因素的影响，经简化计算得到的理论数值一般误差较大。对于结构的阻尼系数则只能通过试验确定。因此，采用试验手段研究桥梁结构的动力特性具有重要的实际意义。

桥梁结构是一个具有连续分布质量的体系，也就是说，桥梁是一个无限多自由度系统，因此，其固有频率及相应振型也有无限多个。但是，如前所述，对于一般的桥梁结构，第一阶固有频率即基频，对结构的动力分析是重要的。对于较复杂的动力分析问题，也仅需要前几阶固有频率。

桥梁结构的类型各异，结构形式也有所不同。从简单的简支梁桥、悬臂梁桥至拱桥、刚架桥、斜拉桥、悬索桥以及斜弯桥等，动力特性相差较大，结构动力特性试验的方法和所用的仪器设备也不完全相同。本节主要介绍一些常用的结构动力特性试验方法。桥梁动载试验的激振方法很多，如自由振动法、强迫振动法、脉动法等，选用时应根据桥梁的类型和刚度进行，以简单易行、便于测试为原则。通常多将上述一种或两种方法结合起来，以便全面把握桥梁结构的动力特性。

一、自由振动法

自由振动法的特点是使桥梁产生有阻尼的自由衰减振动，记录到的振动图形为桥梁的衰减振动曲线，由此求出结构的基本频率和阻尼系数。为使桥梁产生自由振动，一般常用突然加载和突然卸载两种方法。

突然加载法是在被测结构上急速施加一个冲击作用力，由于施加冲击作用的时间短促，因此，施加于结构的作用实际上是一个冲击脉冲作用。根据振动理论可知，冲击脉冲的动能传递到结构振动系统的时间要小于振动系统的自振周期，且冲击脉冲一般都包含了零频率以上所有频率的能量，它的频谱是连续的。只有被测结构的固有频率与之相同或接近时，冲击脉冲的频率分量才对结构起作用，从而激起结构以其固有频率作自由振动。采用突然加载法时，应注意冲击荷载的大小及其作用位置，如果要激起桥梁结构的整体振动，则必须在桥梁的主要受力构件上施加足够大的冲击力。冲击荷载的作用位置可按所需结构的振型来确定，如为了获得简支梁的第一振型，冲击荷载应作用在跨中部位，测第二振型时冲击荷载应施加在跨度的1/4处。在现场测试中，当测试桥梁结构整体振动时，常常采用试验车辆的后轮从三角垫块上突然下落对桥梁产生冲

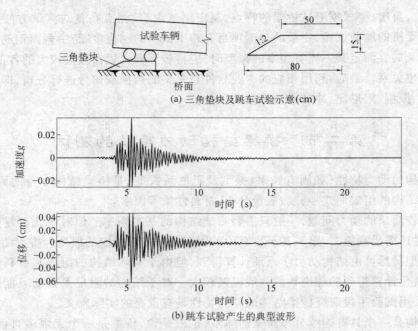

(a) 三角垫块及跳车试验示意(cm)

(b) 跳车试验产生的典型波形

图 11-2　跳车试验及其产生的典型振动波形

击作用,激起桥梁的竖向振动,简称"跳车试验"。跳车装置及其产生的典型波形如图11-2所示。当测试某一构件(如拉索)的振动时,常常采用木棒敲击的方法产生冲击作用。

　　突然卸载法是在结构上预先施加一个荷载作用,使结构产生一个初位移,然后突然卸去荷载,利用结构的弹性性质使其产生自由振动。为卸落荷载,可通过自动脱钩装置或剪断绳索等方法,有时也专门设计断裂装置,即当预施加力达到一定数值时,在绳索中间的断裂装置便突然断裂,由此激发结构的振动。一般来说,突然卸载法的荷载大小要根据振动测试系统所需的最小振幅计算求出。突然卸载法的试验装置如图11-3所示。

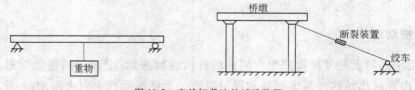

图 11-3　突然卸载法的试验装置

　　1. 频率
　　自由振动时间历程曲线的量测系统如图11-4所示,记录曲线如图11-5所示。从实测得到的结构有阻尼自由振动时间历程曲线上,可以根据时间坐标直接测量振动波形的周期,由此求得结构的基本频率$f = 1/T$。为了消除荷载影响,最初的一两个波一般不用。同时,为了提高准确度,可以取若干个波的总时间除以波数得出平均数作为基本周期,其倒数即为基本频率。

　　2. 阻尼
　　阻尼对振动效应会产生很大影响。结构的阻尼越大,振动产生的能量就会耗散越快,结构的振动响应就会越小。图11-5显示出由于阻尼的存在,自由振动时程曲线会发生衰减。阻尼越大,衰减速度就越快,甚至消失。

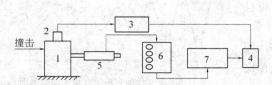

图 11-4　自由振动衰减量测系统

1—结构物;2—拾振器;3—放大器;4—光线示波器;
5—应变位移传感器;6—应变仪桥盒;7—动态电阻应变仪

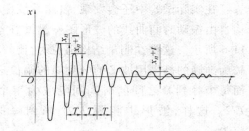

图 11-5　有阻尼自由振动波形图

一个单自由度体系自由振动的运动方程可以表示为:

$$m\ddot{x} + c\dot{x} + kx = 0 \tag{11-1}$$

式中　m, c, k——单自由度体系的质量、阻尼系数和刚度系数;

x——质量的振动位移反应。

定义 $c/m = 2n$,其中 n 为振动衰减系数;定义 $\zeta = n/\omega$ 为结构的阻尼比,其中 $\omega = \sqrt{k/m}$ 为结构的无阻尼圆频率。这样,运动方程式(11-1)的解为:

$$x = Ae^{-\zeta\omega t}\sin(\omega't + \alpha) \tag{11-2}$$

式中　$\omega' = \sqrt{1 - \zeta^2}\,\omega$——结构有阻尼时的圆频率,可近似取为无阻尼的圆频率 ω。

从图 11-5 结构自由振动时程曲线可知,在时间 t_n 时刻,结构的振幅为 $x_n = Ae^{-\zeta\omega t_n}$。经过一个周期 T 后,在 t_{n+1} 时刻,振幅为 $x_{n+1} = Ae^{-\zeta\omega t_{n+1}}$,则两相邻振幅之比为:

$$\frac{x_n}{x_{n+1}} = e^{-\zeta\omega(t_n - t_{n+1})} = e^{\zeta\omega(t_{n+1} - t_n)} = e^{\zeta\omega T} \tag{11-3}$$

对式(11-3)两边取自然对数,可得:

$$\ln\frac{x_n}{x_{n+1}} = \ln e^{\zeta\omega T} = \zeta\omega T \tag{11-4}$$

由 $T = 1/f = 2\pi/\omega$,从式(11-4)可得:

$$\zeta = \frac{1}{2\pi}\ln\frac{x_n}{x_{n+1}} \tag{11-5}$$

这样利用式(11-5),从图 11-5 所示的实测自由振动时程曲线图中量测两相邻振幅的幅值 x_n 和 x_{n+1},就可以确定结构的阻尼比。式(11-5)中 $\ln(x_n/x_{n+1})$ 又称为对数衰减率。

在实际试验量测时会发现在整个振动衰减过程中,振幅的衰减不是常数,而会发生变化,在不同的波段衰减率不完全相同。因此在实际工作中,一般取振动时程曲线图中 K 个整周期进行计算,以求得平均阻尼比值。由图 11-5 可知,在时间 t_{n+K} 时刻,结构的振幅值为 $x_{n+K} = Ae^{-\zeta\omega t_{n+K}}$。这样相隔 K 个周期的振幅之比为:

$$\frac{x_n}{x_{n+K}} = e^{-\zeta\omega(t_n - t_{n+K})} = e^{\zeta\omega(t_{n+K} - t_n)} = e^{\zeta\omega KT} \tag{11-6}$$

两边同时取自然对数,可得阻尼比值:

$$\zeta = \frac{1}{2\pi K}\ln\frac{x_n}{x_{n+K}} \tag{11-7}$$

在实际试验中还会发现,量测系统记录到的结构自由振动时间曲线的波形图一般没有零线,如图11-6所示。这样在测量结构阻尼时,比较方便而且较为准确的是采用波形的峰到峰的幅值进行计算,而每个峰到峰之间的时间间隔应为半个周期,即$T/2$。这样,波形中相隔K个峰到峰的幅值比应为:

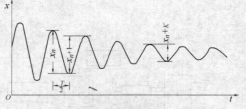

图 11-6 无零线的有阻尼自由振动波形图

$$\frac{x_n}{x_{n+K}} = A\mathrm{e}^{-\zeta\omega(t_n - t_{n+K})} = A\mathrm{e}^{\zeta\omega(t_{n+K} - t_n)} = A\mathrm{e}^{\frac{1}{2}\zeta\omega T} \tag{11-8}$$

式中 x_n 和 x_{n+K} 分别为图 11-6 中第 n 个峰到峰的幅值和第 $n+K$ 个峰到峰的幅值。由此可以得出结构的阻尼比为:

$$\zeta = \frac{1}{\pi K}\ln\frac{x_n}{x_{n+K}} \tag{11-9}$$

3. 振型

在某一固有频率下,结构振动时各点的位移之间显现出一定的比例关系,在同一时刻将结构上各点位移值连接起来,会形成一定形式的曲线,这就是结构在对应某一固有频率下的一个不变的振动形式,称为"对应频率的结构振型"。

为了测定结构的振型,必须使结构按某一固有频率振动,从而量测各点在同一时刻的位移值。对于单自由度体系,对应一个基本频率只有一个主振型。对于多自由度体系,对应多阶固有频率就有多个振型,其中对应基本频率的即为主振型或第一振型,对应于高阶频率的振型称之为高阶振型,依次为第二、第三振型等。当采用自由振动法进行结构动力特性试验时,一般只能测得结构的基频及其对应的主振型。

二、强迫振动法

强迫振动法是利用专门的激振装置,对桥梁结构施加激振力,使结构产生强迫振动。改变激振力的频率而使结构产生共振现象,借助于共振现象来确定结构的动力特性。对于模型结构而言,常常采用激振设备来激发模型振动,常见的激振设备有机械式激振器、电动式激振器。使用时将激振器底座固定在模型上,由底座将激振器产生的交变激振力传递给模型结构。激振器在模型结构上的安装位置、激振频率和激振方向可以根据试验的要求和目的来确定。激振器的安装位置应选在所要测量的各个振型曲线都不是节点的部位。试验前最好先对结构进行初步动力分析,做到对所测量的各个振型曲线的大致形式心中有数。

对于原型桥梁结构,常常采用试验车辆以不同的行驶速度通过桥梁,使桥梁产生不同程度的强迫振动,简称"跑车试验"。由于桥面的平整度具有一定的随机性,所以由此引起的振动也是随机的。当试验车辆以某一速度通过时,所产生的激振力频率可能会与桥梁结构的某阶频率比较接近,桥梁结构便会产生类共振现象,此时桥梁结构各部位的振动响应达到最大值。在车辆驶离桥跨后,桥梁结构作自由衰减振动,这样,就可从记录到的波形曲线中分析得出桥梁的动力特性。在试验时,根据桥梁结构设计的行车速度,常采用 1 辆 10 t 重的试验车辆以 20 km/h、40 km/h、60 km/h、80 km/h 的速度进行跑车试验。图 11-7 即为 1 辆 10 t 重的试验车辆以 40 km/h 的速度驶过跨度为 30 m 混凝土连续梁桥时的跨中截面加速度时程曲线。

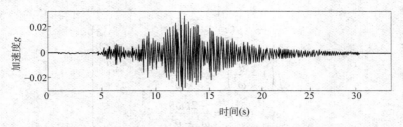

图 11-7   车速为 40 km/h 时某连续梁跨中截面加速度时程曲线

1. 频率

由结构动力学可知,当干扰力的频率与结构本身固有频率相等时,结构就出现共振。因此,连续改变激振器的频率,使结构产生共振,则记录下的频率就是结构的固有频率。工程结构都是具有连续分布质量的系统,严格来说,固有频率不是一个,而是有无限多个。对于一般的动力问题,了解最低的基本频率是最重要的。对于较复杂的动力问题,也只需要了解若干个固有频率即可满足要求。采用强迫振动法进行动力荷载试验时,连续改变激振器的频率,进行"频率扫描",当激振器的频率与模型的固有频率一致时,就会出现第一次共振,第二次共振现象……,同时记录结构的振动图形,由此即可得到模型的第一阶频率,第二阶频率……,其基本原理如图 11-8 所示。图 11-9 为桥梁结构进行频率扫描试验时得到的记录曲线。在共振频率附近逐渐调节激振器的频率,同时记录下结构的振幅,就可做出频率-振幅关系曲线或称共振曲线。

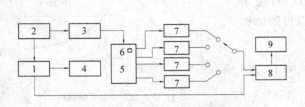

图 11-8   强迫振动法测量原理

1—信号发生器;2—功率放大器;3—激振器;4—频率仪;

5—试件;6—拾振器;7—放大器;8—相位计;9—记录仪

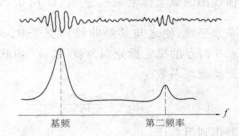

图 11-9   频率扫描时结构的振动图

为了使共振曲线具有可比性,应把振幅折算为单位激振力作用下的振幅,或把振幅换算为在相同激振力作用下的振幅。通常将实测振幅 A 除以激振器的圆频率 ω^2,以 A/ω^2 为纵坐标、ω 为横坐标绘制共振曲线。

2. 阻尼

单自由度体系有阻尼强迫振动的运动方程为:

$$m\ddot{x} + c\dot{x} + kx = p(t) \tag{11-10}$$

其解为:

$$x = Ae^{-\zeta\omega t}\sin(\omega' t + \alpha) + B\sin(\theta t + \beta) \tag{11-11}$$

上式第一项为单自由度体系有阻尼自由振动,因而很快消失,而第二项为强迫振动的稳态振动,其幅值为:

$$x = B\sin(\theta t + \beta) \tag{11-12}$$

式中

$$B = \frac{\dfrac{p(t)}{m}}{\sqrt{\left(1 - \dfrac{\theta^2}{\omega^2}\right)^2 + 4\zeta^2\,\dfrac{\theta^2}{\omega^2}}} = \mu(\theta)\frac{p(t)}{m}$$

$$\tan\beta = \frac{-2\zeta\omega\theta}{\omega^2 - \theta^2}$$

$$\left.\right\} \qquad (11\text{-}13)$$

其中 $\mu(\theta)$ 为动力放大系数,即:

$$\mu(\theta) = \frac{1}{\sqrt{\left(1 - \dfrac{\theta^2}{\omega^2}\right)^2 + 4\zeta^2\,\dfrac{\theta^2}{\omega^2}}} \qquad (11\text{-}14)$$

如果以 $\mu(\theta)$ 为纵坐标、θ 为横坐标,可以画出动力放大系数(即共振)的曲线,如图 11-10 所示。

从式(11-14)可知,当 $\zeta = 0$(即无阻尼)且 $\theta = \omega$ 时发生共振,动力放大系数无穷大,即结构的强迫振动的振幅趋于无穷大。当 $\zeta \neq 0$(有阻尼)且 $\theta = \omega$ 时,$\mu(\theta) = 1/2\zeta$,动力放大系数为阻尼比倒数的一半,即为结构共振的峰值。

按照结构动力学原理,用半功率法(0.707 法)可以由共振曲线确定结构的阻尼比 ζ。在图 11-10 共振曲线图的纵坐标上取 $\dfrac{1}{\sqrt{2}}\dfrac{1}{2\zeta}$ 值,即在 $0.707\mu(\theta)$ 处做一条水平线,使之与共振曲线相交于 A,B 两点,对应于 A,B 两点的横坐标分别为 ω_1 和 ω_2,由此可以得到结构振动衰减系数

$$n = \frac{\omega_2 - \omega_1}{2} = \frac{\Delta\omega}{2} \qquad (11\text{-}15)$$

并得到阻尼比

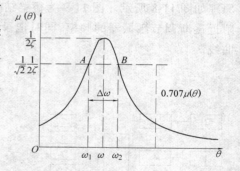

图 11-10　动力放大系数曲线

$$\zeta = \frac{n}{\omega} = \frac{\omega_2 - \omega_1}{2\omega} = \frac{1}{2}\frac{\Delta\omega}{\omega} \qquad (11\text{-}16)$$

当然,直接从图 11-10 共振曲线上也可以求得结构的阻尼比。当 $\theta = \omega$ 时,结构发生共振,这时动力放大系数:

$$\mu = \frac{1}{2\zeta} \qquad (11\text{-}17)$$

由此得到结构的阻尼比为:

$$\zeta = \frac{1}{2\mu} \qquad (11\text{-}18)$$

3. 振型

用共振法测量振型时,要将若干个拾振器布置在结构的若干部位。当激振器使结构发生共振时,同时记录下结构各部位的振动图,通过比较各点的振幅和相位,即可给出该频率的振型图。要想准确测量出桥梁结构的振型,必须合理布置拾振器。拾振器的布置要视结构形式而定,可根据结构动力学原理初步分析或估计振型的大致形式,然后在控制点(变形较大的位

置)布置仪器。测量前,对各通道应进行相对校准,使之具有相同的灵敏度。

有时由于结构形式比较复杂,测点数超过已有拾振器数量或记录装置能容纳的点数,这时,可以逐次移动拾振器,分几次测量,但是必须有一个测点作为参考点。各次测量中位于参考点的拾振器不能动,而且各次测量的结果都要与参考点的曲线比较相位。参考点应选在不是节点的部位。

三、脉 动 法

脉动法是利用被测桥梁结构所处环境的微小而不规则的振动来确定桥梁结构的动力特性的方法。这种微振动通常称之为"地脉动",它是由附近地壳的微小破裂和远处地震传来的脉动所产生的,或由附近的车辆、机器的振动所引发。结构的脉动具有一个重要特性,就是它能够明显地反映出结构的固有频率。因为结构的脉动是外界不规则的干扰所引起的,具有各种频率成分,而结构的固有频率是脉动的主要成分,在脉动图上可以较为明显地反映出来。从脉动图上可以识别出结构的固有频率、阻尼比、振型等多种模态参数。

我国早在20世纪50年代就开始应用脉动测量方法,但由于试验条件和分析手段的限制,一般只能获得第一振型及频率。20世纪70年代以来,由于计算机技术的发展和一些信号处理机或结构动态分析仪的应用,这一方法得到了迅速的发展,被广泛地应用于工程结构的动力分析研究中。

测量脉动信号要使用低噪声、高灵敏度的拾振器和放大器,并应配有记录仪和信号分析仪。用这种方法进行实测,不需要专门的激振设备,而且不受结构形式和大小的限制。脉动法在结构微幅振动条件下所得到的固有频率比用共振法所得要偏大一些。

从分析结构动力特性的目的出发,应用脉动法时应注意以下几点:

(1)工程结构的脉动是由环境随机振动引起的,这就可能带来各种频率分量,为得到正确的记录,要求记录仪器有足够宽的频带,使需要的频率分量不失真;

(2)根据脉动分析原理,脉动记录中不应有规则的干扰或仪器本身带进的杂音,因此观测时应避开机器或其他有规则的振动影响,以保持脉动记录的"纯洁"性;

(3)为使每次记录的脉动均能反映结构物的自振特性,每次观测应持续足够长的时间,脉动法记录时间不宜少于2h,并且重复几次;

(4)为使高频分量在分析时能满足要求的精度,减小由于时间分段带来的误差,记录仪的纸带应有足够快的速度,而且速度可变以适应各种刚度的结构;

(5)布置测点时应将结构视为空间体系,沿高度及水平方向同时布置仪器,如仪器数量不够可作多次测量,这时应有一台仪器保持位置不动,作为各次测量的比较标准;

(6)每次观测应记下当时的天气状况,风向、风速以及附近地面的脉动,以便分析这些因素对地脉动的影响。

1. 模态分析法

工程结构的脉动是随机脉动源引起的响应,也是一种随机过程。随机振动是一个复杂的过程,对某一样本每重复测试一次的结果是不同的,所以,一般随机振动特性应从全部事件的统计特性的研究中得出,并且必须认为这种随机过程是各态历经的平稳过程。

如果单个样本在全部时间上求得的统计特性与同一时刻对振动历程的全体求得的统计特性相等,则称这种随机过程为"各态历经的"。另外,由于工程结构脉动的主要特征与时间的起点选择关系不大,它在时刻 t_1 到 t_2 这一段随机振动的统计信息与 $t_1 + \tau$ 到 $t_2 + \tau$ 这一段的统计信息是相关的,并且差别不大,即具有相同的统计特性。因此,工程结构脉动又是一种平稳随机过程。实践证明,对于这样一种各态历经的平稳随机过程,只要有足够长的记录时间,就可以用单个样本函数来描述随机过程的所有特性。

与一般振动问题相类似,随机振动问题也是讨论系统的输入(激励)、输出(响应)以及系统的动态特性三者之间的关系。假设 $x(t)$ 是以脉动源为输入的振动过程,结构本身称之为"系统"。当脉动源作用于系统后,结构在外界激励下就产生响应,即结构的脉动反应 $y(t)$,称为"输出的振动过程",这时系统的响应输出必然反映了结构的特性。图 11-11 反映了输入、系统与输出三者的关系。

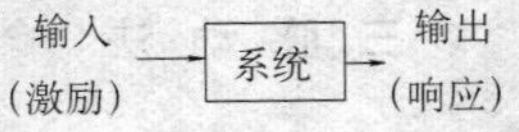

图 11-11　输入、系统与输出的关系

在随机振动中,由于振动时间历程是明显的非周期函数,用傅里叶积分的方法可知这种振动有连续的各种频率成分,且每种频率有它对应的功率或能量,把它们的关系用图线表示,称为功率在频率域内的函数,简称功率谱密度函数。

在平稳随机过程中,功率谱密度函数给出了某一过程的功率在频率域上的分布方式,可用它来识别该过程中各种频率成分能量的强弱以及对动态结构的响应效果。所以,功率谱密度是描述随机振动的一个重要参数,也是在随机荷载作用下结构设计的一个重要依据。

在各态历经平稳随机过程的假定下,脉动源的功率谱密度函数 $S_x(\omega)$ 与结构反应功率谱密度函数 $S_y(\omega)$ 之间存在着以下关系:

$$S_y(\omega) = |H(i\omega)|^2 \cdot S_x(\omega) \tag{11-19}$$

式中 $H(i\omega)$ 称为传递函数,ω 为圆频率。

由随机振动理论可知:

$$H(i\omega) = \frac{1}{\omega_0^2 \left[1 - \left(\frac{\omega}{\omega_0} \right)^2 + 2i\zeta \left(\frac{\omega}{\omega_0} \right) \right]} \tag{11-20}$$

由以上关系可知,当已知输入、输出时,即可得到传递函数。

在测试工作中,通过测振传感器测量地面自由场的脉动源 $x(t)$ 和结构反应的脉动信号 $y(t)$,将这些符合平稳随机过程的样本由专用信号处理机(频谱分析仪)通过使用具有传递函数功率谱的程序进行计算处理,即可得到结构的动力特性——频率、振幅、相位等。运算结果可以在处理机上直接显示,也可用 X-Y 记录仪将结果绘制出来。图 11-12(a)为某桥梁结构脉动记录曲线,图 11-12(b)是利用专用程序将时程曲线经过傅里叶变换,经数据处理得到的频谱图。在频谱曲线上用峰值法很容易定出各阶频率。结构固有频率处必然出现突出的峰值,一般基频处非常突出,而在第二、第三频率处也有相应明显的峰值。

2. 主谐量法

利用模态分析法可以由功率谱得到工程结构的自振频率。如果输入功率谱是已知的,还可以得到高阶频率、振型和阻尼,但用上述方法研究工程结构动力特性参数需要专门的频谱分析设备及专用程序。

在实践中,人们从记录得到的脉动信号图中可以明显地发现它反映出的结构的某种频率特性。由环境随机振动法的基本原理可知,既然工程结构的基频谐量是脉动信号中最主要的成分,那么在记录里就应有所反映。事实上,在脉动记录里常常出现酷似"拍"的现象,在波形

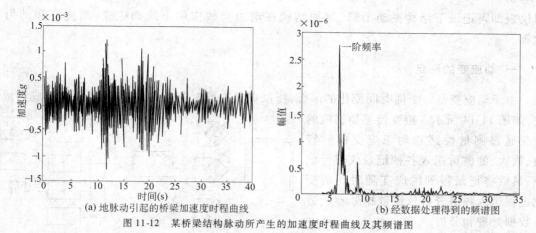

图 11-12　某桥梁结构脉动所产生的加速度时程曲线及其频谱图

光滑之处"拍"的现象最显著，振幅最大。凡有这种现象之处，振动周期大多相同，这一周期往往即是结构的基本周期，见图 11-13。

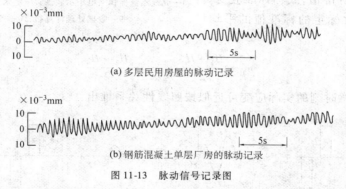

图 11-13　脉动信号记录图

　　在结构脉动记录中出现这种现象是不难理解的。因为地面脉动是一种随机现象，它的频率是多种多样的，当这些信号输入到具有滤波器作用的结构时，由于结构本身的动力特性，使得远离结构自振频率的信号被抑制，而与结构自振频率接近的信号则被放大。这些被放大的信号恰恰揭示了结构的动力特性。

　　在出现"拍"的瞬时，可以理解为在此刻结构的基频谐量处于最大，其他谐量处于最小，因此表现有结构基本振型的性质。利用脉动记录读出该时刻同一瞬间各点的振幅，即可以确定结构的基本振型。

　　对于一般工程结构，用环境随机振动法确定基频与主振型比较方便，有时也能测出第二频率及相应振型，但高阶振动的脉动信号在记录曲线中出现的机会很少，振幅也小，这样测得的结构动力特性误差较大。另外，主谐量法难以确定结构的阻尼特性。

第三节　桥梁结构动力反应的测定

　　在日常生产和生活中，有很多动荷载，如工业建筑物中的各种动力设备，吊车在吊车梁上的运行，汽车、火车驶过桥梁，高耸建筑物受风荷载作用等，均会引起结构的振动。研究结构在这类动荷载作用下的动力反应不需要专门的起振设备，只要选择测定位置并布置量测仪表即可记录下结构振动图形,例如结构在动力荷载作用下的动应变、动挠度和动力系数等。

一、动应变的测定

由于动应变是一个随时间变化的函数,所以对其进行测量时,也要把各种仪器组成测量系统,如图 11-14 所示。应变传感器感应的应变通过测量桥路和动态应变仪的转换、放大、滤波后送入各种记录仪进行记录,最后将记录得到的应变随时间的变化过程送入频谱分析仪或数据处理机进行数据处理和分析。

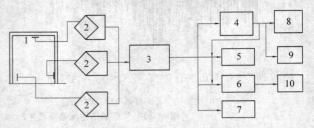

图 11-15 为结构应变随时间变化的时程曲线。ε_0 是利用动态应变仪内标定装置标定的应变标准值,或称标准应变。其值取前、后两次标定的标准值的平均值,即

图 11-14　动应变测量系统

1—应变传感器;2—测量桥;3—动态应变仪;4—磁带记录仪;
5—光线示波器;6—电子示波器;7—笔录仪;8—频谱分析仪;
9—数据处理计算机;10—照相机

$$\varepsilon_{01} = \frac{H_1 + H_3}{2}; \quad \varepsilon_{02} = \frac{H_2 + H_4}{2} \tag{11-21}$$

则曲线上任意时刻的实际应变可近似按照线性关系推出:

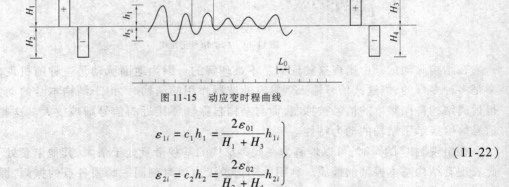

图 11-15　动应变时程曲线

$$\left.\begin{array}{l} \varepsilon_{1i} = c_1 h_1 = \dfrac{2\varepsilon_{01}}{H_1 + H_3} h_{1i} \\[3mm] \varepsilon_{2i} = c_2 h_2 = \dfrac{2\varepsilon_{02}}{H_2 + H_4} h_{2i} \end{array}\right\} \tag{11-22}$$

式中　ε_{01},ε_{02}——正应变和负应变的标准值;

　　　c_1,c_2——正应变和负应变的标定常数。

动应变测定后,即可根据结构力学知识求得结构的动应力和动内力。

动应变的频率可直接在图上确定,或者利用时间标志和应变频率的波长确定,即

$$f = \frac{L_0}{L} f_0 \tag{11-23}$$

式中　L_0,f_0——时间标志的波长和频率;

　　　L,f——应变的波长和频率。

二、动位移的测定

若要全面了解结构在动力荷载作用下的振动状态,可以设置多个测点进行动态变位测量,以做出振动变位图。图 11-16 给出了一根双外伸梁动态变位的测量示意。具体方法是:沿梁跨度选定测点 1~5,在选定的测点上固定拾振器,并与测量系统连接,用记录仪同时记录下 5 个测点的振动位移时程曲线,如图 11-16(a)所示,根据同一时刻的相位关系确定变位的正负号,如图中 2,3,4 点振动位移的峰值在基线的右侧,而 1,5 点的峰值在基线的左侧。若假定在基线左侧为正、右侧为负,并根据记录位移的大小按一定比例画在图上,连接各点位移值即可得到在动力荷载作用下结构的变位图,如图 11-16(b)所示。

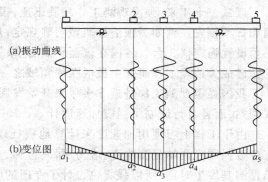

图 11-16　双外伸梁的振动变位图

应该指出,结构动位移测量和分析的方法虽然与前面所述的确定振型的方法相类似,但是结构的振动变位与振型有原则区别。振型是按照结构的固有频率振动时由惯性力引起的弹性变形曲线,与外荷载无关,属于结构本身的动力特性;而结构的振动变位却是结构在特定荷载下的变形曲线,一般来说,并不与结构的某一振型相一致。

构件的动应力和动内力也可以通过位移测定间接推算。在本例中,测得了振动变位图即可按结构力学理论近似地确定结构由动力荷载所产生的内力。设振动弹性变形曲线方程为:

$$y = f(x) \tag{11-24}$$

则有

$$M = -EIy'' \quad (\text{弯矩}) \tag{11-25}$$

$$V = -EIy' \quad (\text{剪力}) \tag{11-26}$$

三、动力系数的测定

实践证明,桥或者吊车梁在移动荷载作用下所产生的动挠度比在静荷载作用下的挠度要大,即在相同的荷载下动荷载效应大于静荷载效应。因此,在设计这类结构时应加大抗力,简便的办法是乘以一个大于 1 的系数,该系数称为结构动力系数。

结构动力系数定义为:在移动荷载作用下结构动挠度和静挠度的比值,用 $1 + \mu$ 表示,即

$$1 + \mu = \frac{y_d}{y_s} \tag{11-27}$$

式中　y_d, y_s——结构的动挠度和静挠度。

四、强震观测

地震发生时,特别是强地震发生时,以仪器为手段观测地面运动过程中工程结构的动力反应的工作称为强震观测。

强震观测能够为地震工程科学研究和抗震设计提供确切数据,并用来验证抗震理论和抗

震措施是否符合实际。强震观测的基本任务是：①取得地震时地面运动过程的记录，为研究地震影响场和烈度分布规律提供科学资料；②取得结构物在强震作用下振动过程的记录，为抗震结构理论分析与试验研究以及设计方法提供客观的工程数据。

近二三十年来，强震观测工作发展迅速，很多国家已逐步形成强震观测台网，其中尤以美国和日本领先。例如美国洛杉矶城明确规定，凡新建 6 层以上、面积超过 5581.5 m² 的建筑物必须设置强震仪 3 台。各国在仪器研制、记录处理和数据分析等方面已有很大发展，强震观测工作已成为地震工程研究中最活跃的领域之一。

我国强震观测工作是近十多年来开始发展的。在一些地震区和重要建筑物上设置了强震观测站，而且自行研制了强震加速度计。

由于工程上习惯用加速度来计算地震反应，因此大部分强震仪都测量线加速度值（国外有少数强震观测站是测应变、应力、层间位移、土压力等物理量）。强震不是经常发生，而且很难预测其发生时刻，所以强震仪设计了专门的触发装置，平时仪器不运转，无需专人看管，地震发生时，强震仪的触发装置便自动触发启动，仪器开始工作并将振动过程记录下来。考虑到地震时可能中断供电，仪器一般采用蓄电池供电。在建筑物底层和上层同时布置强震仪，地震发生时底层记录到的是地面运动过程，上层记录到的即为建筑物的加速度反应。

五、模拟地震振动台试验

利用振动台做地震反应的模型试验，是抗震研究的重要方法。这一方法虽然很早就被采用，但由于受规模的限制，早期只能在振动台上做小模型的弹性或非弹性破坏试验。直到 20 世纪 60 年代中期，国外才逐步建立了为做大比例模型试验的模拟地震振动台。我国在过去的十几年间也相继建造了几处电液伺服式的具有一定规模的地震模拟振动台。

这种试验可以再现各种形式地震波输入后结构的反应和地震震害发生的过程，观测试验结构在相应各个阶段的力学性能，进行随机振动分析，使人们对地震破坏作用进行深入的研究。通过振动台模型试验，研究新型结构计算理论的正确性，有助于建立力学计算模型。

1. 试验模型的基本要求

在振动台上进行模型试验，要按相似理论考虑模型的设计问题，使原型与模型保持相似，两者必须在时间、空间、物理、边界和运动条件等各方面都满足相似条件的要求。如：

（1）几何条件：要求原型、模型各相应部分的长度成比例。

（2）物理条件：要求原型、模型的物理特性和受力引起的变化反应相似。

（3）单值条件：要求原型、模型的边界条件和运动初始条件等相似。

事实上，要做到原型和模型完全相似是很困难的。因此，只能抓住主要因素，以便模型试验既能反映事物的真实情况，又不致太复杂、太困难就可以了。有关相似理论详细内容详见第四章有关章节。

2. 输入地震波

地震时地面运动是一个宽带的随机震动过程，一般持续时间在 15 ~ 30 s，强度可达 0.1 ~ 0.6g，频率在 1 ~ 25 Hz 左右。为了真实模拟地震时地面运动，对输入振动台的波形有一定的要求。

常见输入波有下面几种：

（1）强震实际记录，在这方面国内外都已取得一些较完整记录，可供试验选用；

（2）按需要的地质条件或参照相近的地震记录，做出人工地震波；

（3）按规范的谱值反造人工地震波，主要用于检验设计。

3.试验方法

（1）输入运动的选择

在做结构抗震试验时，振动台面的输入运动一般选为加速度，这是因为加速度输入与计算动力反应时的方程式相一致，便于对试验结构进行理论计算和分析。加速度输入时的初始条件较容易控制，现有的加速度记录比较多，这也为输入运动的频谱选择提供了方便。

（2）加载过程

根据试验目的，加载过程有一次性加载和多次性加载。

一次性加载过程，一般是先进行自由振动试验，测量结构的动力特性，然后输入一个适当的地震记录，连续记录位移、速度、加速度、应变等信号的动力反应，并观察裂缝的形成和发展情况，研究结构在弹性、非弹性及破坏阶段的各种形态等。这种试验可以模拟结构在一次强烈地震中的整个表现，然而对试验过程中的量测和观察技术要求较高，破坏阶段的观测又比较危险。

多次性加载，有以下几个步骤：

1）自由振动：测定结构自振特性；

2）给台面输入运动，使结构薄弱部位产生微裂；

3）加大输入运动，使结构产生中等开裂；

4）增大输入运动，使结构主要部位产生破坏；

5）再增大输入运动，使结构变为机动体系，稍加荷载就会发生倒塌。

这种试验可以得到各个加载阶段的周期、阻尼、振型、刚度蜕化、能量吸收能力以及滞回反应等特性。

第四节　工程结构疲劳试验

工程结构中存在着许多疲劳现象，如承受吊车荷载作用的吊车梁、直接承受悬挂吊车作用的屋架等。这些结构物或构件在重复荷载作用下达到破坏时的力比其静力强度要低得多，这种现象称为疲劳。结构疲劳试验的目的就是要了解在重复荷载作用下结构的性能及变化规律。

疲劳问题涉及的范围比较广。对某一种结构而言，它包含材料的疲劳和结构构件的疲劳，如钢筋混凝土结构中有钢筋的疲劳、混凝土的疲劳和组成构件的疲劳等。目前，疲劳理论研究工作尚在不断发展，疲劳试验也因目的要求不同而采取不同的方法。这方面国内外试验研究资料很多，但目前尚无标准化的统一的试验方法。

近年来，国内外对结构构件，特别是对钢筋混凝土构件疲劳性能的研究比较重视，其原因在于：

（1）普遍采用极限状态设计和高强材料，以致许多结构构件处于高应力工作状态；

（2）正在扩大钢筋混凝土构件在各种重复荷载作用下的应用范围，如吊车梁、桥梁、轨枕、海洋结构、压力机架、压力容器等；

（3）使用荷载作用下采用允许截面受拉开裂设计；

（4）为使重复荷载作用下构件具有良好的使用性能，改进设计方法，防止重复荷载导致过大垂直裂缝和提前出现斜裂缝。

结构构件疲劳试验一般在专门的疲劳试验机上进行,大部分采用脉冲千斤顶施加重复荷载,也有采用偏心轮式振动设备。国内对结构构件的疲劳试验大多采用等幅匀速脉动荷载,借以模拟结构构件在使用阶段不断反复加载和卸载的受力状态。

下面以钢筋混凝土结构为例介绍结构疲劳试验的主要内容和方法。

一、疲劳试验项目

对于生产鉴定性试验,在控制疲劳次数内应取得下述有关数据,同时应满足现行设计规范的要求:

1. 抗裂性及开裂荷载;
2. 裂缝宽度及其发展规律;
3. 最大挠度及其变化幅度;
4. 疲劳强度。

对于科研性的疲劳试验,按研究目的要求而定。如果是正截面的疲劳性能试验,一般应包括:

1. 各阶段截面应力分布状况、中和轴变化规律;
2. 抗裂性及开裂荷载;
3. 裂缝宽度、长度、间距及其发展规律;
4. 最大挠度及其变化幅度;
5. 疲劳强度的确定;
6. 破坏特征分析。

二、疲劳试验荷载

1. 疲劳试验荷载取值

疲劳试验的上限荷载 Q_{max} 是根据构件在最大标准荷载最不利组合下产生的弯矩计算而得,荷载下限 Q_{min} 根据疲劳试验设备的要求而定。如 AMSLER 脉冲试验机取用的最小荷载不得小于脉冲千斤顶最大动负荷的 3%。

2. 疲劳试验荷载速度

疲劳试验荷载在单位时间内重复作用的次数(即荷载频率)会影响材料的塑性变形和徐变,另外,频率过高对疲劳试验附属设施带来的问题也较多。目前,国内外尚无统一的频率规定,主要依据疲劳试验机的性能而定。

荷载频率不应使构件及荷载架发生共振,同时应使构件在试验时与实际工作时的受力状态一致。为此,荷载频率 θ 与构件固有频率 ω 之比应满足下列条件:

$$\frac{\theta}{\omega} < 0.5 \quad 或 \quad \frac{\theta}{\omega} > 1.3 \tag{11-28}$$

3. 疲劳试验的控制次数

构件经受下列控制次数的疲劳荷载作用后,抗裂性(即裂缝宽度)、刚度、承载力必须满足现行规范中的规定。

A4 和 A5 工作级别吊车梁 $n = 2 \times 10^6$ 次;

A6 和 A7 工作级别吊车梁 $n = 4 \times 10^6$ 次。

三、疲劳试验的步骤

构件疲劳试验的过程可归纳为以下几个步骤：

1. 疲劳试验前预加静载试验

对构件施加不大于上限荷载 20% 的预加静载 1~2 次，消除松动及接触不良，压牢构件并使仪表运转正常。

2. 正式疲劳试验

第一步先做疲劳前的静载试验，主要目的是为了对比构件经受反复荷载后受力性能有何变化。荷载分级加到疲劳上限值。每级荷载可取上限荷载的 20%，临近开裂荷载时应适当加密。第一条裂缝出现后仍以 20% 的荷载施加，每级荷载加完后停歇 10~15 min，记取读数，加满载后分两次或一次卸载，也可采取等变形加载方法。

第二步进行疲劳试验。首先调节疲劳试验机上下限荷载，待示值稳定后读取其一次动载读数，以后每隔一定次数（30~50 次）读取数据。根据要求也可在疲劳过程中进行静载试验（方法同上），完毕后重新启动疲劳试验机继续疲劳试验。

第三步做破坏试验。达到要求的疲劳次数后进行破坏试验时有两种情况。一种是继续施加疲劳荷载直至破坏，得到承受疲劳荷载的次数；另一种是做静载破坏试验，此时荷载分级可以加大。

疲劳试验步骤可用图 11-17 表示。

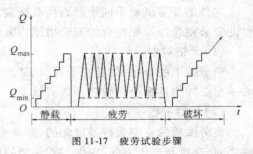

图 11-17 疲劳试验步骤

应该注意，不是所有疲劳试验都采取相同的试验步骤，根据试验目的和要求不同，可多种多样。例如做带裂缝的疲劳试验时，静载可不分级缓慢地加到第一条可见裂缝出现为止，然后开始疲劳试验，如图 11-18 所示。还有在疲劳试验过程中变更荷载上限，如图 11-19 所示。提高疲劳荷载的上限，可以在达到要求疲劳次数之前，也可在达到要求疲劳次数之后。

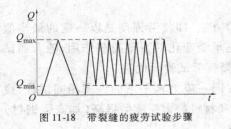

图 11-18 带裂缝的疲劳试验步骤

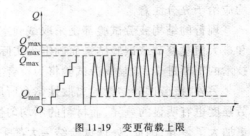

图 11-19 变更荷载上限

四、疲劳试验的观测

1. 疲劳强度

构件所能承受疲劳荷载作用的次数 n 取决于最大应力值 σ_{max}（或最大荷载 Q_{max}）及应力变化幅度 ρ（或荷载变化幅度）。试验应按照设计要求取最大应力值 σ_{max} 及疲劳应力比 $\rho = \sigma_{min}/\sigma_{max}$。依据此条件进行疲劳试验，在控制疲劳次数内，构件的强度、刚度、抗裂性应满足现行规范要求。

2. 疲劳试验的应变测量

一般采用电阻应变片测量动应变,测点布置根据试验具体要求而定。测试方法有:

(1)以动态电阻应变仪和示波器(如光线示波器)组成测量系统,这种方法的缺点是测点数量少;

(2)用静动态电阻应变仪(如 YJD 型)和阴极射线示波器或光线示波器组成测量系统,这种方法简便且具有一定精度,可多点测量。

3. 疲劳试验的裂缝测量

裂缝开始出现的条件和微裂缝的宽度对构件安全使用具有重要意义,因此,裂缝测量在疲劳试验中是很重要的。目前测裂缝的方法是用光学仪器目测或利用应变传感器电测,在结构静力荷载试验中已作过介绍。

4. 疲劳试验的挠度测量

疲劳试验中动挠度测量可采用接触式测振仪、差动变压器式位移计和电阻应变式位移传感器等。国产 CW-20 型差动变压器式位移计(量程 20 mm)配合 YJD-1 型动态应变仪和光线示波器组成测量系统,可进行多点测量,并能直接读出最大荷载和最小荷载下的动挠度。

5. 疲劳试验的试件安装

构件的疲劳试验不同于静力荷载试验,它连续进行的时间长,试验过程中振动大,因此试件的安装就位以及相配合的安全措施均需认真对待,否则将会产生严重后果。

(1)严格对中

荷载架上的分布梁、脉冲千斤顶、试验构件、支座以及中间垫板都要对中,特别是千斤顶轴心一定要同构件断面纵轴在一条直线上。

(2)保持平稳

疲劳试验的支座最好是可调的,即使构件不够平直也能调整安装水平。另外千斤顶与试件之间、支座与支墩之间、构件与支座之间都要确实找平,用砂浆找平时不宜铺厚,因为厚砂浆层易酥。

(3)安全防护

疲劳破坏通常是脆性断裂,事先没有明显预兆。为防止发生事故,对人身安全、仪器安全均应给予充分注意。

现行的结构疲劳试验都是采取试验室常幅疲劳试验方法,即疲劳强度是以一定的最小值和最大值重复荷载试验结果而确定。实际上结构构件是承受变化的重复荷载作用,随着测试技术的不断进步,常幅疲劳试验将为符合实际情况的变幅疲劳试验所代替。

另外,疲劳试验结果的离散性是众所周知的,即使在同一应力水平下的许多相同试件,疲劳强度也有明显的差异,而材料的不均匀性(如混凝土)和材料静力强度的提高(如高强钢材)更加大了差异,因此,处理试验结果大都采用数理统计方法。

第五节 动测数据的整理、分析与评价

桥梁结构的动力特性如固有频率、阻尼系数和振型等,它们只与结构本身的固有性质有关,如结构的组成形式、刚度、质量分布、支承情况和材料性质等,而与荷载等其他条件无关。结构的动力特性是结构振动系统的基本特征,是进行结构动力分析所必须的参数。另一方面,桥梁结构在实际的动荷载作用下,结构各部位的动力响应,如振幅、应力、位移、加速度以及反映结构整体动力作用的冲击系数等,不仅反映了桥梁结构在动荷载作用下的受力状态,也反映了动力作用对司机、乘客舒适性的影响。桥梁结构的动载试验,就是要从大量的实测数据信号中,揭示桥梁结构振动的内在规律,综合评价桥梁结构的动力性能。

在动载试验中,可获取大量桥梁结构振动系统的各种振动量如位移、应力、加速度等的时间历程曲线。由于实际桥梁结构的振动往往很复杂,一般都是随机的,直接根据这样的信号或数据来分析判断结构振动的性质和规律是困难的,一般需对实测振动波形进行分析与处理,以便对结构的动态性能作进一步分析。常用的分析处理方法可以分为时域分析和频域分析两种。时域分析是直接对时程曲线进行分析,可以得出诸如振幅、阻尼比、振型、冲击系数等参数;频域分析是把时域信号通过傅里叶变换的数学处理变换为频域信号,揭示信号的频率成分和振动系统的传递特性,以得到振动能量按频率的分布情况,从而确定结构的频率和频率分布特性。得出这些振动参量后,就可以根据有关指标综合评价桥梁结构的动力性能。以下就对这两种方法作以阐述。

一、时域分析

在时域分析中,桥梁结构的一些动力参数可以直接在相应的时程曲线上得出,例如,可以在加速度时程曲线上得到各测点加速度幅值,在位移时程曲线上可得出位移振幅,通过比较各测点的振幅、相位就可得出振型。而另外一些参数,如结构的自振特性、结构阻尼特性、冲击系数等,则需要对时程曲线进行一些分析处理,简述如下。

1. 动力试验荷载效率

$$\eta_d = \frac{S_d}{S} \tag{11-29}$$

式中　S_d——动载试验荷载下被检测部位的内力或变形;

　　　　S——标准设计荷载下被检测部位的计算内力或变形。

在公路混凝土桥梁结构动力荷载试验时,宜采用接近设计活载的车列。单车冲击系数较大,动力荷载效率低,误差也较大。

2. 冲击系数的确定

动力荷载作用于桥梁结构上产生的动挠度,一般较同样的静荷载所产生的相应的静挠度要大。动挠度与相应的静挠度的比值称为活载的冲击系数。由于挠度反映了桥梁结构的整体变形,是衡量结构刚度的主要指标,因此活载冲击系数综合地反映了动力荷载对桥梁结构的动力作用。活载冲击系数与桥梁结构的型式、车辆行驶速度、桥面的平整度等因素有关。为了测定桥梁结构的冲击系数,应使车辆以不同的速度驶过桥梁,逐次记录跨中截面的动挠度(图11-20)或动应变曲线(图11-21),按照冲击系数的定义有:

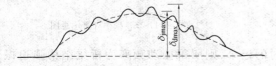

图 11-20　动挠度曲线

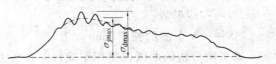

图 11-21　动应力图形

$$1 + \mu = \frac{S_{max}}{S_{mean}} \tag{11-30}$$

式中　S_{max}——动荷载作用下该测点最大挠度(或应变)值(即最大波峰值);

　　　S_{mean}——相应的静荷载作用下该测点最大挠度(或应变)值(可取本次波形的振幅中心轨迹线的顶点值),$S_{mean} = 1/2(S_{max} + S_{min})$。其中 S_{min} 为与 S_{mean} 相对应的最小挠度(或应变)值,即同周期的波谷值。

不同部位的冲击系数是不同的。一般情况是:梁桥给出跨中和支点部位的冲击系数;斜拉桥和悬索桥给出吊点和加劲梁节段中点部位的冲击系数;钢桁梁桥应区别弦杆、腹杆、纵梁、横梁分别给出冲击系数。

图 11-22(a)为 1 辆 10 t 重的试验车辆以 20 km 时速通过某预应力混凝土 T 形刚构桥时,T 构牛腿处的动挠度时程曲线,根据实测数据,可得该桥的冲击系数为:

$$1 + \mu = \frac{\delta_{dmax}}{\delta_{jmax}} = \frac{5.576}{5.089} = 1.096$$

对动挠度进行频谱分析[图 11-22(b)],从频谱图中可得出该桥第一阶频率为 1.08 Hz。

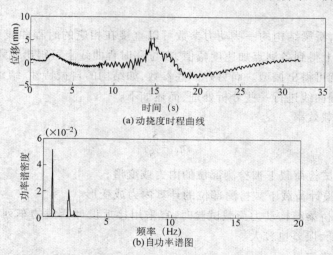

(a)动挠度时程曲线

(b)自功率谱图

图 11-22　20 km/h 跑车所产生的 T 形刚构牛腿处动挠度时程曲线及其频谱图

3. 强迫振动(不同车速引起)的频率、振幅、加速度

根据各工况的振动曲线,按下式分析,即可算得桥梁的振动频率(图 11-23):

$$f = \frac{l}{t} \cdot \frac{N}{S} \tag{11-31}$$

式中　l——两时间符号间的距离(mm);

　　　t——时间符号的时间间隔(s);

　　　N——波形数;

　　　S——N 个波的长度(mm)。

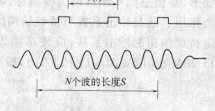

图 11-23　频率计算示意图

如果所分析的曲线段是列车或汽车在桥上时的记录,则所得振动频率为桥梁结构强迫振动频率;如果分析的曲线段是列车或汽车出桥后记录的,则所得频率为桥梁自振频率。

在分析每一测点在动荷载通过时的最大振幅值时,一般是先求得最大振幅处的振动频率,

再根据此频率找出系统标定时仪器系统标定灵敏度,即放大倍数,则测点最大振幅值 H 可由下式求出:

$$H = \frac{A}{S}$$

式中　A——实测波形最大峰值(mm);

　　　S——测振系统标定灵敏度。

振动加速度 a 是桥梁动力特性中一个很重要的指标,它表示列车和车辆运行的安全程度和司机、旅客的舒适度,可用测振仪直接测得,也可根据实测的强迫振动频率和振幅,由下式计算得出:

$$a = 4\pi^2 f^2 \cdot A \tag{11-32}$$

式中　f——强迫振动频率(次/s);

　　　A——振幅(cm)。

振动加速度应区分部位,给出最大加速度对应的临界速度。

4. 系数与曲线

(1)活载冲击系数与车速的关系曲线。

根据不同车速的活载冲击系数绘制活载冲击系数与车速的关系曲线,并求出活载冲击系数最大值(应区分桥跨不同部位)。

(2)动力系数与受迫振动频率的关系曲线。

(3)车速与受迫振动频率的关系曲线。

(4)卸载后(车辆出桥后)的结构自振频率。

5. 振型曲线

将桥跨结构分成若干区段,在区段的中间或区段的分界处设置拾振器,测取同一瞬间各测点处的振幅和相位差,即可点绘出振型曲线。一般情况下,实测混凝土桥梁结构前三阶振型对桥跨结构动力特征研究较有意义,特别是第一、二阶振型。

6. 结构的自振特性

结构的自振频率可根据桥梁承受冲击荷载后产生的余振的动应力、动挠度或振动曲线分析得到,也可根据桥上无车时的脉动曲线分析而得,两者应能吻合。当激振荷载对结构振动具有附加质量影响(如用汽车跳车或落锤激振)时,应采用下列近似公式求得自振周期

$$T_0 = T \sqrt{\frac{M_0}{M_0 + M}} \tag{11-33}$$

式中　T_0——修正后的自振周期;

　　　T——实测有附加质量的周期;

　　　M——车辆的附加质量;

　　　M_0——跳车或刹车处结构的换算质量。

结构的换算质量,可用装载不同质量 M_1, M_2 的重车进行跳车或刹车,分别实测自振周期 T_1、T_2,并按下式求得 M_0

$$M_0 = \frac{T_1^2 M_2 - T_2^2 M_1}{T_2^2 - T_1^2} \tag{11-34}$$

7. 结构阻尼特性的测定

桥梁结构的阻尼特性,一般用对数衰减率 δ 或阻尼比 D 来表示。实测的自由振动衰减曲线如图 11-24 所示。由振动理论可知,对数衰减率为:

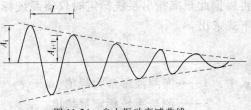

图 11-24　自由振动衰减曲线

$$\delta = \ln \frac{A_i}{A_{i+1}} \qquad (11\text{-}35)$$

式中,A_i 和 A_{i+1} 分别为相邻两个波的振幅值,可以直接从衰减曲线上量取。实践中,常在衰减曲线上量取 n 个波形,求得平均衰减率:

$$\delta_a = \frac{1}{n} \ln \frac{A_i}{A_{i+n}} \qquad (11\text{-}36)$$

根据振动理论可知,对数衰减率与阻尼比 D 的关系为:

$$\delta = \frac{2\pi D}{\sqrt{1 - D^2}} \qquad (11\text{-}37)$$

由于一般材料的阻尼比都很小,因此,式(11-37)可近似为:

$$D = \frac{\delta}{2\pi} \qquad (11\text{-}38)$$

与不同振型对应的阻尼比是结构的重要参数,应进行认真分析。产生阻尼的原因有材料的内阻尼、结构构造及支座形式、环境介质等。阻尼的大小难以计算,只能实测。

图 11-2(b)为跳车试验所产生的自由振动衰减曲线,通过对实测数据的分析,可知该桥的阻尼比为 0.0218。通常,桥梁结构的阻尼比在 0.01 ~ 0.08 之间,阻尼比越大,说明桥梁结构耗散外部输入能量的能力越强,振动衰减得越快,反之亦然。

8. 结构的振动形式

结构的振动形式(振动弹性曲线),表示沿桥跨各测点的振幅和振动相应的关系。

9. 振动速度和加速度分布图

应绘出结构各部分的振动速度和加速度的分布图。

10. 桥梁横向振动的资料

对于横向振动,应给出横向有载、无载和强迫振动的自振频率以及强迫振动时最大横向振幅。横向自振频率对铁路桥梁特别重要,尤其是宽跨比小于 1/20 者,测量时必须给予高度重视。

二、频域分析方法

桥梁结构在风荷载、地震荷载、车辆荷载作用下所产生的振动,都是包含多个频率成分的随机振动,它的规律不能用一个确定的函数来描述,因而就无法预知将要发生的振动规律。这种不确定性、不规律性是一切随机数据所共有的特点。随机变量的单个试验称为样本,每次单个试验的时间历程曲线称为样本记录,同一试验的多个试验的集合称为样本集合或总体,它代表一个随机过程。随机数据的不确定性、不规律性是对单个观测样本而言的,而大量的同一随机振动试验的集合都存在一定的统计规律。对于桥梁结构的振动,一般都属于平稳的、各态历经的随机过程,即随机过程的统计特征与时间无关,且可以用单个样本来代替整个过程的研究。随机数据可以用以下所述的几种统计函数来描述。

1. 均值、均方值和均方差

随机数据的均值、均方值和均方差是样本函数时间历程的一种简单平均,它们从不同方面反映了随机振动信号的强度,其表达式分别如下:

均值
$$u_x = E[x(t)] = \lim_{T \to \infty} \frac{1}{T} \int_0^T x(t) \, dt \tag{11-39}$$

均方值
$$\Psi_x^2 = E[x^2(t)] = \lim_{T \to \infty} \frac{1}{T} \int_0^T x^2(t) \, dt \tag{11-40}$$

均方差
$$\sigma_x^2 = E[(x(t) - u_x)^2] = \lim_{T \to \infty} \frac{1}{T} \int_0^T (x(t) - u_x)^2 \, dt \tag{11-41}$$

均值反映了随机过程的静态强度,是时间历程的简单算术平均;均方值反映了总强度,它是时间历程平方值的平均;均方差反映了动态强度,是零值信号的均方值。均值 u_x、均方值 Ψ_x^2、均方差 σ_x^2 三者之间的关系为:

$$\Psi_x^2 = u_x^2 + \sigma_x^2 \tag{11-42}$$

2. 概率密度函数

各态历经随机振动过程的概率密度函数表示在样本记录中,瞬时数据 $x(t)$ 的值落在某一指定范围 $(x, x + \Delta x)$ 内的概率如图 11-25 所示,其定义为

$$p(x) = \lim_{\Delta x \to 0} \left[\frac{\mathrm{Prob}[x < x(t) < x + \Delta x]}{\Delta x} \right] = \lim_{\Delta x \to 0} \frac{1}{\Delta x} \left[\lim_{T \to \infty} \frac{T_x}{T} \right] \tag{11-43}$$

式中　T——总观测时间;

　　　T_x——在总观测时间 T 内,$x(t)$ 落在 $(x, x + \Delta x)$ 区间内的时间总和。

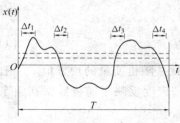

图 11-25　概率密度函数

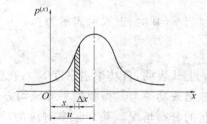

图 11-26　概率密度曲线与均值的关系

根据上述定义可知,概率密度曲线 $p(x)$ 下的面积总和等于 1,它标志着随机数据落在全部范围内的必然性。概率密度函数与均值、均方值有内在的联系。均值 u_x 等于概率密度曲线下的面积形心的坐标,如图 11-26 所示,它可以由一次矩来计算

$$u_x = \int_{-\infty}^{+\infty} x p(x) \, dx \tag{11-44}$$

均方值 Ψ_x^2 可以由二次矩来计算:

$$\Psi_x^2 = \int_{-\infty}^{+\infty} x^2 p(x) \, dx \tag{11-45}$$

3. 自相关函数

随机变量的自相关函数是描述一个时刻的变量与另一时刻变量数值之间的依赖关系,对于各态历经随机过程的变量 $x(t)$ 的自相关函数 $R_x(\tau)$,可以定义为 $x(t)$ 与它的延时 $x(t + \tau)$ 乘积的时间平均,即

$$R_x(\tau) = \lim_{T \to \infty} \frac{1}{T} \int_0^T x(t)x(t+\tau)\,dt \tag{11-46}$$

自相关函数主要用于确定任一时刻的随机数据对它以后数据的影响程度，$R_x(\tau)$ 的数值大小说明影响程度的大小。因此，可以利用自相关函数来鉴别混淆在随机数据中的周期成分，因为当随机数据的时间间隔很大时，自相关程度趋于零，而周期成分不管时间间隔多大，其自相关函数都变化不大。

4. 功率谱密度函数

对于平稳随机过程，随机变量 $x(t)$ 的功率谱密度定义为样本函数在 $(f, f+\Delta f)$ 频率范围内均方值的谱密度，即

$$G(f) = \lim_{\Delta f \to \infty} \frac{\Psi_x^2(f, f+\Delta f)}{\Delta f} \tag{11-47}$$

由式(11-47)得到的功率谱称为单边功率谱。在实际分析时，常通过自相关函数 $R_x(\tau)$ 的傅里叶变换来求得功率谱密度函数，其表达式为：

$$S(f) = \int_{-\infty}^{+\infty} R_x(\tau)\mathrm{e}^{-i2\pi f\tau}\,d\tau \tag{11-48}$$

由式(11-48)得到的功率谱称为双边功率谱密度函数，也称为自功率谱密度，$S(f)$ 与 $G(f)$ 的关系为：

$$G(f) = 2S(f) \tag{11-49}$$

由式(11-48)的逆变换可得：

$$R_x(\tau) = \int_{-\infty}^{+\infty} S(f)\mathrm{e}^{i2\pi f\tau}\,df \tag{11-50}$$

当 $\tau = 0$ 时，上式可表示为：

$$R_x(0) = \Psi_x^2 = \int_{-\infty}^{+\infty} S(f)\,df \tag{11-51}$$

上式表明，自功率谱密度 $S(f)$ 在整个频率域上的积分就是随机变量的均方值。一般振动的能量或功率与其振幅的平方或均方值成比例，所以功率谱密度反映了随机数据在频率域内能量的分布情况。某个频率对应的功率谱值大，说明该频率在振动过程中占主导地位，由此即可分析出结构的固有频率，如图11-27所示。因而，在分析随机数据的频率构成时，常常利用其自功率谱的分布图形来判断桥梁结构的固有频率。图11-12(b)即为地脉动所产生的桥梁结构位移的自功率谱图，从图上可以看出该桥的基频为6.057 Hz；图11-22(b)为跑车所产生的桥梁结构动挠度的自功率谱，同样，从图上可以分析出该桥的固有频率。在实际测试中，随机数据的自功率谱计算常通过快速傅里叶变换实现。

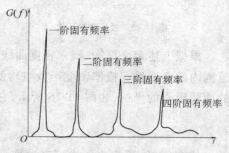

图11-27　自功率谱图与结构的固有频率

三、桥梁结构动力性能的分析与评价

桥梁结构动力性能的一些参量，如固有频率、阻尼比、振型、动力冲击系数以及动力响应的大小，是宏观评价桥梁结构的整体刚度、运营性能的重要指标。目前，虽然国内外规范对桥梁

结构的动力响应、动力特性尚无统一的评价尺度,但一般认为:桥梁结构的动力特性反映了结构的整体刚度、桥面的平整程度及耗散外部能量输入的能力,同时,过大的动力响应会影响车辆的安全行驶,会引起司机、乘客的不舒适,应设法予以避免。在实际测试中,通常通过以下几个方面来评价桥梁结构的动力性能。

1. 车辆荷载作用下测定结构的动力系数 δ_{max} 应满足下列关系式:

$$(\delta_{max} - 1)\eta_d \leq \delta - 1 \qquad (11\text{-}52)$$

式中　δ_{max} ——动力系数,即 $1 + \mu_{max}$;

　　　η_d ——动力试验荷载效率;

　　　δ ——设计取用的动力系数。

根据动力系数与车速的关系曲线,确定动力系数达到最大值的临界车速。

实际测定中,单车试验的动力系数比汽车车列试验的动力系数大,且单车的荷载效率低,因而量测的误差也大,因此,应采用与设计荷载相当的试验荷载所引起的动力系数,作为理论动力系数比较的数据。

2. 结构控制截面实测最大动应力和动挠度小于标准的容许值。

3. 结构的最低自振频率应大于有关标准限值,结构最大振幅应小于有关标准限值。

比较桥梁结构频率的理论计算值与实测值,如果实测值小于理论计算值,说明桥梁结构的实际刚度较大,反之则说明桥梁结构的刚度偏小,可能存在开裂或其它不正常现象。一般来讲,在进行理论计算时,常常会做出一些假设,忽略一些次要因素,故理论计算值要大于实测值。

4. 根据实测加速度量值的大小评价桥梁结构行车的舒适性。根据国内外研究资料,通常,车辆在桥梁结构上行驶时最大竖向加速度不宜超过 $0.065g$(g 为重力加速度),否则会引起司机、乘客的不适。

5. 实测阻尼比的大小反映了桥梁结构耗散外部能量输入的能力。阻尼比大,说明桥梁结构耗散外部能量输入的能力强,振动衰减得快,反之亦然。但是,过大的阻尼比则说明桥梁结构可能存在开裂或支座工作状况不正常等现象。

6. 评定桥梁受迫振动特性还必须掌握试验荷载本身的振动特性、桥面行车条件(伸缩缝)和路面局部不平整等的影响。

7. 根据结构振动图形,可分析出结构的冲击现象、共振现象和有无缺陷。

根据动力冲击系数的实测值来评价桥梁结构的行车性能。实测冲击系数较大,说明桥梁结构的行车性能差,桥面的平整程度不良,反之亦然。

8. 桥梁本身的动力特性的全面资料,可作为评价结构物抗风力和抗地震力性能的计算参数。复杂结构的桥梁动力性能,还需要借助于模型的动力试验和风洞试验进行研究。

9. 定期检验的桥梁,通过前后两次动力结果的比较,可检查结构工作的缺陷。如果结构的刚度降低(单位荷载的振幅增大)及频率显著减小,应查明结构可能产生的损坏。

10. 如果结构动力试验结果不满足上述第 1 项条件,应分析动力系数与车速的关系以及车速与受迫振动频率的关系,采取适当的措施(如限制车速和改进结构的动力性能等)。

第六节　动载试验报告编写

在全部试验资料整理分析以后,要写出桥梁动载试验报告。其内容应该包括下列内容:

1. 按照试验计划大纲的内容,简要介绍试验实施概况。

2. 试验前后和试验期间对桥梁进行外观检查所得到的结构状况(包括构件尺寸、裂缝和损坏等)。

3. 量测数据的计算结果和各种关系曲线。

4. 对试验成果的分析与评定,包括试验值与理论计算值或标准规定值的比较。

5. 关于结构适用性、耐久性和设计合理性的评定以及对桥梁安全运营条件的建议。

6. 试验和报告的日期,主持和参加单位及人员名称,主持者签名。

7. 根据桥梁实际状况和按试验荷载进行校核计算的资料,试验数据的汇总图表,试验现场和结构检查的照片等。

复习思考题

11-1 桥梁动载试验的基本任务是什么?

11-2 桥梁结构动力特性的测试方法有哪几种?

11-3 动载试验报告主要应包括哪些内容?

11-4 结构疲劳试验的荷载如何确定?

11-5 对动测数据如何进行分析处理?

参 考 文 献

［1］建筑基桩检测技术规范（JGJ 106—2003）.北京：中国建筑工业出版社，2003.

［2］建筑地基基础设计规范（GB 5007—2002）.北京：中国建筑工业出版社，2003.

［3］刘屠梅，赵竹占，吴慧明.基桩检测技术与实例.北京：中国建筑工业出版社，2006.

［4］蔡中民.混凝土结构试验与检测技术.北京：机械工业出版社，2005.

［5］胡大琳.桥涵工程试验检测技术.北京：人民交通出版社，2003.

［6］中华人民共和国行业标准.公路桥梁板式橡胶支座（JT/T 4—2004）.北京：人民交通出版社，2004.

［7］中华人民共和国行业标准.公路桥梁盆式橡胶支座（JT 391—1999）.北京：人民交通出版社，1999.

［8］中华人民共和国行业标准.公路桥梁伸缩装置（JT/T 327—2004）.北京：人民交通出版社，2004.

［9］中华人民共和国国家标准.球形支座技术条件（GB/T 17955—2000）.北京：中国标准出版社，2000.

［10］李扬海，程潮洋.公路桥梁伸缩装置.北京：人民交通出版社，1998.

［11］庄军生.桥梁支座.北京：人民交通出版社，1990.

［12］刘自明.桥梁工程检测手册.北京：人民交通出版社，2002.

［13］交通部公路科学研究所等.大跨度混凝土桥梁的试验方法.北京：人民交通出版社，1982.

［14］中华人民共和国行业标准.公路桥涵施工技术规范（JTJ 041—2000）.北京：人民交通出版社，2000.

［15］交通部公路局.公路旧桥承载能力鉴定方法.北京：人民交通出版社，1988.

［16］张俊平.桥梁检测.北京：人民交通出版社，2002.

［17］章关永.桥梁结构试验.北京：人民交通出版社，2003.

［18］徐日昶.桥梁检验.北京：人民交通出版社，1992.

［19］李忠献.工程结构试验理论与技术.天津：天津大学出版社，2004.

［20］姚谦峰，陈平.土木工程结构试验.北京：中国建筑工业出版社，2001.

［21］马永欣，郑山锁.结构试验.北京：科学出版社，2001.

［22］郑顺波.工程结构试验.郑州：黄河水利出版社，2001.

［23］宋彧，李丽娟，张贵文.建筑结构试验.重庆：重庆大学出版社，2001.

［24］吴新旋.混凝土无损检测技术手册.北京：人民交通出版社，2003.

［25］章关永.桥梁结构试验.北京：人民交通出版社，2002.

［26］中华人民共和国行业标准.回弹法检测混凝土抗压强度技术规程（JGJ/T 23—2001）中国建筑工业出版社，2001.

［27］超声法检测混凝土强度技术规程（CECS21：2000）.

［28］钻芯法检测混凝土强度技术规程（CECS03：1988）.

［29］超声-回弹综合法检测混凝土强度技术规程（CECS02：1988）.

［30］易建伟，张望喜.建筑结构试验.北京：中国建筑工业出版社，2005.

［31］杨德健，王宁.建筑结构试验.武汉：武汉理工大学出版社，2006.

［32］王天稳.土木工程结构试验.武汉：武汉理工大学出版社，2006.

［33］周明华.土木工程结构试验与检测.南京：东南大学出版社，2002.

［34］熊仲明，王社良.土木工程结构试验.北京：中国建筑工业出版社，2006.